工业行业水资源管理关键技术研究

潘国强　雷存伟　焦建林　吴　越
姬红旗　徐跃峰　张龙助　　　著

U0226145

黄河水利出版社
·郑州·

内 容 提 要

本书以区域工业及行业的水资源管理需求为主线,研究涵盖工业用水排污分类与资源环境压力评价、工业用水效率(万元工业增加值取水量)变化预测方法、工业用水水平与节水潜力分析、行业用水关联与虚拟水运移及贸易分析、工业产品虚拟水及其典型案例、区域工业及其行业用水效率变化驱动效应分析、区域工业及行业取水量变化与驱动效应分析、工业节水可视化分析应用等内容,涉及工业水资源管理区域、行业及产品三个层次。

本书面向从事水资源与节约用水管理的科研与技术人员,也可供高校相关专业的大中专学生学习参考。

图书在版编目(CIP)数据

工业行业水资源管理关键技术研究/潘国强等著
.—郑州:黄河水利出版社,2022.7
ISBN 978-7-5509-3334-7

Ⅰ.①工… Ⅱ.①潘… Ⅲ.①工业用水-水资源管理-研究 Ⅳ.①TQ085

中国版本图书馆 CIP 数据核字(2022)第 126684 号

策划编辑:陶金志 电话:0371-66025273 E-mail:838739632@qq.com

出 版 社:黄河水利出版社
网址:www.yrcp.com
地址:河南省郑州市顺河路黄委会综合楼14层 邮政编码:450003
发行单位:黄河水利出版社
发行部电话:0371-66026940、66020550、66028024、66022620(传真)
E-mail:hhslcbs@126.com
承印单位:河南新华印刷集团有限公司
开本:787 mm×1 092 mm 1/16
印张:19.25
字数:445 千字
版次:2022 年 7 月第 1 版 印次:2022 年 7 月第 1 次印刷

定价:126.00 元

前 言

党的十八大以来，以习近平同志为核心的党中央着眼于生态文明建设全局，明确了"节水优先、空间均衡、系统治理、两手发力"的治水思路。我国治理体系和治理能力现代化提出要"全面建立资源高效利用制度""实行资源总量管理和全面节约制度""将资源的集约节约利用，纳入到国家基本制度体系中"。最新出台的《黄河流域生态保护和高质量发展规划纲要》也明确提出要"实施最严格的水资源保护利用制度，全面实施深度节水控水行动，坚持节水优先，统筹地表水与地下水、天然水与再生水、当地水与外调水、常规水与非常规水，优化水资源配置格局，提升配置效率，实现用水方式由粗放低效向节约集约的根本转变，以节约用水扩大发展空间。"这一系列国家政策与发展规划的出台，表明我国高度重视节水工作，把节水和提高水资源配置效率作为破解水资源短缺这个制约我国经济社会高质量发展瓶颈的关键环节。不论是节水还是水资源配置效率，其本质都在于水资源利用效率水平的提高。

河南省水资源禀赋不足，多年平均水资源总量为 403.53 亿 m^3，仅占全国总量的1.4%，人均占有水资源量为 376 m^3，耕地亩均占有水资源量为 340 m^3，分别仅为全国平均水平的 1/5 和 1/4，属于严重资源性缺水地区。水资源的短缺问题已成为河南省实施高质量发展的瓶颈制约。立足新发展阶段，水资源如何保障社会经济高质量发展的需求，是河南省当前及今后一个时期发展需要解决的重大问题。国、内外的相关研究与发展实践已证明，破解水资源短缺问题的根本途径在于节水，以节水提升社会及各业用水效率来有效应对水危机。

聚焦工业水资源管理与用水效率变化规律，河南省水利厅批准并启动了省水利科技攻关专项课题《基于虚拟水资源的河南省工业节水与结构调整对策研究》。项目围绕水资源-节水-工业行业之间的相互关系，以河南省为区域研究典型，紧密结合水资源与工业节约用水管理的需求，以工业用水效率为研究核心，展开了包括现状评价、变化预测、潜力分析、用水关联、虚拟水运移、变化驱动效应分析、可视化应用拓展等相关研究，提出了涵盖宏观(省市、区域)、中观(行业)和微观(产品)层面的较为系统的研究成果。同时，针对河南省高耗水工业行业经济发展及用水情况委托中研普华咨询公司提出《河南省重点高耗水工业行业发展与典型企业用水情况咨询报告》。

本书是在系统总结项目研究成果和咨询报告的基础上形成的，同时包含了一些后续的相关研究成果。全书分为 10 章，包括河南省工业行业发展与用水概况、研究内容与技术路线、工业行业用水排污分类与资源环境压力评价、万元工业增加值取水量变化预测方法、用水水平及节水潜力分析、行业用水关联与虚拟水运移及水贸易分析、区域工业及其行业用水效率变化驱动效应、区域工业及行业用水量变化与驱动效应、工业节水可视化应用等内容。附录为部分程序源代码和我国省(市、自治区)部分用水指标，供参考。

第 1 章、第 2 章由潘国强执笔，第 3 章由张龙助、潘国强执笔；第 4 章由姬红旗、潘国强执笔;第5章、第6章由潘国强、雷存伟执笔;第7章由潘国强、吴越执笔;第8章由潘国强、焦建林执笔;第9章由潘国强、徐跃峰执笔;第10章由潘国强、吴越执笔;全书由潘国强统稿。

河南省水利厅总规划师李建顺与升达大学金融学院院长何伟博士等在百忙中审核了本书,并提出补充完善的修改建议,河南省发改委环资处原副处长刘世统在项目研究期间承担了大量协调工作,郑州大学水利学院副教授张金萍博士、郑州大学水利学院研究生李彦彦参与编写本书部分内容。此外,郑州市节水办原工程师李中刚,河南省水利科学研究院总工程师冯朝山,水资源所高级工程师张玉顺、秦海霞也对本书的出版提出了建设性意见,韩武女士对本书文字进行了修订润色,在此表示诚挚的感谢。

本书中严格区分用水量与取水量,按照国标《工业用水节水术语》(GB/T 21534—2008),取水量指工业企业直接取自地表水、地下水和城镇供水工程及企业从市场购得的其他水或水的产品的总量。新水量指企业内用水单元或系统取自任何水源被该企业第一次利用的水量。用水量指在确定的用水单元或系统内,使用各种水量的总和,即新水量和重复用水量的总和。但在实际工作中经常将万元工业增加值取水量称为万元工业增加值用水量,将工业取水量称为工业用水量,为避免歧义,在此进行说明。

由于工业行业众多,用水及管理情况各异,使得工业行业水资源管理问题错综复杂,加之时间仓促和受作者水平所限,书中错误之处在所难免,敬请读者批评指正。

作　者
2022 年 1 月

目　录

第 1 章 概 述

1.1 研究背景

"水是生命之源、生产之要、生态之基"。水是一切生命赖以生存、社会经济发展不可缺少和不可替代的战略性资源和环境与生产要素。人类进入现代社会以来,随着人口增长、工农业生产活动和城市化的急剧发展,对有限的水资源及水环境产生了巨大的冲击。在全球范围内,水质的污染、需水量的迅速增加及部门间竞争性开发所导致的不合理利用,使水资源进一步短缺,水环境更加恶化,严重地影响了经济社会的发展,威胁着人类的福祉。

水资源利用的方式粗放和利用效率不高、水污染与水资源供需矛盾突出已成为我国可持续发展的瓶颈制约,严重威胁着粮食安全、生态安全和经济安全。为适应新时期经济社会的发展需求,政府提出了"创新、协调、绿色、开放、共享"的新发展理念和"节水优先、空间均衡、系统治理、两手发力"的治水思路,为强化水治理、保障水安全指明了方向:节水优先,是针对我国国情水情,总结世界各国发展经验,着眼中华民族永续发展作出的关键选择,是新时期治水工作必须始终遵循的根本方针;空间均衡,是从生态文明建设高度,审视人口经济与资源环境关系,在新型工业化、城镇化和农业现代化进程中做到人与自然和谐的科学路径,是新时期治水工作必须始终坚守的重大原则;系统治理,是立足山、水、林、田、湖、草生命共同体,统筹自然生态各要素,解决我国复杂水问题的根本出路,是新时期治水工作必须始终坚持的思想方法;两手发力,是从水资源的公共产品属性出发,充分发挥市场在资源配置中的决定性作用和更好发挥政府的宏观指导作用,提高水治理能力的重要保障,是新时期治水工作必须始终把握的基本要求。

河南省是我国工业大省和新兴的工业强省。由于水资源天然禀赋不足,区域分布南北差异较大,加强河南省水资源节约保护,高效利用水资源,既是生态文明建设的内在要求,也是工业高质量发展的应有之意,更是基于河南省严重缺水这一省情水情的现实考量。工业节水是工业水资源管理的重要内容,也是节约用水研究的一个重点领域,在保障水安全、生态安全和经济安全中具有重要作用。工业行业、园区与骨干企业等的节水管理是落实国家相关政策、提高区域工业用水效率的重要抓手。限于当前的工业用水管理现状及研究资料的可得性,本书将主要研究对象设定为河南省工业行业。

河南省多年平均水资源总量为 403.53 亿 m^3,人均水资源量约 376 m^3,约为全国平均水平的 1/5、世界平均水平的 1/20。按照国际公认的缺水标准,人均水资源量低于 500 m^3 为极度缺水地区。河南省 2018 年总用水量为 234.6 亿 m^3,其中工业用水量为 50.4 亿 m^3,超过总用水量的 1/5。近年来,河南省聚焦水资源、水生态、水环境、水灾害"四水同治",制定出台了"四水同治"建设规划纲要、河南节水型社会建设"十三五"规划、河南省节水行动方案等一系列政策措施,加快推进淘汰落后用水技术、工艺、产品和设备,重点开展节水技术改造,大力推广废水循环利用,"变污为净""变废为宝"。得益于产业结构优化升级、工业用水总量控制、限制高耗水工业发展等措施,河南省节水型高新产业得到较快发展,工业结构持续优化。随着最严格的水资源管理"三条红线"考核制度的实施,水价结构的进一步完善,将促使工业企业更加关注自身用水方式的转变,从改变产品结构到采用节水新技术、新工艺来提高用水效率,工业用水量变化将比较稳定,上升空间不大。而随着工业总产值和工业增加值的逐年递增,万元工业增加值取水量将会随着工业用水结构的调整而下降。但作为资源型短缺地区,水资源开发利用难度日益加大,经济社会发展和生态环境修复导致的缺水问题仍旧十分突出,水资源供需矛盾将持续存在,提升工业用水效率,提高工业用水管理水平刻不容缓。

1.2　河南省概况

1.2.1　自然条件概况

河南省位于我国中东部、黄河中下游,因大部分地区位于黄河以南,故称河南。全省总面积 16.7 万 km^2,占全国总面积的 1.73%。河南介于北纬 31°23′~36°22′ 和东经 110°21′~116°39′,东接安徽、山东,北界河北、山西,西连陕西,南临湖北,呈望北向南、承东启西之势。地势西高东低,北、西、南三面太行山、伏牛山、桐柏山、大别山沿省界呈半环形分布,中东部为黄淮海冲积平原,西南部为南阳盆地。平原盆地、山地丘陵分别占总面积的 55.7%、44.3%。灵宝市境内的老鸦岔为全省最高峰,海拔 2 413.8 m;固始县淮河出省处为全省最低处,海拔仅 23.2 m。

河南省大部分地处暖温带,南部跨亚热带,属北亚热带向暖温带过渡的大陆性季风气候,同时具有自东向西由平原向丘陵山地气候过渡的特征,具有四季分明、雨热同期和气候灾害频繁的特点。全省年平均气温为 12.7~16.2 ℃,年平均降水量为 477.8~1 167.3 mm,年平均日照时数 1 468.0~2 246.6 h,年无霜期 207.9~271.7 d,适宜多种农作物生长。全省极端最低气温为 −23.6 ℃,极端最高气温为 44.2 ℃,多年平均水面蒸发量为 900~1 400 mm,多年平均陆地蒸发量为 500~700 mm。全省耕地面积 12 168.34 万亩 (1 亩 = 1/15 hm^2),人均耕地 1.27 亩。河南省是我国唯一地跨长江、淮河、黄河、海河这四大流域的省份,地形地貌和水资源分布情况是中国的一个缩影。省内河流大多发源于西部、西北部和东南部山区,全省共有流域面积 100 km^2 及以上的河流 560 条;流域面积 1 000 km^2 及以上的河流 64 条;流域面积 10 000 km^2 及以上的河流 11 条。

1.2.2　水资源概况

1.2.2.1　水资源量

河南省多年平均年降水量为 771.1 mm,其中海河流域 609.9 mm,黄河流域 633.1 mm,淮河流域 842.0 mm,长江流域 822.3 mm,700 mm 等值线横穿河南省中部,豫南山区最大为 1 400 mm,豫北平原区最小约 600 mm。一般将年降水量 800 mm 等值线作为湿润带和过渡带的分界线。河南省 800 mm 降水量等值线,西起卢氏县,经伏牛山北部和叶县向东略偏南方向延伸到漯河市和沈丘县。此线以南属湿润带,降水相对丰沛;以北属于过渡带,即半湿润半干旱带,降水相对偏少。河南省降水量年内分配主要表现为季节分配不均匀,汛期集中,最大、最小月相差很大等特点。多年平均汛期(6~9 月)降水量为 350~700 mm,4 个月降水量占全年降水量的 50%~75%。年内各月份之间降水量差异很大,降水量最大月与最小月相差很大。河南省降水的年际变化具有最大与最小年降水量悬殊和年际间丰枯变化频繁等特点。河南省点降水量的极值比(最大年与最小年)一般为 2~4。

1956—2000 年河南省多年平均地表水资源量为 303.99 亿 m³,折合径流深 183.6 mm。省辖流域中,海河流域地表水资源量相对最贫乏,多年平均地表水资源量为 16.35 亿 m³,折合径流深 106.6 mm;黄河流域多年平均地表水资源量为 44.97 亿 m³,折合径流深 124.4 mm;淮河流域多年地表水资源量平均为 178.29 亿 m³,折合径流深 206.3 mm;长江流域地表水资源相对最丰富,多年平均地表水资源量为 64.38 亿 m³,折合径流深 233.2 mm。

河南省平原区地下水资源量为 124.503 亿 m³,其中淡水 123.860 亿 m³,微咸水 0.643 亿 m³,其分类补给量中,降水入渗补给量为 100.962 亿 m³,地表水体补给量为 19.690 亿 m³,山前侧渗补给量为 3.851 亿 m³。全省山丘区地下水资源量为 83.109 亿 m³,其中一般山丘区 68.383 亿 m³,岩溶山丘区 14.726 亿 m³。1980—2000 年全省多年平均地下水资源量为 195.998 亿 m³。按矿化度分区,全省淡水区地下水资源量为 195.443 亿 m³,微咸水区地下水资源量为 0.555 亿 m³。

河南省水资源总量为 403.53 亿 m³,产水模数 24.4 万 m³/km²,产水系数 0.32。其中海河流域产水模数 18.0 万 m³/km²,产水系数 0.30;黄河流域产水模数 16.2 万 m³/km²,产水系数 0.26;淮河流域产水模数 28.5 万 m³/km²,产水系数 0.34;长江流域产水模数 25.8 万 m³/km²,产水系数 0.31。河南省水资源总量为全国水资源总量 28 124 亿 m³ 的 1.43%,居全国第 19 位,河南人均水资源量约 376 m³,耕地亩均水资源量为 340 m³,相当于全国人均、地均的 1/5,居全国第 22 位。

河南省水资源的分布特点是西、南部山丘区多,东、北部平原少。豫北、豫东平原 10 个市(安阳、鹤壁、濮阳、新乡、郑州、开封、商丘、许昌、漯河、周口)的水资源量为 123.4 亿 m³,只占全省水资源总量的约 30%,人均水资源量为 261 m³,亩水资源量为 234 m³;而南部、西部山丘区 7 个市(信阳、驻马店、南阳、三门峡、洛阳、平顶山、焦作)的水资源量为 280.1 亿 m³,占全省水资源总量的约 70%,人均水资源量为 673 m³,亩均水资源量为 593 m³。河南省水资源量及其分布见表 1-1。

表 1-1　河南省水资源量及其分布

行政区或流域	面积/km²	统计参数			不同频率水资源总量/万 m³			
		均值/万 m³	C_v	C_s/C_v	20%	50%	75%	95%
河南省	165 536	4 035 326	0.40	2.0	5 310 953	3 834 429	2 871 929	1 799 720
郑州市	7 533	131 844	0.34	2.0	167 345	126 800	99 505	67 726
开封市	6 261	114 797	0.44	2.0	153 753	107 480	77 968	46 094

行政区或流域	面积/km²	统计参数			不同频率水资源总量/万 m³			
		均值/万 m³	C_v	C_s/C_v	20%	50%	75%	95%
洛阳市	15 229	284 294	0.50	3.0	384 551	251 568	181 088	124 260
平顶山市	7 909	183 368	0.56	2.0	259 648	164 597	107 955	52 670
安阳市	7 354	130 352	0.46	2.5	174 665	119 112	86 296	54 700
鹤壁市	2 137	37 035	0.52	3.0	50 156	32 248	22 944	15 695
新乡市	8 249	148 800	0.44	2.5	197 600	137 036	100 734	64 983
焦作市	4 001	75 535	0.38	2.5	98 737	71 998	55 272	37 710
濮阳市	4 188	56 778	0.48	2.0	77 550	52 482	36 845	20 494
许昌市	4 979	87 990	0.46	2.0	119 025	81 868	58 430	33 519
漯河市	2 694	64 020	0.50	2.0	88 268	58 771	40 578	21 868
三门峡市	9 937	161 933	0.52	2.5	234 646	152 099	105 485	63 708
南阳市	26 509	684 344	0.46	2.0	925 699	636 712	454 427	260 685
商丘市	10 700	198 088	0.42	2.0	262 615	186 570	137 535	83 742
信阳市	18 908	885 557	0.44	2.0	1 186 382	829 332	601 612	355 673
周口市	11 959	264 612	0.48	2.0	357 944	246 200	175 715	100 800
驻马店市	15 095	494 876	0.60	2.0	711 816	436 576	276 377	125 669
济源市	1 894	31 101	0.42	2.5	43 325	30 554	22 788	14 971
海河流域	15 336	276 192	0.46	2.5	370 084	252 376	182 845	115 899
黄河流域	36 164	585 443	0.40	2.5	780 106	559 428	423 315	283 339
淮河流域	86 428	2 460 762	0.46	2.0	3 328 700	2 289 538	1 634 065	937 392
长江流域	27 609	712 929	0.50	2.5	971 125	640 263	450 560	276 311

1.2.2.2 水质

采用 2013—2018 年《河南省水资源公报》的有关数据分析评价河南省地表水水功能区、水库和地下水的水质及其变化趋势。

2015—2018 年河南省工业取水量变化过程为前期有所降低,后期基本稳定。2015 年河南省工业取水量为 52.51 亿 m³,2016 年为 50.3 亿 m³,降低了 2.21 亿 m³,降幅为 4.2%。2017 年、2018 年保持在 51.0 亿 m³ 以下,总体稳定。但是期间全省工业废水排放量显著降低,由 2015 年的 12.98 亿 m³ 降至 2017 年的 5.87 亿 m³,降低了 7.11 亿 m³,降幅达到 54.8%。同时,工业废水占比和工业废水排放率持续降低,分别由 2015 年的 29.94% 和 24.72%,降至 2017 年的 14.35% 和 11.52%。可以看出,作为水环境污染重要因素的工业废水排放的治理在 2016 年达到一个拐点,年度排放量下降了 50%,而城镇生活污水排放量及其排放占比有所上升。除了国家政策鼓励企业废水零排放,工业企业自身也加大节水减排力度,同时与企业调整排水途径有关。比如一些企业,对排水水质进行处理达标后不再外排,直接排放到市政污水管网系统。另外,一些工业废水被纳入集中式污水治理设施排放体系。综合以上措施,河南省实现了工业废水排放量的大幅降低。

2015—2018 年河南省工业废水排放情况见表 1-2。

表 1-2　2015—2018 年河南省工业废水排放情况　　　　　　　　　单位:亿 m³

年份	总取用水量	工业取水量	废水排放总量	工业废水排放量	工业废水占比/%	城镇生活污水排放量	城镇生活污水占比/%	工业废水排放率/%
2015	222.83	52.51	43.35	12.98	29.94	30.35	70.01	24.72
2016	227.60	50.30	40.21	6.95	17.28	33.24	82.67	13.82
2017	233.77	50.97	40.91	5.87	14.35	35.03	85.63	11.52
2018	234.63	50.38	—	—	—	—	—	—

注:由于环境统计制度统计口径调整,数值采用最新 2015—2018 年《河南省统计年鉴》的值。

2013—2018 年河南省地表水功能区水质总体趋于好转,评价的水功能区总体合格率由 2013 年的 43.8%提高到 2017 年的 70%,提高了约 27% 。其中保护区、保留区、饮用水源区、渔业用水区的水功能区水质较好或有所好转,但省界缓冲区、景观用水区、农业用水区、工业用水区的水功能区水质较差,亟待提高。其中 2017 年排污控制区水质有所好转,水质合格率达到 75%。

2013—2018 年河南省地表水功能区水质评价结果见表 1-3。

表 1-3　2013—2018 年河南省地表水功能区水质评价结果

年份	总体评价		保护区		保留区		省界缓冲区		饮用水源区	
	功能区总数	合格率/%	评价个数	合格率/%	评价个数	合格率/%	评价个数	合格率/%	评价个数	合格率/%
2013	164	43.8	15	80	8	37.5	23	18.2	23	65.2
2014	152	61.2	16	87.5	8	75	20	30	23	82
2015	154	63.6	16	93.8	8	87.5	21	33.3	23	91.3
2016	153	66	16	100	8	87.5	21	33.3	23	87
2017	119	70	16	100	8	87.5	23	39.1	23	100

年份	工业用水区		农业用水区		渔业用水区		景观用水区		排污控制区	
	评价个数	合格率/%	评价个数	合格率/%	评价个数	合格率/%	评价个数	合格率/%	评价个数	合格率/%
2013	2	50	52	32.7	5	100	14	35.7	3	0
2014	2	50	48	54.2	5	75	13	46.2	—	—
2015	2	50	48	45.8	5	100	13	61.5	—	—
2016	2	50	47	55.3	5	100	13	53.8	—	—
2017	4	50	50	55.3	6	83.3	16	56.3	24	75

注:2018 年缺少资料。

2013—2018 年河南省水库水质总体维持在Ⅲ类和Ⅱ类,未实现明显好转。其中 2014

年评价的水库水质数量大幅减少,由 35 个减少到 11 个。但是从 2014 年和 2015 年的评价结果来看,水库水质劣化的趋势较为明显。2017 年在 2015 年基础上Ⅱ类水质合格率明显降低,Ⅲ类水质合格率有所提高,其他类型基本稳定。总体分析 2013—2018 年水库水质劣化趋势没得到明显遏制,评价的水库中Ⅱ类和Ⅰ类水质的比重在持续降低。

河南省地下水(浅层,下同)水质差。按照仅有的 2013—2015 年的水质评价结果,河南省地下水水质都在Ⅲ类以下,2014 年以后Ⅳ类和Ⅴ类水质占评价总数达到 90% 以上,Ⅴ类及劣Ⅴ类接近 45%。对比 2013 年的Ⅳ类和Ⅴ类水质总数不到 70%,表明河南省地下水水质劣化的趋势显著加快。由于地下水水体更新缓慢,一旦污染,恢复需要很长的时间。地下水的污染是河南省面临的严峻挑战。

由于取水成本较低,地下水已成为工业企业常备的主要水源,尤其是广大中小企业。工业企业水源转换(置换)、压采地下水,将是解决河南省地下水污染的主要途径和关键举措。2013—2018 年河南省水库与地下水水质评价结果见表 1-4。

表 1-4   2013—2018 年河南省水库与地下水水质评价结果

年份	水库水质合格率/%					地下水水质合格率/%					
	评价数/座	Ⅰ类	Ⅱ类	Ⅲ类	Ⅳ类	Ⅴ类及以下	评价数/眼	Ⅰ类	Ⅱ类	Ⅲ类	Ⅳ类	Ⅴ类及以下
2013	35	2.9	54.3	—	14.3	17.1	194	—	—	31.4	34.5	34.0
2014	11	—	45.5	45.5	—	9.0	221	—	—	7.2	38.5	54.3
2015	10	—	30.0	40.0	20.0	10.0	222	—	—	7.7	47.7	44.6
2016	—	—	—	—	—	—	—	—	—	—	—	—
2017	11	—	18.2	54.5	18.2	9.1	—	—	—	—	—	—
2018	28	—	35.7	46.4	10.7	7.2	—	—	—	—	—	—

1.3   河南省工业用水、节水现状及存在的问题

1.3.1   河南省工业用水发展历程

1.3.1.1   河南省工业用水发展变化

农业灌溉用水量占河南省用水量的比重较大。由于灌溉用水量与年度降水量丰枯变化密切相关,使得河南省总用水量年际变化较大。1999—2018 年河南省取用水总量为 187.62 亿~240.57 亿 m³,1999—2018 年年均值为 228.99 亿 m³,其中 1999—2009 年年均值为 215.20 亿 m³,2010—2018 年年均值为 221.41 亿 m³,河南省用水量呈现周期性波动变化,总体呈现稳定增长。

工业取用水量占河南省取水总量的 22% 左右。由于工业供水要求的保证率较高,用水过程具有连续稳定的特点,用水量较大的突变较为少见。1999—2018 年河南省工业取用水总量为 39.95 亿~60.51 亿 m³,取水量均值为 49.13 亿 m³。其中 1999—2009 年年均值为 44.86 亿 m³,2010—2018 年年均值为 54.34 亿 m³,可见 2010 年以后,河南省工业取

用水量增长较快。从年际变化来看,1999—2004 年河南省工业取用水基本稳定在 40 亿 m³ 左右,2004 年以后河南省工业取用水持续稳定增长,2012 年达到分析系列工业用水量的高值点 60.51 亿 m³,其后基本稳定略有回落。2008 年以来,河南省规模以上(年度增加值 500 万元以上企业)工业取用水量持续增长,2011 年达到分析系列高值点 36.2 亿 m³,其后略有回落,基本稳定。规模以下工业的取水量变化态势与规模以上基本相同。

1999—2018 年河南省工业取水量见表 1-5。1999—2018 年河南省工业取水量变化见图 1-1。

表 1-5　1999—2018 年河南省工业取水量

年份	取用水总量/亿 m³	工业取水		规模以上工业取水		规模以下工业取水	
		取水量/亿 m³	取水占比/%	取水量/亿 m³	取水占比/%	取水量/亿 m³	取水占比/%
1999	228.57	40.40	17.7	—	—	—	—
2000	204.87	41.73	20.4	—	—	—	—
2001	231.29	40.76	17.6	—	—	—	—
2002	218.81	40.24	18.4	—	—	—	—
2003	187.62	39.95	21.3	—	—	—	—
2004	200.70	40.17	20.0	—	—	—	—
2005	197.81	45.71	23.1	—	—	—	—
2006	226.98	48.32	21.3	—	—	—	—
2007	209.28	51.29	24.5	—	—	—	—
2008	227.53	51.40	22.6	27.15	52.8	24.25	47.2
2009	233.71	53.51	22.9	30.24	56.5	23.27	43.5
2010	224.61	55.57	24.7	35.95	64.7	19.62	35.3
2011	229.04	56.81	24.8	36.20	63.7	20.61	36.3
2012	238.61	60.51	25.4	33.75	55.8	26.76	44.2
2013	240.57	59.45	24.7	34.65	58.3	24.80	41.7
2014	209.29	52.60	25.1	32.99	62.7	19.61	37.3
2015	222.83	52.51	23.6	33.66	64.1	18.85	35.9
2016	227.60	50.31	22.1	34.09	67.8	16.21	32.2
2017	233.80	50.96	21.8	35.18	69.0	15.78	31.0
2018	234.60	50.38	21.5	34.47	68.4	15.91	31.6
1999—2018 年均值	221.41	49.13	22.2	33.48	62.2	20.52	37.8
1999—2009 年均值	215.20	44.86	20.9	28.70	54.7	23.76	45.4
2010—2018 年均值	228.99	54.34	23.7	34.55	63.8	19.79	36.2

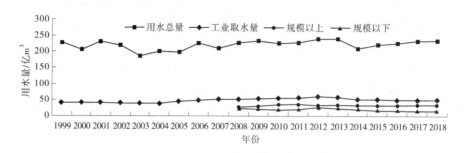

图 1-1　1999—2018 年河南省工业取水量变化

1.3.1.2　河南省工业用水水源结构变化

由于缺乏规模以下工业的水源结构资料，下面采用规模以上工业的相关数据对河南省工业水源结构变化进行分析。2008—2016 年地表水取水量持续增长，由 11.614 亿 m^3 增长到 16.192 亿 m^3，增长 4.578 亿 m^3，年均增长率为 4.93%。地下水取水量呈现先增长后下降态势，由 2008 年的 12.728 亿 m^3 增长到 2010 年最高值 14.641 亿 m^3，而后持续降低到 2016 年的 11.857 亿 m^3，2010—2016 年年均下降 3.17%。自来水取水量持续增长，由 2008 年的 2.085 亿 m^3 增长到 2016 年的 3.738 亿 m^3，增长 1.653 亿 m^3，年均增长率为 9.91%。其他水取水量持续增长，由 2008 年的 0.727 亿 m^3 增长到 2016 年的 2.302 亿 m^3，增长 1.575 亿 m^3，年均增长率为 27.05%。工业重复利用水量持续增长，由 2008 年的 95.679 亿 m^3 增长到 2016 年的 225.156 亿 m^3，增长 129.477 亿 m^3，年均增长 16.92%。

总体而言，随着河南省工业经济的快速发展，工业水源取水水源中的地表水、自来水和其他水等水源取水量均同步增长，其中其他水供水量增长最快，年均增长率达到 27.05%。地下水取水量逐步降低，这是河南省工业取水水源结构变化的一个突出特征。表明河南实施地下水生态保护，推进超采区地下水压采限采行动取得了明显成效。2008—2018 年河南省规模以上工业不同水源取水量见表 1-6、2008—2018 年河南省年规模以上工业不同水源结构见表 1-7。

表 1-6　2008—2018 年河南省规模以上工业不同水源取水量　　单位：亿 m^3

年度	取水总量	地表水	地下水	自来水	其他水	重复用水量
2008	27.154	11.614	12.728	2.085	0.727	95.679
2009	30.236	11.860	13.851	2.130	2.394	122.489
2010	35.948	16.025	14.641	2.431	2.852	124.161
2011	36.019	16.432	14.445	2.557	2.585	123.180
2012	33.750	14.066	13.706	3.136	2.843	138.686
2013	34.654	14.563	13.863	3.326	2.902	166.902
2014	32.988	14.567	12.681	3.582	2.159	184.218
2015	33.664	15.327	12.421	3.695	2.222	194.326
2016	34.089	16.192	11.857	3.738	2.302	225.156
2017	35.180	17.698	11.165	3.997	2.320	263.992
2018	34.471	17.421	9.981	4.469	2.600	271.646

表 1-7 　 2008—2018 年河南省规模以上工业不同水源结构 　 %

年度	地表水	地下水	自来水	其他水
2008	42.8	46.9	7.7	2.7
2009	39.2	45.8	7.0	7.9
2010	44.6	40.7	6.8	7.9
2011	45.6	40.1	7.1	7.2
2012	41.7	40.6	9.3	8.4
2013	42.0	40.0	9.6	8.4
2014	44.2	38.4	10.9	6.5
2015	45.5	36.9	11.0	6.6
2016	47.5	34.8	11.0	6.8
2017	50.3	31.7	11.4	6.6
2018	50.5	29.0	13.0	7.5

1.3.2 　 河南省工业节水水平变化

1.3.2.1 　 万元工业增加值取水量

河南省万元工业增加值取水量变化总体呈现持续下降态势,由 2000 年的 185 m³(均为当年价)下降到 2018 年的 25.9 m³,同比下降了 86%。河南万元工业增加值取水量变化以 2011 年为拐点,2011 年以前下降幅度较大,2011 年以后下降趋势明显减缓。1999—2018 年河南省万元工业增加值取水量变化过程见图 1-2。

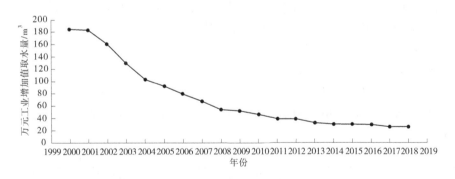

图 1-2 　 1999—2018 年河南省万元工业增加值取水量变化过程

1.3.2.2 　 规模以上工业用水重复利用率

河南省 2008—2016 年规模以上工业用水重复利用率变化呈现波动后持续上升态势,2010—2011 年重复利用率呈现平稳波动变化,2011 年后呈现持续快速上升态势,年均提高 0.83 个百分点。2008—2018 年河南省规模以上工业用水重复利用率变化见图 1-3。

上述分析数据表明,河南省工业节水工作近年来取得良好成效,尤其是 2011 年以来,工业用水持续增长的态势得到了遏制,包括中水和污水回用、工艺节水改造升级等各项节水工程建设取得实效,节水管理水平得到明显提升。

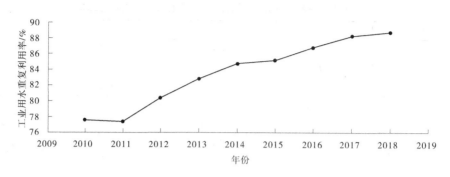

图 1-3 2008—2018 年河南省规模以上工业用水重复利用率变化

1.3.3 河南省工业用水和节水存在的问题

河南省工业用水和节水存在的主要问题包括以下几个方面:一是用水效率总体偏低;二是结构性节水难度加大;三是保障工业用水压力增加;四是节水体制机制尚不完善;五是节水管理水平有待提高。

1.3.3.1 用水效率总体偏低

1. 整体工业用水重复利用率偏低,区域差异较大

河南省 2018 年规模以上工业用水重复利用率约 88.74%,与全国先进水平的 96% 有较大差距。2018 年全省 18 个省辖市(含济源产城融合示范区,简称济源示范区)的规模以上工业用水重复利用率为 4.1%~96.5%,差异很大。在全省区域分布中,豫中豫北地区规模以上工业用水重复利用率较高,其中最高的为济源示范区和鹤壁市,分别为 96.5% 和 94.2%。豫南江淮地区整体偏低,其中周口 4.1% 为全省最低,其次是信阳 57.9%,南阳 68.8%。

2. 万元工业增加值取水量偏低

2017 年河南省万元工业增加值取水量为 27.64 m³,位列全国第 9 位,但与全国先进水平 8.19 m³ 尚有一定差距。2015—2018 年河南省万元工业增加值取水量在全国排名变化具体见表 1-8。

表 1-8 2015—2018 年河南省万元工业增加值取水量全国排名变化

年份	河南省值/m³	河南在全国的排名	全国省区排名中位数数值/m³	全国先进的中位数数值/m³	全国中等的中位数数值/m³	全国落后的中位数数值/m³	全国领先值/m³
2015	33.18	11	50.19	18.09	44.91	85.37	7.59
2016	29.51	10	49.65	18.03	43.70	78.50	8.08
2017	27.64	9	44.4	16.45	41.05	73.53	8.19
2018	26.5	10	38.6	15.0	34.8	70.7	7.5

数据来源:《中国水资源公报》和《全国统计年鉴》。采用当年价。全国先进指排名前 9 位,全国中等指排名 10~20 的 11 位,全国落后指排名 21 位以后。

1.3.3.2 结构性节水难度加大

1. 工业结构性矛盾突出

工业结构性矛盾主要表现为企业的规模结构、原料结构和产品结构不合理,这也是目前河南省工业用水效率低的重要原因。从规模结构来看,工业生产集中度低,造成单位产品取水量高。火电行业单机容量低于 300 MW 的火电机组发电水耗一般为 1 000 MW 以上机组的 1.5~2 倍。同时,规模结构不合理还会影响工业节水改造,造纸行业主要的节水减污项目——碱回收系统的最小经济规模是 1.7 万 t/a。原料结构不合理也对一些行业单位产品取水量有直接影响,采用废钢和废纸生产,单位产品取水量可降低 50% ~ 70%。国外的废钢回收率在 80% 左右,废纸回收率达到 65% 以上,而河南省废钢和废纸的回收率分别只有 50% 和 45% 左右,与国外先进水平差距较大。在产品结构中,高耗水、粗加工、低附加值的产品比重大,直接导致单位增加值水耗较大。

2. 整体技术水平不高,生产力水平有待提高

尽管通过技术开发和引进,河南省工业取得较快的发展,但是先进工业技术装备比重总体偏低,不同企业的单位产品取水量悬殊。从生产力的构成来看,当前属于 20 世纪七八十年代技术水平的生产力在稍加改造后仍在发挥作用,其用水效率很低;20 世纪 90 年代迅速增加的生产能力,除部分属于 90 年代初的国际水平外,多数仍采用较为陈旧的技术工艺和装备,用水效率仍处于较低的水平;21 世纪以来,尽管河南省引进了不少先进技术,但在经济快速增长和高需求的刺激下,以及在投资决策上的急功近利和盲目性,明显落后于国际技术水平的生产能力也得以迅速增长,如耗水量大的火电机组容量有增无减,氧化铝和电解铝及煤化工等也增长较快,造成部分行业产能过剩,限制了用水效率的提高。

3. 落实产业政策和行业准入制度难度加大

随着生态文明建设的深入推进,河南省水生态环境恶化的趋势基本得到有效遏制,但仍未得到根本扭转。工业节水减排和集中式污水处理厂的建设,提高了工业污水收集与处理率,工业排污引发的水污染得到有效遏制,工业水资源供需矛盾依然突出。尽管政策实施与管理的难度加大,但仍需严格执行产业政策和行业准入制度。通过强化工业用水源头监管,淘汰落后和过剩产能,同时根据水资源条件与分布状况,合理布局建设项目,严格控制高耗水和高污染项目。

1.3.3.3 保障工业用水压力持续增加

由于历史等原因,河南省的工业布局不尽合理,主要表现为工业布局与水资源的空间分布不协调。火力发电、钢铁、石油及石化、纺织和造纸 5 个高耗水行业在豫中和豫北的工业中占有很大比重。2014 年豫中和豫北的火力发电量占全省的 66%,钢铁产量占全省的 55%,石油及化工产量占全省的 60%,纺织产量占全省的 70%,纸及纸制品产量占全省的 73%。由于豫中和豫北区域水资源严重短缺,这些高耗水行业的过度集中,加剧了区域的水资源供需矛盾,并引发当地水质恶化、地下水下降漏斗和地面沉降等一系列环境和生态问题。

1.3.3.4 节水体制机制尚不完善

1. 符合市场规律的水价机制尚未形成

工业水价主要包括取水费(城市供水的工业水价、水资源费)、污水处理费和超标排污费等。现行的水价定价均是从供水企业的角度,以成本补偿为基本的定价原则,标准较低。即使考虑了成本、费用、税金和利润,由政府批准定价,其基本出发点仍主要围绕补偿供水生产成本,改善供水企业财务收支状况,并没有把水价作为调解供水矛盾、促进水资源优化配置的手段。因此,现行水价不具备作为节水非工程措施的功能。多数企业用水成本的比重不超过 2%,低廉的水价是企业缺乏节水动力的重要原因。比如,目前河南省工业地下水自备水源水资源税的收缴,按照不同区域和自来水管网覆盖范围内外分别划定,收税标准在 0.9~2.3 元/m³,相比以前价格提高了 3~5 倍,但仍未起到水价应有的调节作用。

2. 融资渠道过窄,缺乏资金支持

工业节水没有稳定的投资渠道,节水技术改造的市场运作机制尚未形成。缺乏节水投资的激励机制,企业普遍缺少节水的积极性。在缺乏资金的支持下,多数工业企业很难完成节水技术工程改造。

3. 工业节水的管理机制还不协调

《河南省节约用水条例》(修订)自 2022 年 3 月 1 日起施行,标志着河南省节约用水法制化迈上了一个新台阶。但是全省工业节水的管理机制还不协调。首先,河南省工业产品用水定额体系仍未包含某些特色产业主要产品的用水定额,定额体系不够完善,缺乏河南省节水型工业企业评价和河南省节水型工业园区评价的省级地方标准。其次,在实现节水工作由省发改委、省水利厅、省住建厅等联合协调的河南省厅际协调机制背景下,还未建立相应的厅级以下的管理部门-行业-企业间的有效沟通机制,工业节水的政策-法规-管理-技术信息沟通不畅,交流能力不足。同时,节水数据在省发改委、省水利厅、省住建厅等部门间的统计口径不一,增加了工业建设项目节水评估、节水载体建设评价的难度,直接影响区域节水规划制定、节水管理与考核的工作效率。

1.3.3.5 节水管理水平有待提高

根据地下水环境治理综合要求,并结合南水北调工程水源置换需求,河南省在全省范围内开展了地下水压采、封井等行动,有效地抑制了工业地下水自备水源的开采量。全省地下水开采量从 2015 年的 120.65 亿 m³ 下降到 2021 年的 98.26 亿 m³;在供用水结构中,河南省地下水占比从 54%下降到 44%。河南省工业地下水(自备水源)开采量也随之有所降低,规模以上工业地下水占工业取水量的比重由 2008 年的 46.9%降低到 2018 年的 29%。

目前,大中城市工业和大中型企业的节水管理较为规范,但多数小型乡镇企业节水不到位,缺乏健全的节约用水的管理制度,工业用水定额管理不完善,用水计量不健全,不少企业的供水管道和用水设备的"跑、冒、滴、漏"现象严重。由于水价等原因,自备水源存在设备利用率低、开采浪费等问题,并可能导致地下水位下降、地面沉降、次生盐碱化等生态环境灾害,强化对取用地下水水源企业的监管仍然是工业节水管理的重点。目前,河南省还未建立完善的省级节水管理系统平台,地市节水管理中还未完全做到文件形式的规范统一,某些地市的计划用水审批、复核、检查和整改等环节仍然存在不规范问题。

1.4 河南省工业经济及主要高耗水行业发展综述

节水是一个涉及社会经济、政策法规、技术管理、资源环境的复杂系统问题,工业节水尤为如此。对区域工业用水效率的分析,不仅要看到用水效率本身的变化,也要考察其背后工业行业规模与用水结构的演化、产品与市场结构的变化、技术水平与用水工艺的进步等诸多因素,这样才能对区域工业及其行业节水演变有一个较为清晰而完整的认识。

1.4.1 河南省工业经济发展综述

改革开放以来,河南省工业成功构建了以装备制造、食品制造、新型材料制造、电子制造、汽车制造 5 个主导产业为重点,以冶金、建材、化工、轻纺等 4 大传统产业为支撑,以智能制造装备、生物医药、节能环保和新能源装备、新一代信息技术等 4 大战略性新兴产业为先导的现代工业体系,实现了从传统农业大省向先进制造业大省的嬗变,开启了向先进制造业强省迈进的新征程。改革开放以来,河南省工业发展历程可总结如下。

1.4.1.1 改革开放与振兴阶段(1978—1988 年)

1978 年,党的十一届三中全会召开,"以经济建设为中心"成为全党的工作重心。面对国民经济比例严重失调的状况,河南省按照"调整、改革、整顿、提高"方针,对全省 2 300 多家企业分期分批进行整顿,努力进行经济体制改革,积极开展扩大企业自主权试点工作。通过艰苦努力,全省工业经济停滞、倒退的局面得到初步扭转。1984 年,伴随着经济体制改革从农村转向城市,全省工业战线围绕增强企业活力特别是增强国营大中型企业活力这个中心环节进行体制创新,厂长负责制、各类经营承包制等一系列以完善企业经营机制为核心的改革陆续全面推开,全省工业进入高速增长的轨道。1979—1988 年,全省全部工业增加值年均增长 13.0%,较 1973—1978 年的平均增速提高 3.7 个百分点。

1.4.1.2 治理整顿与加速发展阶段(1989—1993 年)

1988 年 9 月,鉴于当时经济生活中出现了明显的经济"过热"和通货膨胀等问题,党的十三届三中全会决定开始治理经济环境、整顿经济秩序。在河南省委省政府的积极推动下,治理整顿的措施在河南省陆续到位并发挥效应,但工业生产在降温中增速回落过猛,工业生产从 1989 年第四季度急剧下滑,增速到 1990 年 5 月才摆脱负增长局面。为扭转工业低速增长的局面,1990 年中央把宏观调控工作重点放在调整结构和提高效益上。河南省委省政府顺势制定了"以农兴工、以工促农、农工互动、协调发展"的发展思路,做出了"大力发展食品工业,振兴河南经济"等一系列重大部署,并根据邓小平南巡讲话精神适时提出"一高一低"的战略方针。与此同时,"八五"计划与到 2000 年的 10 年规划同时出台,一系列改革举措加快实施,全省改革开放和经济建设的步伐明显加快,工业生产又呈现增长之势。1989—1993 年,全省全部工业增加值年均增长 13.4%,其中,1992 年、1993 年全省全部工业增加值增速分别高达 26.5%、23.1%。

1.4.1.3 调整转变与改革攻坚阶段(1994—2002 年)

在各项改革举措的引导下,全省经济建设全面高涨。但同时伴随着开发区热、房地产热的不断升温,经济发展中的"泡沫"成分不断加大,金融秩序出现混乱局面。治理经济过热、抑制通货膨胀再度成为宏观调控首要任务。以此为背景,全省工业经济增速再次放缓。

1995年党的十四届五中全会提出"两个根本性转变",宏观调控不再搞全面紧缩,更加强调灵活运用利率、税率、价格和法律等手段,同时注意把加强宏观调控和深化改革有机地结合起来,既抑制了通货膨胀,又保持了经济稳定增长,实现了经济"软着陆",全省工业经济增长方式从粗放型向集约型转变的步伐加快。

1997年亚洲金融危机爆发,世界经济的变动第一次明显波及河南,河南省委省政府高度重视,及时出台一系列政策性文件。一方面,积极应对金融危机,努力扩大内需,促进经济平稳较快增长;另一方面,充分把握入世契机,将国际竞争的压力转为推进国企改革和结构调整的动力,全省国企改革向纵深推进,由点爆式攻坚转向整体式推进,超过80%的国有工业企业成功实现改制,国有经济经过改制重组后,机制优势初步显现。1994—2002年,全省全部工业增加值年均增长12.7%,继续保持高速增长态势。

1.4.1.4 跨越与科学发展阶段(2003—2007年)

2002年,按照党的十六大精神,河南省以国有大中型企业公司制改革、上市公司股权分置改革、省属企业产权结构多元化改革等为突破口,积极推进国有经济布局和国有企业战略性重组。同时以建立落实科学发展观的体制机制为重点,在全国率先启动了煤炭、铝土等矿产资源整合,着力推动资源向骨干企业配置。随着价格管理体制改革力度不断加大,投资管理体制积极推进,财税管理体制不断深化,金融体制加快创新,社会主义市场经济体制得到进一步完善。面对我国加入WTO后的新形势,河南省主动适应新变化,积极承接国内外的产业转移,开放型经济进入一个新阶段。2004年以后,全国经济出现煤电油运紧张、部分地区和行业投资增长过快、经济运行泡沫不断加大的现象和苗头,国家实行稳健的财政政策和适度从紧的货币政策,河南省坚持在发展中主动适应调控,在调控中谋求更好更快发展的思路,积极推进各项改革与体制机制创新,努力保持经济社会又好又快发展的态势。2003—2007年,全省全部工业增加值年均增长18.2%,这一时期也是河南省工业经济发展的黄金期。

1.4.1.5 增速换挡与转型升级阶段(2008—2018年)

2008年全球性的金融危机爆发,河南省工业战线积极应对,工业生产虽有所放缓但仍保持较快增长,全省全部工业增加值同比增长15.3%。随后,全省上下认真贯彻落实"稳增长、调结构、促转型"的各项政策措施,以产业集聚区为载体,坚持发挥比较优势与后发优势相结合、做大总量和优化结构相结合,强化创新驱动发展,注重新旧动能转换,努力做大做强战略支撑产业,积极发展战略新兴产业,全面提升工业经济信息化水平,工业经济持续稳定增长,逐步走出金融危机的阴影。2009—2012年,全省工业增加值年均增长13.2%。2012年党的十八大之后,全省深入学习贯彻习近平总书记系列重要讲话和调研指导河南时重要讲话精神,认真贯彻落实中央一系列重大决策部署,紧紧围绕中原崛起河南振兴富民强省总目标,统筹稳增长、促改革、调结构、惠民生,坚持调中求进、改中激活、转中促好、变中取胜,河南工业经济发展呈现出结构优化、动力转换、发展方式转变加快的良好态势。2013年起,全省工业经济进入换挡期,增加值增速回落至个位数,但河南省工业经济转型升级效果初显,提质增效发展稳中向好。2016年,河南省工业全面推进供给侧结构性改革,在化解过剩产能、处置"僵尸企业"、实现资源优化配置和市场出清的同时,加快培育更多产业新增长点和结构性力量,推动全省产业结构向中高端迈进,河南省经济保持了平均较快的增长态势。2008—2018年,全省全部工业增加值年均增长10.8%,工业利润年均增长16.4%,高于增加值平均增速5.6个百分点。

1.4.2 河南省主要高耗水工业发展综述

1.4.2.1 火力发电

火电工业是国民经济重要的基础工业——能源工业(电力、热力生产和供应业)的重要组成部分,也是除水的生产和供应业以外的最大工业用水行业。作为工业用水节水管理的重点行业,近年来河南省在火电行业中实行上大压小、淘汰落后产能,进行产业优化重组成效显著。据统计,2008年河南省火电行业规模以上企业(企业主营业收入超过2 000万元)208家,2013年为79家,减少了129家。通过优化产业布局,该行业规模以上企业主营业收入总额下降,但企业平均主营业收入显著增加,由2008年的78 831万元增长到2013年的126 745万元,同比增长61%。行业企业规模变化特征为大型企业(企业主营业收入超过40 000万元)数量基本保持不变,中型企业(企业主营业收入介于2 000万元和40 000万元)数量大幅减少,由2008年的145家降低到2013年的26家,减少了119家。2008年主营业收入超过25亿元的大型企业只有洛阳新安电力集团有限公司、登封电厂集团有限公司、平顶山姚孟发电有限责任公司、河南华能沁北发电有限责任公司、南阳市鸭河口发电有限责任公司等5家企业,到2013年增长到9家大型企业,其中登封电厂集团有限公司、华能沁北发电有限责任公司、郑州裕中能源有限责任公司、中电投河南电力有限公司平顶山发电分公司等企业超过40亿元。河南省火电行业工业企业分布见图1-4。

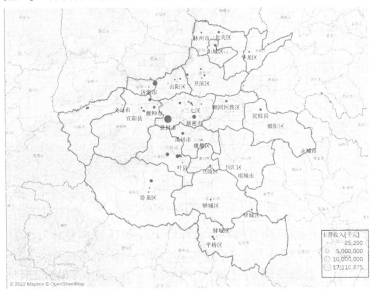

图1-4 河南省火电行业工业企业分布

1.4.2.2 钢铁工业

黑色冶金行业是国民经济基础性产业,也是河南省的传统支柱产业,行业涉及面广、产业关联度高、消费拉动大,在经济建设、社会发展及稳定就业等方面发挥着重要作用。河南省黑色冶金行业经过几十年的发展,行业规模逐渐扩大,形成了目前以安钢、济钢、亚新等一批大型企业为首的钢铁生产基地。从产品结构来看,河南省初级加工炼钢和炼铁在黑色冶金行业中所占比重越来越小,占行业的比重由 2010 年的 26.4% 下降为 2018 年的 7.3%;与此同时,钢压延加工成为行业增长的主要力量,占行业的比重从 2010 年的 33.6% 增长到 2018 年的 68.2%,是拉动河南省冶金行业增长的主要力量;黑色金属铸造行业占比从 2010 年的 40% 下滑至 2018 年的 24.5%。河南省钢材产品结构中,建材用钢占据主导地位,2018 年建材用钢产量达 2 281 万 t,占钢材总产量的 60.70%;板材产量642.60 万 t,占钢材总产量的 17.10%;棒材产量 466 万 t,占总产量的 12.40%;管材产量330.7 万 t,占比 8.8%。2010 年河南省钢材产品结构见图 1-5、2018 年河南省钢材产品结构见图 1-6。

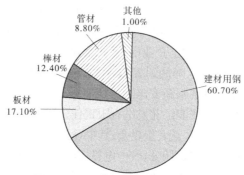

图 1-5　2018 年河南省钢材产品结构

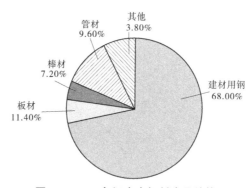

图 1-6　2018 年河南省钢材产品结构

从主要产品产量来看,河南省粗钢产量在 2010—2018 年间整体处于缓慢增长态势,整体产量从 2010 年的 2 327.4 万 t 增长至 2018 年的 3 004.6 万 t;生铁及钢材两种产品则经历了高速增长后又急速下滑的过程,2010—2015 年,河南省生铁、钢材产量分别从2 073.9 万 t、3 196.4 万 t 增长至 2 903.6 万 t、4 766.8 万 t,2016 年后,产量出现下滑,到了 2018 年,河南省生铁、钢材的产量已经分别下滑至 2 511.5 万 t、3 757.8 万 t。2010—

2018年河南省黑色冶金行业主要产品产量情况见表1-9。

表1-9 2010—2018年河南省黑色冶金行业主要产量情况　　　　　　　　　　单位:万t

年份	粗钢产量	生铁	钢材
2011	2 370.7	2 249.6	3 466.7
2012	2 215.8	2 431.8	3 814.2
2013	2 786.1	2 551.9	4 255.2
2014	2 882.2	2 779.6	4 704.1
2015	2 897.4	2 903.6	4 766.8
2016	2 849.5	2 862.9	4 667.9
2017	2 954.0	2 702.6	3 909.5
2018	3 004.6	2 511.5	3 757.8

　　从企业方面来看,河南省黑色金属冶炼行业中小企业数量较多,大型企业集中度不高,竞争力不强。2011年后,随着行业兼并重组加快,整个行业的集中度有所提升,竞争力有所增强。2011年,安钢集团与河南省内的凤宝特钢、亚新钢铁、新普钢铁三家企业进行了兼并重组,沙钢集团安阳永兴钢铁与华诚特钢、汇丰管业、利源焦化共同组建成立了河南沙钢联合钢铁集团,实现了产能扩张,有效提高了市场竞争力。随着国家化解过剩产能和节能减排任务的进度不断加快,河南省内黑色金属冶炼行业的集中度不断提升,2018年,主营业务收入前十名的企业占该行业主营业务收入的比重已经从2008年的54.6%上升至2018年的72.7%。河南省黑色冶金行业工业企业分布见图1-7。

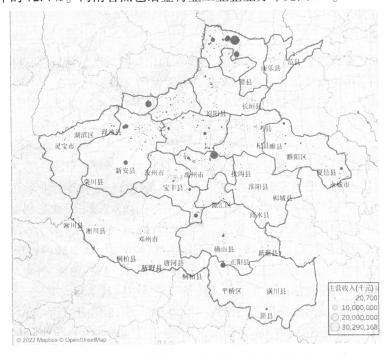

图1-7　河南省黑色冶金行业工业企业分布

1.4.2.3 石化与化工

石化与化工行业在河南省工业中占有重要的地位,2014年规模以上全部增加值占全省规模以上工业增加值的8.94%。河南省石化与化工的主要行业包括石油化工、煤化工、盐化工和农用化工,均为基础化工产业。

1. 石油开采加工业

由于资源匮乏,资源品质较差,开采成本持续上升等,近年来河南省石油开采无论是产量还是效益都出现了较为明显的滑坡。同样由于当地资源限制,河南省油气加工业在国内体量较小,以最大的中石化洛阳分公司为例,公司具有800万t/年原油加工能力,与沿海地区单系列1000万t/年的装置相比明显偏低。制约河南省石油加工业发展的主要因素包括以下几点:一是本地油气资源匮乏,进口原油使用权尚未落实到民营企业;二是技术水平相对较低,装备陈旧落后,产品成本居高不下;三是下游高端产品研发不足,缺乏高端领域核心竞争力。

2. 化学肥料

化学肥料,特别是氮肥生产是河南省化工行业的传统优势产业,但近年来国内化肥总体产能过剩,化肥市场又具有较强的季节性,随着竞争的日趋激烈,加上国家逐步取消化肥生产电价和税收优惠政策,致使生产销售成本一路攀升,对化肥产业产生了前所未有的冲击。在这一形势下,河南省化肥行业在企业内部从战略到实施细节都进行了较大的调整。具体表现为:一是产业集中度加大,单系列装置规模持续提升,大规模、现代化装置已经成为河南省化肥行业主流;二是新技术、新装备、原料路线改造等一批技术在业内迅速推广;三是进行产业结构调整,实现产品多元化已成为业界共识,生物肥料、水溶肥料等各类肥料不断涌现。

3. 煤化工

河南省油气资源匮乏,因而对煤化工替代石油化工的需求较为迫切,这使得河南省煤化工产业得到了迅速发展。以河南能源化工集团为代表的煤化工企业迅速壮大,河南省的煤制甲醇、烯烃、乙二醇等煤化工产业无论是在装置规模还是在技术水平方面,在国内均处于领先地位。

4. 盐化工

河南省盐资源、天然碱资源丰富,发展盐化工具有得天独厚的资源优势,但由于近年来国内盐化工发展迅速,产能扩张较快,下游玻璃、氧化铝、PVC型材等行业景气度不足,对纯碱、烧碱等盐化工产品的需求不足,整体供过于求的局面尚未改观,行业盈利难度较大。

河南省已经成为我国重要的煤基乙二醇生产基地,目前拥有120万t煤基乙二醇的生产能力,形成了尼龙化工产业新城,电子级化学气体和专用化学品得以快速发展;在不断强化煤化工、盐化工、化肥等传统优势产业的基础上,钛白粉、轮胎、锂电池电解液及隔膜、特种橡胶助剂、环保化学品及专用化工装备等领域也实现了较大突破。从主要产量来看,河南省原油产量、成品油产量已经出现下滑,2010—2018年间,原油产量已经从497.9万t下滑至277.3万t,成品油产量从544.7万t下滑至406.4万t;与此同时,甲醇的产量却在逐年增加,2010—2018年间,河南省甲醇的产量已经从173.3万t增长至402.4万t。日益严格的环保政策,加快推动了化工企业走上绿色发展之路。从全省主要化学品产量看,合成材料、精细化学品等保持较快增长,部分传统基础化学原料产品增速明显放缓。化肥产量已连续多年持续下滑,但合成材料中聚酯、合成纤维、化学纤维的产量高速增长。

河南省现有1 000余家规模以上的石化和化工企业,主要化工产品中甲醇、尿素、纯碱、烧碱、聚氯乙烯产量居于全国前列。大型煤制甲醇及醋酸、节能型尿素、联碱、高压阀三聚氰胺、尼龙等化工产品技术水平国内领先。河南煤化、中平能化、洛阳石化等大型企业集团具有相当产业规模,心连心化肥、安棚碱矿、昊华宇航等行业骨干企业的规模和竞争力得到明显提升,为河南省化工产业发展奠定了良好的基础。2010—2018年河南省石化行业主要产品产量见表1-10。

表1-10　2010—2018年河南省石化行业主要产品产量　　　　单位:万t

年份	原油产量	成品油产量	化肥产量	甲醇
2011	485.5	513.4	470.4	214.2
2012	446.7	488.2	511.4	264.2
2013	382.6	455.7	548.3	297.3
2014	355.3	436.7	566.1	323.8
2015	341.6	421.5	561.5	349.7
2016	315.7	410.4	532.4	429.6
2017	282.9	426.1	463.5	357.5
2018	277.3	406.4	488.2	402.4

资料来源:中研普华产业研究院。

近年来,河南省石化行业发展较快,2018年,全省石油和化学工业规模以上企业实现主营业务收入7 874.2亿元,同比增长5.61%;利润总额364.2亿元,同比增长7.58%

河南省以石化为主导的产业集聚区主要分布于濮阳市(5家)、焦作市(4家)、平顶山市(4家)、新乡市(4家)、商丘市(含省管县)(3家)、三门峡市(2家)、南阳(2家),其余开封市、洛阳市、安阳市、鹤壁市、许昌市、漯河市、驻马店市、济源市各1家,分布于全省15个地、市,32个县区。园区形成的发展模式有三种:一是依托传统化工产业较发达的地市发展模式;二是以骨干龙头企业为主,产业单一的园区模式;三是以类似化工中小企业为主的产业共聚园区模式。河南省石化与化学行业工业企业分布见图1-8。

1.4.2.4　造纸行业

河南省造纸工业起步于1958年,多年来得到了长足的发展,特别是改革开放以来更是发展迅猛。河南省造纸行业曾有过辉煌的历史,1985—1996年,河南省纸和纸板总产量连续11年居全国行业之首。作为典型的高耗水高排污行业,造纸行业环境压力突出。随着"上大压小"等国家工业结构调整政策的实施,河南省造纸行业转型升级取得明显成效,原材料结构优化,产品等级与质量提升,产品结构与行业规模结构得到进一步改善。河南省造纸行业原材料结构以草浆为主转变以废纸为主,20世纪90年代河南省造纸原料中草浆占比80%,废纸占比5%;2018年草浆与废纸的占比分别为4%和53%;同时,木浆在河南省造纸原料结构也处于上升态势,已经从20世纪90年代的15%上升至2018年的43%。

图 1-8　河南石化与化学行业工业企业分布

　　从产品结构来看,河南省的造纸产品较少。我国的纸产品约有千余种,而河南省只有 500 种左右,而且产品以中低档为主,约占总产量的 75%。主要品种是包装纸板和普通文化用纸,高档次、高科技含量、高附加值产品较少。2018 年河南省机制纸及纸板总产量约 379 万 t,其中书刊印刷纸、胶版印刷纸、书写纸、无碳复写纸等文化、工业用纸约 150 万 t, 箱纸板约 90 万 t,瓦楞纸约 100 万 t,生活用纸约 29 万 t,其他约 10 万 t。

　　2010—2018 年河南省造纸行业原材料结构变化情况见图 1-9。2013 年河南省机制纸及纸板产量结构见图 1-10、2018 年河南省机制纸及纸板产量结构见图 1-11。

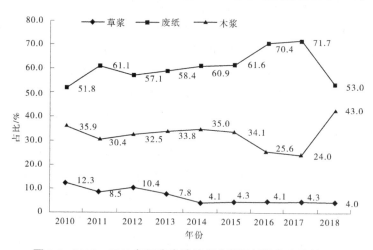

图 1-9　2010—2018 年河南省造纸行业原材料结构变化情况

　　现状(2018 年)河南省机制纸及纸板总产量约 379 万 t,其中书刊印刷纸、胶版印刷纸、书写纸、无碳复写纸等文化、工业用纸约 150 万 t,箱纸板约 90 万 t,瓦楞纸约 100 万 t, 生活用纸约 29 万 t,其他约 10 万 t。

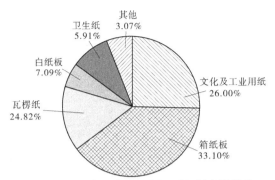

图 1-10　2013 年河南省机制纸及纸板产量结构

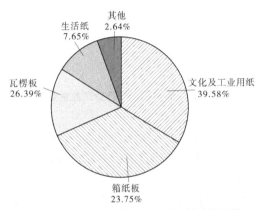

图 1-11　2018 年河南省机制纸及纸板产量结构

河南省造纸企业主要分布在豫中、豫北地区的新乡、焦作、濮阳、漯河、郑州和许昌等地市。从企业规模来看,河南省造纸企业整体规模偏小,年产量超过 30 万 t 的只有大河纸业、新乡新亚、漯河银鸽、龙源纸业、濮阳龙丰、驻马店白云、江河纸业等 7 家企业,多数企业的年产量仍不足 10 万 t。2013 年河南省造纸企业规模分布见图 1-12,2018 年河南省造纸企业规模分布见图 1-13,河南省造纸行业工业企业分布见图 1-14。

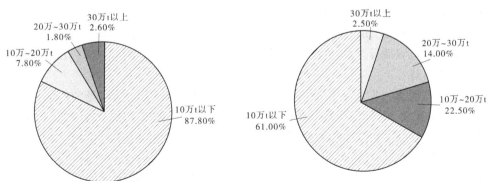

图 1-12　2013 年河南省造纸企业规模分布情况　　图 1-13　2018 年河南省造纸企业规模分布情况

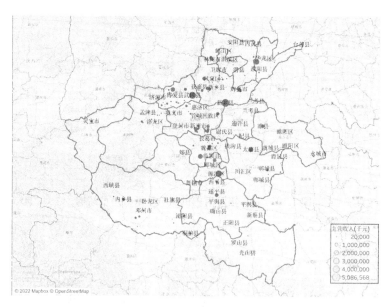

图 1-14　河南省造纸行业工业企业分布

1.4.2.5　医药行业

河南省医药产业发展已经具备了扎实的产业基础,并培育了一批本土龙头企业,但是总体来看,产业发展缺乏特色,尚未形成良好的产业集聚效应,产业创新能力不足,产业发展面临转型压力。未来需要在汇聚产业发展高端要素、建设产业发展高端平台、打造特色产业集群、提升产业创新能力与水平、制定产业发展专项政策等层面发力,推动产业转型升级,促进产业高质量发展。河南医药行业主要包括中药制药(包括中成药及中药饮片)、生物制药、化学原料药和化学药品制剂等产业。

1. 中药制药产业(包括中成药及中药饮片)

中药制药产业是河南省的主要制药产业之一,中药制药产业产值占比长期在河南制药产业中居于首位。但近年来,随着河南省生物医药、化学原料药产业的发展,中药制药产业产值在医药行业中的占比有所下滑,2010—2018 年间,中药制药产业占比已经从28.7%下滑至20.2%。河南省中药制药的主要企业有宛西制药、羚锐制药、太龙药业、辅仁药业等;各类中药产品特色鲜明,如宛西药业的六味地黄丸、羚锐制药的中药贴片、太龙药业的双黄连口服液等产品,在全国范围内都具有较高的知名度和市场占有率。

2. 生物制药产业

河南生物制药产业是近年来发展较为迅速的产业,在河南制药市场的产值占比处于增长态势,到2018 年,河南生物制药产业的产值占比已经达到了17.7%,相比 2010 年提升了 3.3 个百分点。河南生物制药产品的主要企业有安图生物、华兰生物、中泰药业、开封制药、普新生物等。在这些企业中,华兰生物的血液制品和疫苗、安图生物的化学发光体外诊断试剂产品、开封制药的利福霉素等产品,在生产规模、技术水平和产品质量等方面均处于全国行业领先地位。整体来看,河南省大宗抗生素原料药、血液制品、体外诊断试剂等产品在国内具有较强的竞争力,但是高端产品不足,基因工程、抗体工程和细胞工程药物较少。

3. 化学原料药

河南省化学原料药的主要企业有天方药业、新帅克药业、东泰药业、开封豫港药业等，其中天方药业生产的抗艾滋病药物齐夫多定和氯雷他定、抗感染的氧氟沙星等原料药在国内市场具有一定的品牌优势。整体来看，河南省化学原料药产品特色不明显，传统药品居多，市场竞争力较弱。近年来，化学原料药在河南制药产业中占比在25%左右。

4. 化学药品制剂

河南省的化学药品制剂生产企业较多，主要有辅仁药业、天方药业、天津药业新郑有限公司、永和制药等，片剂、水针剂、大输液等的生产规模均处于全国前列，但是产品以普药为主，高端产品、名牌产品和特色产品少，市场竞争力不强。近年来，化学药品制剂在河南制药产业中占比在15%左右。

2010年以来，河南省医药行业产品结构经历了较大的调整。生物制药和化学制药产能不断提高，由2010年的9.4%和6.9%提高到2018年的13.7%和13.4%。中药产品产能快速下降，由2010年的28.7%下降到2018年的20.2，下降了8.5%。化学原料药呈现涨落波动变化与缓慢增长趋势，由2010年的24.0%提高到2018年的25.8%。2010—2018年河南医药行业产品结构变化见图1-15。

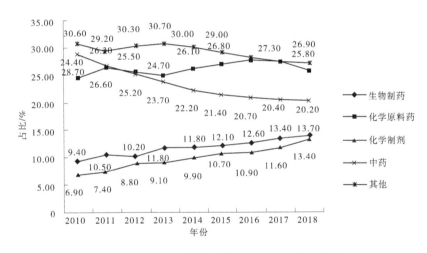

图1-15　2010—2018年河南医药行业产品结构变化

从市场规模来看，河南省医药行业发展较快，2010—2018年间，河南省医药工业总产值年均增速达18%，工业总产值从2010年的917亿元增长至2018年的3 114亿元。从企业规模来看，河南省医药行业企业仍以中小企业为主，在全国医药行业营业收入排名前100强企业中，仅有辅仁药业、宛西制药、华兰生物三家企业入围，医药生产企业呈多、散、小的局面，龙头企业少，集中度不高。据统计，河南省的医药生产企业数量约400家，其中超过50%的企业营业收入规模都处于1亿元之下，另有34%左右的企业营业收入规模在1亿~5亿元，营业收入在5亿~10亿元的企业数量占比约为12%；营业收入规模在10亿元以上的企业数量占比只有3%左右。2010年河南省医药行业企业结构见图1-16、2018年河南省医药行业企业结构见图1-17。

依靠中药药材原产地等资源禀赋,河南省医药生产龙头企业主要分布在南阳、信阳、周口、新乡、许昌等地市,而中小企业集中分布于焦作、郑州、商丘、驻马店和濮阳等地市。河南省医药行业工业企业分布见图1-18。

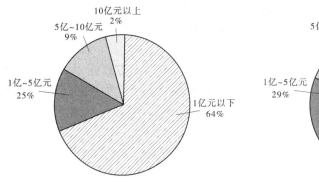

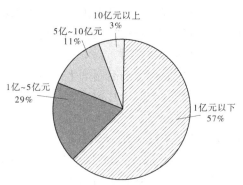

图1-16　2010年河南省医药行业企业结构　　　图1-17　2018年河南省医药行业企业结构

图1-18　河南省医药行业工业企业分布

1.4.2.6　皮革行业

传统的制革工业是以动物皮(生皮)为原料,通过系统的化学与物理处理,制作成适合各种用途的半成品革或产品革,包括半成品革通过整饰加工成成品革。在整个制革生产过程中,被制成的最终成品质量仅占原皮质量的50%左右,其他均为大量的固体废弃物。我国作为制革大国,每年约产生140万t以上的皮革边角废弃物(包括含铬皮革废弃物),几乎占世界皮革边角废弃物生产量的1/2。制革及毛皮加工工业在生产过程中使用大量化工原料,这些原料包括各种助剂、鞣剂以及加脂剂、涂饰剂等。

河南省规模以上毛皮鞣制及制品加工企业产值占全国规模以上毛皮企业总产值的30%以上。2018年产值规模接近600亿元,其中牛皮制革产能933万张/年,羊皮制革产能 5 180 万张/年,羊皮毛皮加工产能 3 890 万张/年。河南省制革及毛皮加工行业可分为牛皮制革、羊皮制革以及毛皮加工三大类。河南省目前主流的制革及毛皮加工生产工艺分为准备、鞣制和整饰三个工段,其中鞣制工段目前又有铬鞣工艺和植鞣工艺两种工艺。

牛皮制革:牛皮制革准备工段主要包括浸水、脱脂去肉、浸灰脱毛、片皮、水洗、脱灰、软化水洗、浸酸等工序;铬鞣工艺主要包括铬鞣、削匀、中和水洗、复鞣等工序;植鞣工艺主要包括植鞣、氧化还原、削皮、复鞣等工序;整饰工段主要包括染色加脂、烘干、整饰等工序。

羊皮制革:羊皮制革准备工段主要包括原皮除盐、洗皮浸水、脱脂去肉、脱毛浸灰、水洗脱灰、软化水洗、浸酸等工序;铬鞣工艺主要包括铬鞣、削匀、复鞣等工序;植鞣工主要包括植鞣、氧化还原、削匀、复鞣等工序;整饰工段主要包括染色、水洗、填充、干燥、整饰等工序。

毛皮加工:毛皮加工准备工段主要包括洗皮、湿剪、浸水、去肉、脱脂、浸酸软化等工序;铬鞣工艺主要包括铬鞣、烘干、磨革等工序;植鞣工艺主要包括植鞣、氧化还原、复鞣、烘干、磨革等工序;整饰工段主要包括干洗、染前脱脂、染色、烫剪毛、裁制等工序。

河南省内有制革及毛皮加工企业 52 家,2 个毛皮加工产业集群,其中在产企业 45 家,包括 37 家制革企业和 8 家毛皮加工企业。河南省内制革及毛皮加工行业企业主要分布在豫北和豫东地区,包括焦作、周口、驻马店、开封、新乡、济源、商丘等地市,其中焦作和周口两市制革及毛皮加工行业企业数量最多,焦作孟州现有桑坡、田寺两个皮毛加工产业集群。毛皮加工企业集中分布在焦作市,以羊皮毛皮加工为主。制革企业主要分布在周口、驻马店、新乡、开封、商丘 5 个地市。此外,济源、许昌 2 个地市零星分布有制革及毛皮加工企业。从生产规模来看,河南省毛皮加工企业生产规模以 100 万张/年以下最多,共计有 7 家(桑坡、田寺毛皮加工群除外),占毛皮加工在产企业总数 77.8%,占毛皮加工在产企业总产能(桑坡、田寺毛皮加工群除外)的 22.2%;牛皮制革企业生产规模以 50 万张/年以下最多,共计 12 家,占牛皮制革在产企业总数 63.2%,占牛皮制革在产企业总产能的 21.9%;羊皮制革企业生产规模以 100 万~500 万张/年最多,共计 10 家,占羊皮制革在产企业总数的 58.8%,占牛皮制革在产企业总产能的 49.2%。河南省历年皮革产品结构走势见图 1-19、河南省历年毛皮鞣制及制品加工企业产值见图 1-20。

河南省制革企业的研发投入并不高,按年度占比来看,长年占营业收入的比例在 3% 左右。未来几年河南省制革行业将进入集群建设、统一治污、创新驱动、绿色制造、智能生产的发展模式。行业发展重点任务包括进一步提高清洁生产技术普及度、加大无氨脱灰软化、保毛脱毛、铬减排、节水、皮革固废资源再利用、废液循环、加强废水生物处理技术及装备的推广力度(绿色部分);进一步研发和完善无铬鞣剂、环保型染整和涂饰材料、生物(酶)制革、节盐、废水分质预处理及深度处理、制革污泥处理技术及减排装备和清洁生产技术集成。河南省皮革行业工业企业分布见图 1-21。

1.4.2.7 食品饮料

作为全国粮食主产区,近年来河南充分发挥"大粮仓"优势,积极向"大厨房"转变。通过改革开放以来的持续发展,河南省食品产业技术创新与品牌建设初步取得成效,拥有

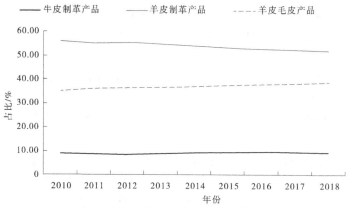

图 1-19　河南省历年皮革产品结构走势

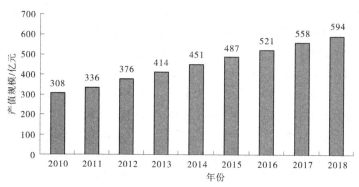

图 1-20　河南省历年毛皮鞣制及制品加工企业产值

图 1-21　河南省皮革行业工业企业分布

冷链食品、休闲食品和特色食品三大优势产业链,目前已发展成为全国最大的肉类生产加工基地,全国最大的方便面生产加工基地,全国最大的调味品生产加工基地和全国最大的速冻食品生产加工基地。不仅食品总产值超过万亿元大关,稳居全国前列,食品产业集群也已成为河南省的第一大产业集群。河南速冻米面食品产量占全国的70%以上,方便面、饼干、小麦粉、味精产量均占全国的20%以上,已形成较强的产业竞争优势。河南省发展食品工业具有资源、产业、市场和区位四大比较优势,产业发展潜力巨大,已成为承接沿海地区食品产业转移的重点区域。

河南省食品产业在国内市场已形成了整体竞争优势,是最具发展潜力和发展优势的战略支撑产业。当前,河南省形成了五大特色食品产业集群。分别是以双汇、华英等为代表的全国最大肉类产品生产加工基地,以白象、南街村等为代表的全国最大面及面制品生产加工基地,以三全、思念等为代表的全国最大速冻食品生产加工基地,以莲花味精、驻马店十三香等为代表的全国最大调味品生产加工基地,以健丰、梦想等企业和临颍黄龙食品工业园区为代表的全国最大饼干和休闲食品生产加工基地。主要产品企业规模:①烘焙产品。河南省内拥有蛋糕等各类烘焙产品店铺20 000余家。②糖果行业。河南糖果行业近几年一直处于上升阶段,受宏观经济影响,2018年产量大幅度下滑,仅为12.84万t,但是依旧以4.26%的产量占比排在全国糖果产量的第七位。③方便食品制造。2018年河南省方便面产量为204.67万t,占全国总产量的29.26%,位居全国第一。2018年河南速冻食品行业收入达到408.84亿元,占全国的36%,位居全国第一。④乳制品制造。2018年河南乳制品制造约252万t。⑤罐头食品制造。2018年河南罐头食品制造约22.62万t。河南省目前已形成了一定的生产规模,涌现出了一批像漯河罐头厂、周口罐头厂、驻马店罐头厂、信阳罐头厂及郑州罐头厂等大中型罐头骨干企业。2010—2018年食品制造行业规模见图1-22。

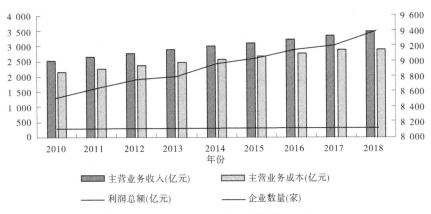

图1-22　2010—2018年食品制造行业规模

预计未来10年,河南省食品工业仍将保持年均15%以上的增长势头,各种方便主副食品年均增长将超过20%。虽然河南省食品产业规模居全国第二位,但是仍存在结构层次偏低、行业品牌影响力较弱、技术创新能力不足等问题,距离建设食品工业强省、打造具有国际竞争力的食品工业基地目标,仍有较大差距。从企业结构看,河南省食品企业二元分化现象明显,90%以上为小型企业,品牌影响力较弱。河南食品产业应在满足粮食供应的基础上,改革生产方式,创新生产工艺,加快食品机械装备研发,调整产业结构和布局,开拓新的产业领域,以冷链食品、休闲食品、旅游食品、都市食品、精深加工食品为主导,创名优品牌,占领高端食品市场。河南省食品行业工业企业分布见图1-23。

图 1-23　河南省食品行业工业企业分布

1.4.2.8　非金属矿物制品

　　按照工业用途来看,非金属矿主要包括冶金辅助原料非金属矿、化工原料非金属矿、建筑原料及其他非金属矿三种。河南冶金辅助原料矿资源主要包括熔剂灰岩、硅石、耐火黏土、铸型用砂岩、石墨、蓝晶石、红柱石、硅线石、白云岩、玄武岩等;化工原料非金属矿主要有磷矿、硫铁矿、天然碱、蛇纹岩、萤石、岩盐、含钾岩、重晶石等;宝玉石矿产,如独山玉、虎晴石、密玉等;建筑原料及其他非金属矿主要有水泥灰岩、水泥黏土、云母、蛭石、石膏、滑石、珍珠岩、膨润土、沸石、高岭土、大理石等。河南省主要非金属矿资源见表1-11。

表 1-11　河南省主要非金属矿资源

冶金原料矿	化工原料矿	建筑原料矿
熔剂灰岩、硅石、耐火黏土、铸型用砂岩、石墨、蓝晶石、红柱石、硅线石、白云岩、玄武岩等	磷矿、硫铁矿、天然碱、蛇纹岩、萤石、岩盐、含钾岩、重晶石等;宝玉石矿产,如独山玉、虎晴石、密玉等	水泥灰岩、水泥黏土、云母、蛭石、石膏、滑石、珍珠岩、膨润土、沸石、高岭土、大理石等

　　河南非金属矿产资源开发利用现状如下所述。

　　1. 珍珠岩

　　河南珍珠岩主要位于信阳上天梯非金属矿区,1969年初步探明珍珠岩储量约1.2亿t,目前经过储量核查约0.97亿t。从事珍珠岩开发的矿山企业有5家,应用开发企业有

18家,主要生产18~110目珍珠砂及深加工产品开孔珍珠岩、闭孔珍珠岩。

2. 蓝晶石

河南省蓝晶石矿主要分布在隐山和祖师顶。隐山蓝晶石矿位于南阳市东北20 km的宛城区新店乡隐山,矿区面积约1.2 km²。该矿区蓝晶石主要为蓝晶石英岩类型。组成矿石的主要矿物:石英60%~85%,蓝晶石10%~35%,绢云母3%~10%,其他矿物有金红石、黄玉、磷灰石、电气石、黄铁矿等。现在隐山蓝晶石主要由两家开采,即南阳市开元蓝晶石矿、河南省南阳市隐山蓝晶石开发有限公司。采矿方式均为地下开采,采矿区面积分别为0.014 3 km²和0.167 8 km²,2008年整合为河南省桐柏山蓝晶石矿业有限公司,集矿山勘探、开采、选矿及深加工于一体,实现了技术和资源的优势互补,所产桐柏山牌蓝晶石产品分不定形耐火材料、陶瓷窑具和轻质莫来石砖用三个系列。

3. 红柱石

红柱石矿区位于河南省西峡县北西部,行政区划属桑坪乡杨乃沟村。矿区面积约2 km²。保有可供开采利用储量C+D级(332类+333类)矿石量4 926.76万t,矿物量427.52万t,其中C级(332类)矿石量1 569.15万t,矿物量136.30万t,D级(333类)矿石量3 356.81万t,矿物量291.22万t。矿石平均矿物含量8.7%。

4. 天然碱

河南省天然碱矿床主要分布于桐柏县,有吴城和安棚两大矿床。吴城天然碱矿区位于桐柏县吴城乡南部,碱矿赋存于桐柏县吴城盆地中心偏北,呈北西—南东不规则椭圆形展布,面积4.66 km²。碱矿分下部碱矿和上部盐碱矿两个矿段:下部碱矿段Na_2CO_3平均含量54.90%,NaCl平均含量低于0.3%;上部盐碱矿Na_2CO_3平均含量33.96%,NaCl平均含量45.55%;探明储量约3 600万t。安棚碱矿位于桐柏县西北的安棚乡,地处桐柏、泌阳、唐河三县交界地带。碱矿分布面积10.74 km²,矿层埋深1 310~2 520 m。矿石品位($NaHCO_3+Na_2CO_3$)为82.85%~99.47%,平均为93.38%,探明的矿石量为7 643.15万t,天然碱储量4 813.51万t;保有矿石量6 382.59万t,天然碱储量3 982.04万t。桐柏全县天然碱年生产能力100余万t,占国内天然碱市场份额的80%以上。产品具有纯度高、白度好、盐分低、杂质少、粒度大等特点,质量居全国首位、世界前列。目前,矿区已钻探开采井37口,建成4座采集卤站,日产碱卤可达14 000 m³,拥有碱卤存储能力20 000 m³。

5. 霞石正长岩

河南省共发现两处霞石正长岩矿,分别位于安阳县九龙山和方城县。在玻璃、陶瓷工业中,霞石正长岩是一种低耗能、高效原料,还可用于生产氧化铝等。方城霞石正长岩尚未开发利用。九龙山矿区位于安阳县水冶镇,矿区范围为整个九龙山山体及周边,呈近南北向的椭圆形展布,南北出露长约1.6 km,东西出露宽1.2 km,面积约2.0 km²。保有资源储量3 705万t,矿石的矿物成分单一,主要矿物:碱性长石75%左右,以微斜长石为主,钠长石、正长石次之,霞石20%左右,霓石5%~10%;次要矿物有透辉石、磷灰石、白云母和微量铁质矿物(磁、褐铁矿),沸石比较普遍(5%左右)。当地霞石正长岩开发主要有安阳县凯龙矿业有限公司和安阳善应霞石正长岩开发公司,其开发霞石正长岩原矿主要矿物为长石约70%、霞石20%~25%和少量的其他矿物。现生产有陶瓷级和玻璃级两类6种系列产品。

6. 水泥用灰岩

河南省水泥用灰岩分布广泛,有 80 余处矿区,主要分布于南阳、洛阳、郑州、焦作、驻马店、鹤壁等地市。石灰岩多为沉积矿床,含矿层层位稳定,厚度大,品位优,有益组分 CaO 含量平均 50% 以上,主要有害组分 MgO 大多小于 3%,符合生产高强度等级水泥的要求。河南省现有矿产地大多已开发利用,有部分水泥用灰岩矿山企业已成功上市,为河南省水泥工业的发展做出了巨大贡献。

7. 耐火黏土

河南省耐火黏土矿分布在豫西、豫北和豫中的焦作、郑州、洛阳、三门峡、平顶山、许昌等 6 市的 15 个县中。郑州市 9 个矿产地有矿石储量 11 419.6 万 t,占全省总储量的 40.86%;洛阳市 8 个矿产地,矿石储量 7 677.9 万 t,占全省总储量的 27.47%;焦作市 14 个矿产地,矿石储量 4 299.9 万 t,占全省总储量的 15.38%。目前,这些矿产地大多已开采利用。河南省开发利用耐火黏土最多的首推焦作市,其被誉为耐火材料生产基地,20 世纪 70 年代焦作市先后建成了四个国有矿山,设计采矿生产能力 35 万 t/a,80 年代末由于乡镇企业、个体采矿大军的加入,采矿生产能力达到 50 万 t/a,产品广泛用于冶金、机械、轻工、建材、陶瓷等部门,对国民经济的发展起到了重大的推动作用。

从产值构成来看,建筑用矿仍占据河南省非金属矿制品的主导地位,2018 年河南省非金属矿总产值 443.6 亿元,其中建筑原料矿产值为 317.6 亿元,占整个非金属矿总产值的 71.6%;化工原料非金属矿产值 82.2 亿元,占比 16.3%;冶金原料非金属矿 53.8 亿元,占比 12.1%。2010—2018 年河南省各类非金属矿产值结构见图 1-24,2010 年河南省非金属矿制品行业规模结构见图 1-25,2018 年河南省非金属矿制品行业规模结构见图 1-26,河南省非金属矿物制品业工业企业分布见图 1-27。

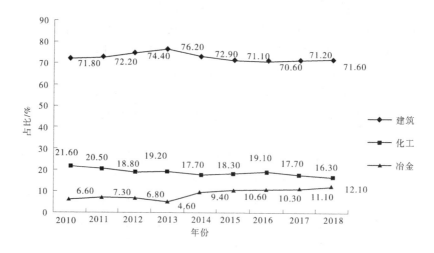

图 1-24　2010—2018 年河南省各类非金属矿产值结构

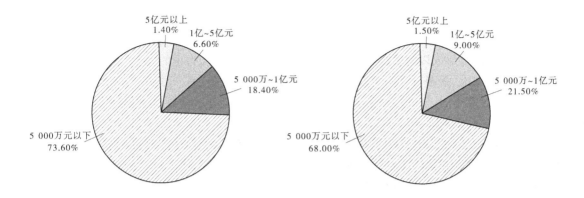

图 1-25　2010 年河南省非金属矿制品行业规模结构　图 1-26　2018 年河南省非金属矿制品行业规模结构

图 1-27　河南省非金属矿物制品业工业企业分布

从企业规模来看,河南省非金属矿制品业企业数量约 3 800 家,其中营业收入规模在 5 亿元以上的企业不足 50 家,营业收入规模在 1 亿~5 亿元的企业约 300 余家,营业收入规模在 5 000 万~1 亿元的企业数量在 800 家左右;其余 2 600 多家企业的营业收入在 5 000 万元以下。

1.4.2.9　纺织行业

纺织行业产品较多,部门分类复杂,一般可划分为纺织业、印染业、化学纤维业和服装业。纺织业又可分为纺纱和织布。印染业按传统划分为棉染整、毛纺染整、丝绸印染和麻纺染整四个亚行业,在各个亚行业中又有针织与机织、粗纺与精纺的区别。纺织品的原料主要分为以棉花为主的天然纤维,以涤纶为主的化学纤维,以及以粘胶纤维为主的纤维素纤维等。

纺织行业是河南省传统优势产业。河南省纺织行业产业体系较为完整,门类齐全,包括棉纺织、化纤、印染、针织、家纺、产业用、服装、纺织机械和纺织器材等 10 多个行业。河南省纺织行业发展特征明显。一方面,纺织服装产业集聚发展趋势明显,产业集群和特色园区初具规模,已形成以裤业为特色的郑州服装和以针织内衣为主的安阳针织产业集群,省内的新野、尉氏、新密、扶沟、虞城纺织产业园已具相当规模;另一方面,一大批纺织服装骨干企业通过技术引进和改造,装备水平不断提高,核心竞争力不断增强,支撑着河南省纺织工业持续稳健发展。

河南省是全国最大的针织纱线生产基地。河南省纺织行业主要产品包括纱、布、化纤、服装等,其中纱和化纤产量居全国前列,针织纱线产量居全国首位。依托丰富的棉花资源区位优势,河南纺织原材料以棉花等天然纤维为主,其中棉纺能力达到 1 500 万锭,位居全国前列。2018 年,河南纺织行业原材料结构占比中天然纤维占比高达 64.2%、化学纤维占比约 21.7%、纤维素纤维占比约 14.1%。但是 2018 年河南纱产量出现了较大幅度的下滑,2018 年河南纱产量为 379.7 万 t,同比 2017 年降低 35.5%。

近年来,河南省纺织工业整体情况向好,行业主营业务收入处于高速增长状态,2018 年,河南省纺织工业销售收入达 4 427.5 亿元,相比 2010 年的 1 874.5 亿元增长 136.2%。河南省各类大大小小的纺织企业数量已经超过 5 000 家,其中大部分属于中小企业,缺乏品牌和龙头企业。从营业收入结构来看,河南省纺织工业企业营业收入超过 10 亿元的企业只有新野、神马等少数企业,企业数量占比不足 1%;营业收入规模在 5 亿~10 亿元企业数量约 100 家;营业收入规模在 1 亿~5 亿元的企业数量约 250 家,其余超过 90% 的企业数量年营业收入均在 1 亿元以下。河南省历年纺织工业原材料结构变化见图 1-28,河南省历年纺织工业主营业务收入见图 1-29,河南省纺织行业工业企业分布见图 1-30。

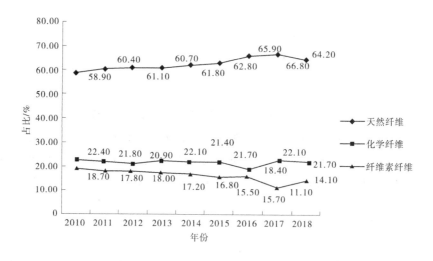

图 1-28　河南省历年纺织工业原材料结构变化

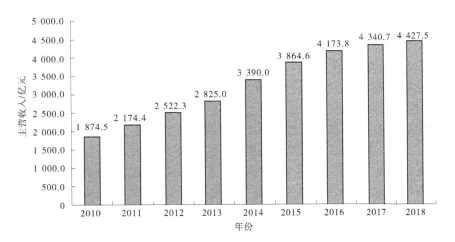

图 1-29　河南省历年纺织工业主营业务收入

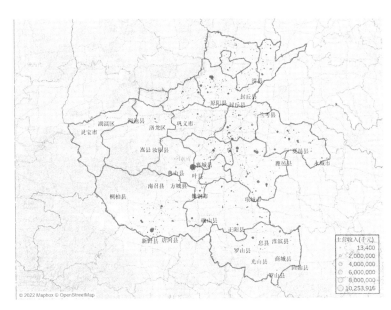

图 1-30　河南省纺织行业工业企业分布

小　结

（1）基于最新的水资源综合规划成果,介绍了河南省水资源的基本情况,包括降水量、地下水资源量、地表水资源量、水资源总量及其可供水量等,并分析评价了河南省地表水功能区、水库和地下水(浅层)水质现状及发展趋势。

（2）根据统计资料,分析了河南省工业用水总量及水源结构的变化情况:河南省工业用水水源以地表水和地下水为主。水源结构中地表水量呈现稳步上升,地下水数量呈持续快速下降态势,自来水和其他水源取水量占比较小,但取水水量增长较快。从工业用水效率水平总体偏低、结构性节水难度加大、保障工业用水压力持续增加、节水体制与机制尚不完善、节水管理水平有待提高等五个方面总结了当前河南省工业节水存在的主要问题。

（3）通过调研分析，介绍了改革开放以来河南省工业经济发展的五个阶段，以及不同阶段工业经济发展演进的情况。具体介绍了河南省火力发电、钢铁工业、石化与化工、造纸行业、医药行业、皮革行业、食品饮料、非金属矿物制品业和纺织行业等主要高耗水高污染行业的发展情况，分析了这些行业的企业规模与数量变动、原材料结构变动、产品结构与主营收入变化，以及行业主要用水工艺等内容。

本章概括介绍了河南省水资源、河南省工业经济发展和工业节水现状及存在的问题，尤其是对高耗水高污染工业行业发展与节水相关情况做了较为深入的分析，目的在于提高读者对河南工业发展及工业节水的总体认知。

第 2 章 研究内容与技术路线

2.1 研究内容

工业节水是典型的多学科交叉研究,涉及水资源学、环境经济学、计量经济学等多种学科,以及技术效率与前沿分析、投入产出分析、预测与最优化理论等技术方法。工业节水的研究范畴较为宽泛,既包括节水理论研究,又涵盖节水工程技术、用水工艺流程、产品用水定额及效率指标等;既具有工业产品的经济与社会属性,又体现不同行业的用水特性。

本书以工业用水节水与规划管理中的核心问题——工业用水效率为研究重点,以高耗水行业这个区域工业节水管理的重要抓手为主要研究对象,以我国中部崛起的重要区域,同时也是我国工业大省工业强省,并具备良好工业节水典型性的河南省为研究区域。首先,立足于研究区域的工业行业用水管理需求,对河南省全部工业行业进行用水排污特性与资源环境压力评价,用于明确研究区域高耗水行业的构成与性质,为进一步分析奠定基础。根据区域工业节水管理要求,基于研究核心指标——万元工业增加值取水量,开展了区域工业用水效率变化的预测方法、区域工业用水水平与资源协调性评价和基于总体的区域用水水平评价。其次,展开了以行业为研究重点的区域用水关联与虚拟水运移规律、工业虚拟水贸易、区域与行业工业取水量变化与工业用水效率变化的驱动效应研究,以揭示区域工业取水量与用水效率变化的内在机制。并且采用经典的经济学生产率理论,基于随机前沿的超越对数生产函数模型,对研究区域(河南省)及其全部 37 个行业的工业用水效率与节水潜力进行深入研究。最后,基于工业产品的虚拟水理论,根据收集的典型企业资料,分析了研究区域造纸、纺织、制革、电力、医药、食品、化工、冶金等八个高耗水行业的 14 个典型企业 20 种主要工业产品的单位产品虚拟水含量(包括蓝色虚拟水及灰色虚拟水),并通过虚拟水在技改工程前后的变化,评估了这些典型企业实施技改工程取得节水减排效果。

本书以《基于虚拟水资源的河南省工业节水与结构调整对策研究》课题研究成果为基础,运用成熟的工业节水理论和先进的技术方法,力求提出简明适用且相对完整的系统研究成果,为工业用水与节水的管理提供技术依据,并可供从事水资源与节约用水工作的工程技术人员学习参考。本书主要内容如下:

第 1 章,概述。本章介绍了研究区域河南省的水资源条件、工业经济与主要高耗水行业的发展情况,分析了河南工业节水管理存在的主要问题。

第 2 章,研究内容与技术路线。本章包括了研究内容、国内外研究现状、数据资料及来源和技术路线。

第 3 章,工业行业用水排污分类与资源环境压力评价。对不同工业行业的耗水排污特征进行分析,提出基于节水减污的河南工业行业分类与资源环境压力评价成果。

第4章,万元工业增加值取水量变化预测方法。面向实际应用,提出区域万元工业增加值取水量预测的实用技术方法。

第5章,用水水平分析及节水潜力分析。评价了区域工业用水水平与节水潜力,包括省级、地市级与主要高耗水行业/产品级用水水平和区域(省级)与行业级节水潜力评价。

第6章,行业用水关联、虚拟水运移及水贸易分析。基于用水关联,分析了河南省经济系统中三次产业和八大部门间,以及工业系统内部和河南主要优势工业行业间的虚拟水运移情况。基于虚拟水战略,对河南省工业贸易虚拟水进行分析评价。

第7章,工业产品虚拟水及其典型案例。根据工业产品虚拟水理论,结合用水工艺及其水平衡测试分析图,对河南典型工业产品生产流程中的虚拟水变化进行探讨分析。

第8章,区域工业及其行业用水效率变化与驱动效应。根据最严格水资源管理"三条红线"考核与工业用水管理需求,提出了基于行业的区域用水效率(万元工业增加值取水量)变化的驱动效应分析方法,分析了河南省工业用水效率的行业驱动效应与驱动特征,提出了对策分析。

第9章,区域工业及其行业取水量变化与驱动效应。基于工业用水管理需求,分析河南省工业取水量变化的行业驱动效应与驱动特征,提出对策分析。

第10章,工业节水可视化分析应用。主要介绍基于商业智能软件 TABLEAU 的可视化分析功能,构建区域工业节水可视化分析平台、工业节水专题地图的制作、热力图应用以及 Circos 圈图的应用等内容。

2.2 国内外研究现状

国内外关于工业用水和节水的研究,主要集中在节水效应等理论探讨与管理机制、节水工艺措施与节水工程应用等多个方面。工业用水和节水理论与管理研究已成为当前我国水资源领域的热点,提出诸多研究成果。耿雷华、卞锦宇等(2016)采用随机前沿分析,反推出包括人均工业产值、人均水资源量、工业从业人员比重和人均固定资产净值等十个指标的省级区域万元工业增加值取水量多元回归调控模型,通过设定不同技术方案来预测其他指标的变化,实现了不同水平年省级区域万元工业增加值取水量的预测,作为国家层面省级区域该考核指标划定的技术依据。孙爱军(2009)建立随机前沿生产函数模型,测算了我国工业技术效率,并基于此采用误差修正模型预测我国工业耗水量和用水量。陈庆秋(2006)分析提出了工业结构取水量和工业结构节水指数这两个测度工业结构节水的指标和工业结构废水排放量等四项工业结构减污水平测度指标,并应用于珠江三角洲工业结构的节水减污现状与潜力评价。雷社平等(2007)建立了包含复用率变化指数、生产工艺变化指数、工业产值变化指数和工业规模变化指数的工业取水指数模型,并基于北京市 1988—1994 年工业用水数据,对北京市工业取水量变化进行分析,并探讨了基于协调度的区域产业用水协调度模型。

以上这些成果的研究对象主要集中在省级以上区域,多以驱动效应、影响因素评价等理论分析为重点,由于难以落实到具体行业或企业,对实际节水管理的指导作用有限。作为工业节水管理的重要抓手,对行业、工业园区和重点企业的集成研究较少。其中,行业节水主要集中在国家层面,省市级工业行业的研究较为少见;工业园区节水集中在合理布局用水次序、提高用水重复率等方面;企业节水以节水工艺技术升级和废污水回用为重点。从工业节水管理的角度来看,我国工业节水的研究缺少以重点高耗水行业为研究核心,涵盖区域、区域骨干行业与骨干行业重点园区/典型企业的节水技术综合体系。

2.2.1 基于节水减污的工业行业分类

汪党献、王浩、倪红珍(2005)等对我国国民经济行业用水特性进行了分析,提出了国民经济行业用水特性综合评价方法,将北京市行业用水分为高用水、潜在高用水、高效用水、潜在高效用水四种类型。谢丛丛等(2015)建立了包括行业用水量、行业产值、万元产值用水量、万元产值排污量和产业发展增速等五个指标的行业用水评价指标体系,采用因子并结合各行业的特点将电力热力的生产和供应业、化学原料及化学制品业、黑色金属冶炼及压延加工业、造纸及纸制品业、纺织业、石油加工、炼焦及核燃料加工业界定为高用水行业。路敏、孙根年等(2008)利用2005年截面数据,分析山东省工业生产水资源消耗和COD排放的绿色距离和生态贡献的动态变化,将37个工业行业划分为低耗水-低污染工业、高耗水-低污染工业和高耗水-高污染工业3种类型。潘国强等(2019)采用绿色贡献值方法,结合工业行业水资源消耗和排污特征,将河南省37个工业行业分为高耗水高排污、高耗水低排污、低耗水高排污、低耗水低排污四种类型。

2.2.2 万元工业增加值取水量变化预测方法

随着科学技术的进步,预测方法层出不穷。但由于工业用水定额涉及的因素较多,各因素间影响关系复杂,很难得出准确的预测结果。雷社平等(2007)将预测方法分为趋势法、时间序列分析和因果关系预测三大类。趋势法主要依据系统在时空环境中表现出来的有规律的趋势进行预测,包括各种指数模型、对数模型等形式。时间序列分析,只考虑相关变量随时间发展的变化规律进行预测,主要包括移动平均、指数平滑法等。因果分析法认为研究对象变量之间存在某种因果关系,找出相关因素,建立这种因果关系的数学模型,通过自变量的变化预测因变量。因果分析在当代经济社会发展中有着广泛的应用,包括多元线性(非线性)回归分析、灰色预测、系统动力学等。神经网络、支持向量机等人工智能算法基本上都属于因果分析法。其中趋势法具有不需要率定参数,简洁实用的特点,仍被作为水利规划中常用的定额预测方法。趋势法中的三参数指数模型在工业用水领域得到广泛应用。秦福兴、耿雷华等(2004)将三参数指数模型用于水资源综合规划中工业用水定额的预测,认为该方法预测精度较高、结果合理可靠。但该方法采用基于最小二乘的试算法,这在一定程度上制约了计算成果的可靠性;潘国强等(2013)等提出基于MAT-LAB软件最小二乘回归函数的三参数指数计算模型,提高了计算过程的严谨性和预测成果的可靠性。趋势法中的阶段乘幂模型在短期预测中应用良好,在火电工业行业中应用较多。

组合预测理论由Bates和Granger于20世纪60年代提出,它证明了两种无偏的单项预测的组合方法要优于各单项的预测方法。组合预测可以克服单一模型的局限性,有效地综合更多的有效信息,降低预测风险,提高预测精度,在我国社会经济各领域得到广泛的运用。组合预测分为线性和非线性组合预测。线性组合预测实际上是不同预测方法之间的值的一种凸组合,当预测对象的实际值曲线位于两种不同方法的预测曲线的上方、下方或相交时,线性组合预测往往就无能为力,此时就需要考虑采用非线性组合预测方法。王明涛(2000)建立了以预测方法有效性指标为目标函数的组合预测优化模型,并提出了两组合预测方法权系数近似解的优化模型及最优近似解的计算公式。赵永刚等(2012)建立了灰色GM(1,1)预测模型、三次指数平滑预测模型以及其线性组合模型预测石羊河流域农业用水量,结果表明组合预测方法精度较高。李黎武等(2010)基于支持向量机(SVM)和小波框架理论,建立了城市用水量非线性组合预测模型,实例表明该非线性组合模型具有很强的泛化能力与适应数据和函数变化的能力,能够有效提高预测精度,可用于供水系统调度的用水量预测。潘国强(2013)提出基于最小二乘向量机(LS-SVM)的万元工业增加值取水量非线性组合预测方模型。实例表明,与单项预测模型和线性组合预测相比,基于LS-SVM非线性组合预测模型具有更强的泛化能力,能够有效提高区域万元工业GDP取水量预测精度。

2.2.3 区域工业及其高耗水行业工业用水水平与节水潜力评价

工业用水与节水潜力评价作为我国第二次水资源综合规划中节约用水规划的重要内容,其研究成果较多。但计算方法一般集中在两个方面:一方面按照《全国水资源综合规划大纲技术细则——节约用水》(2004)的要求进行用水与节水潜力的计算与评价,另一方面集中在工业用水的技术效率评价。朱启荣(2007)对我国各地区的工业用水效率及其节水潜力进行了分析,提出工业用水的效率存在着较大差异,这种差异是工业结构水平、外商投资规模和水资源禀赋等因素共同作用的结果。雷荣贵等(2010)构建基于随机前沿生产函数的工业用水节水潜力计算模型,认为节水潜力是技术充分有效、不存在任何效率损失情形下的工业最小用水量与实际用水量的差,是用水户在现有的生产技术、用水结构、水资源管理制度、用水意识、投资能力等因素综合作用下能达到的目标,以徐州市为例的分析表明工业节水潜力为当前用水量的22.52%。雷玉桃等(2015)选用随机前沿生产函数模型,测算13个主要工业省区1999—2013年每年的工业用水效率值。潘国强等(2018)采用超越对数随机前沿分析(SFA)面板数据模型,测算了河南省工业38个工业行业的水资源效率及其节水潜力,结果表明计算期(2012—2016年)河南省工业水资源效率为0.695,分行业节水潜力总和为8.55亿m^3,行业节水潜力分布呈现高度聚集特征,12个高节水潜力工业分行业潜力之和占全省工业节水潜力总和的92%,模型形式宜采用时变超越对数生产函数模型。

2.2.4 区域产业与部门用水关联分析

在我国水资源的研究中,将水资源的循环划分为天然和人工侧支循环两部分。经济社会用水循环(社会水循环)是人工侧支循环的重要环节。随着工业节能减排、产业结构转型升级、节水型社会建设等工作的持续推进,社会水循环的机制及其生态、环境效应受到普遍的关注。产业用水关联作为社会水循环机制的重要组成,其研究方法和内容不断拓展。许建(2004)、汪党献等(2005)通过直接或完全用水系数以及关联度来分析判别经济产业部门用水关联及特性;宋敏等(2008)提出以产业关联度(影响力系数和感应度系数)和完全用水量为基础的用水关联计算方法,给出了产业结构优化措施;马忠等(2008)分析了采用直接或完全用水系数计算产业用水关联的缺陷,引进并采用改进的假设抽取法计算中国2000年产业部门间及产业部门内部用水关联关系。2008年以后的产业用水关联的文献基本采用改进的假设抽取法进行计算,其中马忠等(2010)针对张掖市国民经济的特征,分析提出了张掖市2002年种植业、畜牧业、其他农业等八个产业部门的用水关联成果;夏冰等(2012)分析了2007年我国农业、基础产业、轻工业、高科技工业和其他制造业间的用水关联;郭相春等(2015)分析了浙江省2010年服务业、建筑业、工业、农业间的产业用水关联特性。潘国强等(2017)应用基于纵向集成的改进假设抽取法量化河南省三次产业和八大部门的水资源消耗及转移状况,通过尺度效应分析表明用水关联具有非线性的尺度效应,不能通过线性运算实现不同尺度关联效应的转换;分析尺度越小,分类越细化,内部效应越低,系统中流动转移的水量就越多,反之则越少。

2.2.5 区域工业贸易与主要工业产品虚拟水运移分析

2.2.5.1 虚拟水概述

现代社会经济的发展对水资源的需求越来越大。由于水资源分布时空不均,世界上有80多个国家近40%的人口面临着水资源短缺,加之环境污染、生态破坏的影响,这种缺水危机更加严峻。如何通过合理高效利用水资源,实现水资源的均衡分配,以解决水资源短缺问题已成为国际水资源研究的热点。

英格兰伦敦大学Tony Allan教授于1993年首次提出"虚拟水"概念。虚拟水原指生产农产品所需要的水。1996年Allan教授又将虚拟水界定为生产商品或服务所需要的水资源量,虚拟水是以"无形"的形式寄存在其嵌入的商品中。虚拟水对平衡地区和保障全球水资源安全具有重要意义,得到世界各国的普遍关注。"虚拟水"理论为在全球、区域、国家不同尺度上实现水资源合理分配提供了一种可能——缺水区域通过建立与水资源丰沛地区的粮食贸易,通过粮食进口实现一种"虚拟"的水资源输入,可有效缓解自身水资源匮乏所造成的灌溉问题。合理公平的虚拟水贸易,对于促进缺水区域与国家的节水,提高区域的粮食安全,改善生态环境都具有积极意义。

2.2.5.2 研究进展

当前虚拟水理论中提出绿水、蓝水和灰水的概念,其中绿水和蓝水属于投入的虚拟水。绿水是指通过雨水而进入商品生产中的虚拟水量,包括农产品整个生产时期田地蒸发的雨水量;蓝水指通过地下水和地表水投入到商品生产中的虚拟水量,包括在此过程中浪费、蒸发的量。除农产品中有蓝水之外(灌溉用水),工业品生产消耗的水资源(自来水)也都列入此类。灰水指商品生产过程中排出的达到人们可以接受的水质要求的污水量(包括稀释后的废水量)。灰水属于产出的虚拟水。灰水使水资源量减少,即灰水是"负"的水资源。完整的虚拟水既要指出地点,又要明确不同类型虚拟水的比例。在出口商品时,商品生产中排放的污水留在了国内,等于进口了污水,并消耗了大量的水资源;在进口商品时正好反过来,等于出口了大量的灰水,减少了水环境的损害,同时补充了大量水资源量。虚拟水具有以下主要特点:①非真实性。以虚拟的形式包含在产品中的看不见的水。②社会交易性。通过商品交易来实现,它强调社会整体交易,而非个体交易,商品交易或服务越多,虚拟水的量就越大。③便捷性。虚拟水以无形的形式寄存在商品中。相对于实体水资源而言,其便于运输的特点使其贸易成为一种可以缓解水资源短缺的有效工具。④价值隐含性。因虚拟水是含在商品中看不见的水,其价值具有隐含性。但虚拟水贸易会对贸易国及地区的社会、生态和水资源等方面产生较大影响,其价值也就在影响的过程中体现出来。工业产品虚拟水就是在工业产品生产和加工过程中所需要的水量。工业产品虚拟水贸易数量较少且生产工艺复杂,工业产品虚拟水的研究成果尚不多见。相对于农产品,灰水是工业产品虚拟水的重要特征。由于工业产品种类繁多,数不胜数,不同产品在生产中排泄的污水,内容物及其浓度复杂,难以达成统一的量化手段或标准。按照灰水的定义所计算的虚拟水,没有考虑自然界的自净化能力,也没有考虑不同的污水净化技术,水体质量标准也不统一。

2001年荷兰国际水力和环境工程研究所(IHE)以产品生产地为基础,估计1959—1999年全球国家间的虚拟水贸易总量的67%为农作物产品的贸易,23%为动物和动物产品的贸易中,10%为工业产品的贸易。虽然我国对虚拟水及虚拟水战略的研究起步较晚,但是成果丰硕。程国栋院士(2003)首先将虚拟水概念引入国内,认为虚拟水将为中国水资源安全战略提供新思路。我国诸多学者在该领域开展了广泛研究,主要包括以下几方面:①单位产品虚拟水量化研究。徐中民等(2005)介绍了虚拟水的计算方法,估算了甘肃省2000年生产和消费的虚拟水量。项学敏(2006)等提出工业产品虚拟水计算方法,并对工业原油的虚拟水量进行了分析。②虚拟水贸易研究。黄晓荣、裴源生等(2005)根据投出产出表和用水系数法,计算了2002年宁夏农业、工业等六部门的虚拟水净输出量。③虚拟水与粮食安全的关系研究。马静等(2006)以粮食为载体提出我国虚拟水贸易的基本格局。④水足迹研究。王新华等(2005)初步计算了全国各省2000年的水足迹,表明青海省水足迹最大,广西壮族自治区最小。⑤虚拟水战略。徐中民等(2005)通过考察虚拟水战略实施效果,提出虚拟水战略得以实施的关键在于找到实现虚拟水带动二、三产业发展的途径,实现产业的发展同时又促进虚拟水战略实施的良性循环(形成正反馈环)。⑥系统内部各个行业间的虚拟水转移。马忠等(2008)分析了用水系数法计算虚拟水的不足,引进基于纵向集成消耗的改进抽取法,通过用水关联分析得到更为合理的行业间虚拟水运移量。李彦彦等(2018)对河南省七个高耗水行业九种主要产品,从典型企业产品生产的水量平衡图入手,对企业的主要耗水工序的蓝水和灰水进行了分析。

2.2.6 区域工业与行业的取水量、用水效率的变化驱动效应

工业用水节水研究的主要目标是提高工业用水效率,降低工业取用水量,进而降低外排水量,其核心在于提高用水效率。作为水资源学的重要研究内容,国内学者对工业用水效率做了大量的研究,取得了丰硕的成果。孙才志等(2010)提出产业用水效率和经济水平是影响中国用水效率的显著因素;水资源开发利用程度呈现促进和抑制并存的波动作用;而产业用水结构及人均水资源量推动中国用水效率的提高;钱文婧等(2011)提出产业结构、进出口需求及地区水资源禀赋对我国水资源利用效率有显著影响。随着工业节

能减排、结构优化调整等工作的持续推进,工业用水效率已成为领域研究的重点,内容不断深入,从对工业用水效率的评价与测度分析,扩展到用水效率空间驱动及区划。研究认为影响工业用水效率的主要因素涵盖工业结构、规模与投资,社会经济发展水平、资源约束、用水工艺、水价等方面。由于研究视角的不同,得出的主要影响各不相同,其中朱启荣等(2007)认为工业结构的影响最大,岳立等(2011)提出技术进步是主要制约因子,孙才志等(2009)认为人均 GDP 为最主要的因素。姜蓓蕾等(2014)认为工业科技投入和技术进步是工业用水效率提高的主要因素,而水资源条件和高耗水行业比重为主要制约因素。佟金萍等(2011)采用 Laspeyres 指数分解法分析了我国万元 GDP 用水量变化,表明技术进步和结构调整是推动我国万元增加值用水量大幅下降的重要因素,并定量化分析了一次、二次、三次产业和东部、中部、西部对我国万元增加值用水量下降的贡献率;陈雯等(2011)采用对数均值迪氏指数分解方法(LMDI),将工业水资源消耗强度(万元工业总产值取水量)的变化分解为技术进步和规模作用变迁两个方面,提出技术作用是我国工业行业水资源强度持续下降的主要因素。潘国强等(2017)采用对数均值迪氏指数分解方法(LMDI),将万元工业增加值取水量的变化分解为区域工业结构、行业节水效率和行业用水效益三个方面,提出用水效益提高是河南省万元工业增加值取水量持续下降的主要因素,工业节水建设的成效逐步显现,工业结构调整的驱动作用有待加强。

2.3　数据资料及来源

2.3.1　数据资料

2.3.1.1　用水资料

用水资料主要为 2010—2016 年河南省全部工业行业规模以上企业用水量资料。

2.3.1.2　社会经济资料

社会经济资料包括水资源量、万元工业增加值取水量、全部及规模以上工业行业增加值、行业污水排放量等。

2.3.1.3　典型工业企业节水工程资料

典型节水工程资料需要体现工业节水工程前后,在不同用水工艺流程中取用水量的变化情况。用于探讨分析河南省主要工业产品虚拟水量,主要以生产的视角分析产品在节水前后虚拟水(蓝水、灰水)的变化情况。

2.3.1.4　投入产出资料

投入产出资料用于分析虚拟水贸易对区域虚拟水进出的影响。采用河南省 2010 年投入产出延长表。

2.3.2　资料来源

资料来源包括公开发表的政府相关部门统计数据、收集内部资料和调研数据。

公开发表的统计数据来源如下:

(1)《中国统计年鉴》。

(2)《河南统计年鉴》。

(3)《中国工业统计年鉴》。

(4)《中国水资源公报》。

(5)《河南省水资源公报》。

(6)《中国城乡建设统计年鉴》。

(7)《中国环境统计年鉴》。

内部资料包括：

(1)河南省发展和改革委员会有关工业节水项目的资料。

(2)河南省环境保护厅部分工业排污资料。

2.4　技术路线

结合河南省工业用水与节水管理的需求，以解决工业节水工作面临的主要问题为导向，课题的技术路线划分为宏观、中观和微观三个层次。

宏观层面围绕工业节水管理的核心指标——万元工业增加值取水量来展开，分别对万元工业增加值取水量预测方法和驱动效应展开研究。其一是针对常用的万元工业取水量预测方法存在的需要试算和结果不稳定等问题，提出"万元工业增加值组合优化预测"和"基于最小二乘支持向量机(LS-SVM)的非线性组合预测"两种预测技术，解决工业节水科研和规划当中面临的实际问题。其二是进行"万元工业增加值取水量变化驱动效应"的研究。研究聚焦于识别万元工业增加值取水量变化的驱动作用，对不同驱动作用的性质和驱动能力进行量化，并从行业的尺度进行分析，识别关键驱动行业，提出具有可操作性策略，从而为实现最严格水资源管理"三条红线"考核中工业节水管理目标的实现提供支撑。

中观层面主要针对工业节水研究的主要内容——"高耗水行业"展开。一是，基于绿色贡献值的概念，以不同工业行业的耗水量和排污量进行统计分析，将河南省工业行业分为高耗水高排污、高耗水低排污、低耗水高排污和低耗水低排污四种类型，从而明确不同工业行业的节水减污的性质，并对主要高耗水高排放行业资源环境压力进行评价。二是，对主要高耗水行业的用水水平和节水标准进行分析，通过计算分析基于随机前沿生产函数(SFA)的主要高耗水行业2008—2012年的用水技术效率，估算高耗水行业的节水潜力。三是，以产业用水关联分析为主要技术手段，对全省三次产业和农业、工业、建筑业等八大部门进行用水关联分析，用来把握宏观层面上整个经济系统水的运移规律。四是，将工业系统划分为两种尺度：工业四部门(基础工业、轻工业、高科技工业、其他工业)和河南八大优势工业行业，分别进行了用水关联分析，以明晰工业部门间和优势行业间的用水转移规律，进而提出基于工业部门和行业的虚拟水量，得到工业系统内部的虚拟水运移规律。五是，通过基于投入产出的河南工业贸易虚拟水分析，得到工业系统对外的各个工业行业虚拟水运移规律。最后根据以上研究结果，结合河南省水资源现状和工业发展实际，提出结构调整对策措施。

微观层面上对河南省造纸业、纺织制革、电力行业、医药行业、食品行业、化工行业和冶金行业等七个高耗水行业 A 级高强瓦楞纸、纱锭、革、电、中药、原酒、纯碱、氧化铝、钢板等九种主要产品,从各企业的生产水量平衡图入手,对各企业的主要耗水工段的蓝、灰虚拟水量进行探讨分析。

主要技术方法包括组合预测理论、最小二乘支持向量机(LS-SVM)、KAYA 恒等式、对数均值迪氏指数分解方法(LMDI)、纵向集成消耗(VIC)、假设抽取法(HEM)、最优前沿面分析(SFA)、虚拟水理论、投入产出法。其中纵向集成消耗(VIC)、假设抽取法(HEM)和投入产出法采用 MATLAB(矩阵计算语言,包含工具包)编程,最优前沿面分析(SFA)采用 frontier 4.1 计量分析工具包,最小二乘支持向量机(SVM)采用 MATLAB 的 SVM 工具包。

本书研究内容的主要技术框架图如图 2-1 所示。

小　结

本章包括了主要内容、国内外研究现状、数据资料及来源和技术路线等章节内容。

本章主要内容包括六个部分,涵盖面向区域的宏观视角、面向行业的中观视角和面向产品的微观视角三个层次,即:区域视角为主的万元工业增加值取水量变化预测方法、区域工业及其高耗水行业工业用水水平与节水潜力评价;以行业视角为主提出工业行业用水排污分类与资源环境压力评价、区域产业与部门用水关联分析、区域工业贸易与主要工业产品虚拟水运移分析、区域工业及其行业取水量及用水效率变化驱动效应;基于产品视角,结合典型企业节水工程建设,提出研究区域造纸、纺织、制革、电力、医药、食品、化工、冶金等八个高耗水行业的 14 个典型企业 20 种主要工业产品的单位产品虚拟水变化分析与工程节水减排效果评价。

国内外研究现状主要梳理了工业节水减污分类、工业节水潜力评价、用水关联与虚拟水运移分析、用水效率驱动效应分析等研究内容的国内外研究成果,并梳理了主要技术方法和计算工具。本书采用的数据主要包括《河南统计年鉴》《中国工业统计年鉴》等公开发布的统计数据和一些政府部门的内部资料,同时也参考引用了一些研究报告。最后从研究内容、研究成果、主要技术方法、研究目标等方面,概括提出本书的主要技术框架。

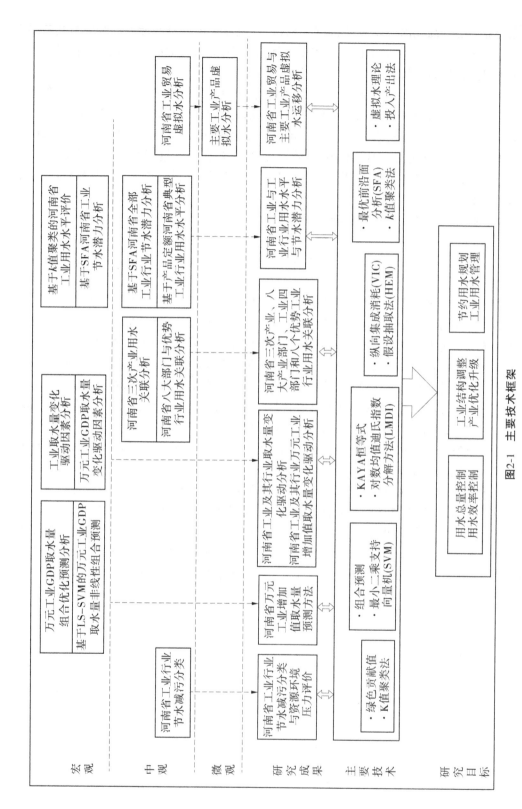

图2-1 主要技术框架

第 3 章 工业行业用水排污分类与 资源环境压力评价

工业行业节水减污分类与资源环境压力评价是工业节水用水管理的基础性工作,对区域工业节水规划编制与管理政策的制定具有重要指导作用。电力、钢铁、纺织、化工、造纸、石油石化、化工、食品为我国一般意义上的高耗水行业。但由于区域工业经济发展水平不同,行业的规模、技术装备与设备工艺等条件各异,相同的行业在不同区域具备不同的耗水与排污特征,所以区域行业节水排污特征应结合实际具体分析,不能一概而论。在区域行业用水排污特征与聚类分析基础上,需要进一步对区域工业行业的资源环境压力进行评价,提出不同行业资源环境压力排序成果,以明确区域工业节水减排的重点行业和优先领域。本章以河南省为代表,在区域工业行业的用水排污特征进行分类和聚类分析的基础上,进一步分析全部工业各行业的资源环境压力。

3.1 基于绿色贡献值法的分类

工业经济的发展直接伴随着资源消耗和污染排放,采用理论简明的绿色贡献值法对河南省工业行业水资源消耗与排污特征进行分类分析。

绿色贡献是指某地区当年 GDP 占同期全国 GDP 的比例,与资源消耗(或污染物排放)数量占同期全国资源消耗(或污染物排放)的比值。绿色贡献体现了某一地区当年对国民经济贡献率与同期应当消耗资源(或排放污染物)比值的大小。若一个地区对国家做出的经济贡献率大于同期消耗资源(或排放污染物)的数量,即绿色贡献值大于"1",则该地区经济发展绿色化程度较高;而一个地区的经济发展不仅消耗相应份额的资源(或排放相应数量的污染物),而且多消耗了其他地区资源(或占用更多的环境资源),其经济绿色化程度自然处于低水平。分类指标选取资源消耗/废水排放强度指标及其绿色贡献值。资源消耗/废水排放强度指标用于分析工业行业的变化趋势,绿色贡献指标用于揭示工业行业的内部差异。

凭借科技进步和产业升级,当前我国及区域工业经济结构调整与发展速度较快,行业年际间的经济规模、取水量和排污量变化较大。比如河南省有色金属冶炼及压延加工行业,2010 年取水量为 15 008.9 万 m^3,2014 年取水量为 14 285.1 万 m^3,2016 年取水量为 13 202.1 万 m^3,2016 年取水量比 2010 年降低 1 806.8 万 m^3,降幅接近 20%。为确保评价结果的合理性可靠、提高成果实时性与应用价值,采用最新的 2014—2016 年统计资料进行分析计算。考虑到水的生产和供应业的属性与取用水相对特殊,本章对整个工业行业的分析与评价时对该行业进行剔除处理,分析对象为除水的生产与供应业以外的全部 36 个工业行业(根据需要对个别行业进行了合并)。此外,限于资料,本书的行业用水均为规模以上企业的国内公开统计资料,资料来源为《河南统计年鉴》。

3.1.1 强度指标

水耗强度(CI,Consumption Intensity)为一定时期内工业系统中某一行业所消耗的新鲜水量与同期该行业所产生的工业增加值的比值,用式(3-1)表示。

污水排放强度(DI,Discharge Intensity)为一定时期内工业系统中某一行业所排放废水总量与同期该行业所产生的工业增加值的比值,用式(3-2)表示。

$$CI_i = WC_i/IAV_i \tag{3-1}$$

$$DI_i = DC_i/IAV_i \tag{3-2}$$

式中:CI_i 为某一行业的水耗强度;WC_i 为该行业的新鲜水资源消耗量;IAV_i 为该行业的工业增加值;DI_i 为某一行业的废污水排放强度;DC_i 为该行业的废污水排放量。

水耗强度反映了某行业经济发展对水资源的依赖水平,能够从一定程度上反映该行业的结构、水资源利用技术及水资源的管理水平。水耗强度越大,则表明产生相同的工业增加值其消耗的新鲜水量越大,经济环境协调程度差,反之亦然。废污水排放强度是直接反映某行业经济发展水平与环境污染水平关系的指标,可以衡量经济与环境的协调程度,同时能在一定程度上反映该行业的结构、技术水平及污染治理水平等。废污水排放强度越大,则表明产生相同的工业增加值对环境产生的污染越大,经济环境协调性越差。

3.1.2 行业绿色贡献指标

行业绿色贡献(GC,Green Contribution)是指某一行业工业增加值占统计行业工业增加值比例与资源消耗量或污染物排放量占统计行业资源消耗或污染物排放量比例的比值,是个相对值,并不代表该行业资源消耗和污染物排放的绝对贡献。不同行业水耗绿色贡献和污水排放的绿色贡献按下式计算:

$$GC_{\text{water}} = (IAV_i/IAV_t)/(WC_i/WC_t) \tag{3-3}$$

$$GC_{\text{ww}} = (IAV_i/IAV_t)/(DC_i/DC_t) \tag{3-4}$$

式中:GC_{water} 为某一行业水耗的绿色贡献;WC_i 为该行业水资源消耗量;WC_t 为统计行业水耗总量;GC_{ww} 为某一行业废污水排放的绿色贡献;DC_i 为该行业废污水排放量;DC_t 为统计行业废污水排放总量。

3.1.3 主要工业行业用水排污分类

根据有关工业行业用水、排污及工业产值的统计资料,根据行业水耗绿色贡献值和COD排放的绿色贡献值将行业用水特性进行分类:GC_{water} 小于数值1为高耗水行业,大于1为低耗水行业;GC_{ww} 小于1为高排污行业,大于1为低排污行业。

根据计算,在河南省37个工业行业中,有10个行业属于高耗水高排污行业,主要包括化学纤维制造业,电力、热力生产和供应业,造纸和纸制品业,石油和天然气开采业,文教、工美、体育和娱乐用品制造业,煤炭开采和洗选业,化学原料和化学制品制造业,酒、饮料和精制茶制造业,黑色金属冶炼和压延加工业,黑色金属矿采选业。有色金属冶炼和压延加工业为高耗水低排污行业;医药制造业,皮革、毛皮、羽毛及其制品和制鞋业,农副食品加工业等3个行业为低耗水高排污行业;食品制造业,石油加工、炼焦和核燃料加工业,纺织业,有色金属矿采选业,废弃资源和废旧材料回收加工修理业,非金属矿采选业,非金属矿物制品业,橡胶和塑料制品业,燃气生产和供应业,交通运输设备制造业,金属制品业,木材加工和木、竹、藤、棕、草制品业,纺织服装服饰业,通用设备制造业,仪器仪表制造业,计算机、通信和其他电子设备制造业,专用设备制造业,电气机械和器材制造业,烟草制品业,印刷和记录媒介复制业,其他制造业和家具制造业等22个行业为低耗水低排污行业。河南省2014—2016年工业行业水耗强度绿色贡献值见表3-1。河南省2014—2016年工业行业废水排放强度绿色贡献值见表3-2。河南省2014—2016年工业行业用水排污特性分类见表3-3。

表 3-1　河南省 2014—2016 年工业行业水耗强度绿色贡献值

排序	行业名称	贡献值	排序	行业名称	贡献值
1	电力、热力生产和供应业	0.07	19	非金属矿物制品业	1.90
2	化学纤维制造业	0.16	20	废弃资源和废旧材料回收加工修理业	1.92
3	文教、工美、体育和娱乐用品制造业	0.17	21	有色金属矿采选业	1.94
4	石油和天然气开采业	0.32	22	橡胶和塑料制品业	3.17
5	化学原料和化学制品制造业	0.47	23	电气机械和器材制造业	4.34
6	造纸和纸制品业	0.48	24	纺织服装服饰业	4.38
7	煤炭开采和洗选业	0.54	25	金属制品业	4.46
8	酒、饮料和精制茶制造业	0.55	26	印刷和记录媒介复制业	4.98
9	有色金属冶炼和压延加工业	0.65	27	木材加工和木、竹、藤、棕、草制品业	5.11
10	黑色金属冶炼和压延加工业	0.90	28	计算机、通信和其他电子设备制造业	5.25
11	黑色金属矿采选业	0.94	29	仪器仪表制造业	5.53
12	医药制造业	1.00	30	专用设备制造业	5.83
13	食品制造业	1.07	31	交通运输设备制造业	6.08
14	石油加工、炼焦和核燃料加工业	1.34	32	家具制造业	6.61
15	非金属矿采选业	1.54	33	通用设备制造业	8.51
16	农副食品加工业	1.56	34	燃气生产和供应业	9.15
17	皮革、毛皮、羽毛及其制品和制鞋业	1.80	35	烟草制品业	13.68
18	纺织业	1.82	36	其他制造业	17.73

表 3-2 河南省 2014—2016 年工业行业废水排放强度绿色贡献值

排序	行业名称	贡献值	排序	行业名称	贡献值
1	化学纤维制造业	0.08	19	有色金属冶炼和压延加工业	2.22
2	造纸和纸制品业	0.14	20	燃气生产和供应业	2.79
3	黑色金属冶炼和压延加工业	0.24	21	交通运输设备制造业	6.03
4	皮革、毛皮、羽毛及其制品和制鞋业	0.32	22	橡胶和塑料制品业	6.98
5	煤炭开采和洗选业	0.38	23	通用设备制造业	7.26
6	化学原料和化学制品制造业	0.48	24	木材加工和木、竹、藤、棕、草制品业	7.27
7	石油和天然气开采业	0.48	25	非金属矿采选业	7.75
8	酒、饮料和精制茶制造业	0.49	26	非金属矿物制品业	7.83
9	电力、热力生产和供应业	0.51	27	金属制品业	7.86
10	文教、工美、体育和娱乐用品制造业	0.68	28	纺织服装服饰业	8.04
11	医药制造业	0.74	29	仪器仪表制造业	10.76
12	农副食品加工业	0.84	30	计算机、通信和其他电子设备制造业	11.82
13	黑色金属矿采选业	0.95	31	其他制造业	11.86
14	食品制造业	1.12	32	烟草制品业	12.94
15	石油加工、炼焦和核燃料加工业	1.27	33	专用设备制造业	13.94
16	有色金属矿采选业	1.59	34	电气机械和器材制造业	19.94
17	纺织业	1.70	35	印刷和记录媒介复制业	22.63
18	废弃资源和废旧材料回收加工修理业	1.79	36	家具制造业	107.48

表 3-3 河南省 2014—2016 年工业行业用水排污特性分类

行业用水排放特性	行业
高耗水高排污	化学纤维制造业,电力、热力生产和供应业,造纸和纸制品业,石油和天然气开采业,文教、工美、体育和娱乐用品制造业,煤炭开采和洗选业,化学原料和化学制品制造业,酒、饮料和精制茶制造业,黑色金属冶炼和压延加工业,黑色金属矿采选业
高耗水低排污	有色金属冶炼和压延加工业
低耗水高排污	医药制造业,皮革、毛皮、羽毛及其制品和制鞋业,农副食品加工业
低耗水低排污	食品制造业,石油加工、炼焦和核燃料加工业,纺织业,有色金属矿采选业,废弃资源和废旧材料回收加工修理业,非金属矿采选业,非金属矿物制品业,橡胶和塑料制品业,燃气生产和供应业,交通运输设备制造业,金属制品业,木材加工和木、竹、藤、棕、草制品业,纺织服装服饰业,通用设备制造业,仪器仪表制造业,计算机、通信和其他电子设备制造业,专用设备制造业,电气机械和器材制造业,烟草制品业,印刷和记录媒介复制业,其他制造业,家具制造业

3.2 基于 k 值聚类法的分类

k-均值聚类算法(k-means clustering algorithm)由 J. B. MacQueen 在 1967 年提出,具有原理简单、容易实现、可解释度较强等优点,在科学和工业应用的聚类分析中得到广泛应用。k-均值聚类算法是一种迭代求解的聚类分析算法,其步骤是随机选取 k 个对象作为初始的聚类中心,然后计算每个对象与各个种子聚类中心之间的距离,把每个对象分配给距离它最近的聚类中心。聚类中心及分配给它们的对象就代表一个聚类。每分配一个样本,聚类的聚类中心会根据聚类中现有的对象被重新计算。这个过程将不断重复,直到满足某个终止条件。终止条件可以是没有(或最小数目)对象被重新分配给不同的聚类,没有(或最小数目)聚类中心再发生变化,或误差平方和局部最小。

采用 k-均值聚类算法对河南省 36 个工业行业进行聚类分析,评价数据采用 2014—2016 年不同行业水耗强度(CI)、污水排放强度(DI)、水耗绿色贡献(GC_{water})、废污水排放绿色贡献(GC_{ww})四个指标。采用 spss 25.0 软件进行计算分析。聚类类别 k 取为 3,三个聚类分别为:第一聚类为一个行业即电力、热力生产和供应业;第二聚类为化学纤维制造业,造纸和纸制品业,石油和天然气开采业,文教、工美、体育和娱乐用品制造业,煤炭开采和洗选业,化学原料和化学制品制造业,酒、饮料和精制茶制造业、黑色金属冶炼和压延加工业等 8 个行业;其余 27 个行业属于第三个聚类。对比工业行业用水排污特性分类结果,可以看出:聚类分析的第一类和第二类基本与用水排污分类分析中的高耗水高排污行业相同,不过通过聚类将其中的电力、热力生产和供应业抽出来,单独分为一类;聚类分析的第三类基本是将用水排污分类分析中的高耗水高排污行业外的所有行业分为一类。以上分析表明,聚类分析的结果与实际应用中将工业行业分为火电行业、高耗水行业和一般行业是一致的,而且绿色贡献值法和聚类分析法,得到的工业行业用水排污特性分类成果是协调一致的,说明采用的分析方法和数据指标是可行和合理的,评价方法和成果可以满足实际管理需要。

河南省 2014—2016 年工业行业 k-均值聚类分析主要参数见图 3-1。河南省 2014—2016 年工业行业用水排污 k-均值聚类分析成果见表 3-4。

ANOVA

	聚类		误差			
	均方	自由度	均方	自由度	F	显著性
CIi	11117.836	2	85.884	33	129.451	.000
DIi	1974.049	2	156.303	33	12.630	.000
GCwater	57.447	2	12.838	33	4.475	.019
GCww	350.744	2	323.069	33	1.086	.349

由于已选择聚类以使不同聚类中个案之间的差异最大化,因此 F 检验只应该用于描述目的。实测显著性水平并未因此进行修正,所以无法解释为针对"聚类平均值相等"这一假设的检验。

每个聚类中的个案数目

聚类	1	1.000
	2	8.000
	3	27.000
有效		36.000
缺失		.000

图 3-1 河南省 2014—2016 年工业行业 k-均值聚类分析主要参数

表 3-4　河南省 2014—2016 年工业行业用水排污 k-均值聚类分析成果

聚类	行业名称	聚类距离	备注
1	电力、热力生产和供应业	0	第一类为火电工业
2	石油和天然气开采业	14.82	
2	煤炭开采和洗选业	16.04	
2	化学原料和化学制品制造业	17.03	
2	黑色金属冶炼和压延加工业	18.75	第二类为高耗水
2	酒、饮料和精制茶制造业	19.16	高排污行业
2	造纸和纸制品业	20.25	
2	文教、工美、体育和娱乐用品制造业	33.23	
2	化学纤维制造业	64.52	
3	仪器仪表制造业	3.68	
3	计算机、通信和其他电子设备制造业	3.79	
3	纺织服装服饰业	3.98	
3	金属制品业	4.11	
3	非金属矿物制品业	4.50	
3	橡胶和塑料制品业	4.56	
3	木材加工和木、竹、藤、棕、草制品业	4.66	
3	非金属矿采选业	5.11	
3	专用设备制造业	5.17	
3	交通运输设备制造业	5.86	
3	通用设备制造业	6.45	
3	废弃资源和废旧材料回收加工修理业	9.22	
3	纺织业	9.38	
3	有色金属矿采选业	9.45	第三类为一般工业
3	燃气生产和供应业	9.65	
3	电气机械和器材制造业	9.96	
3	烟草制品业	10.44	
3	石油加工、炼焦和核燃料加工业	10.52	
3	农副食品加工业	11.40	
3	食品制造业	11.53	
3	印刷和记录媒介复制业	12.59	
3	黑色金属矿采选业	12.62	
3	医药制造业	13.18	
3	其他制造业	14.02	
3	有色金属冶炼和压延加工业	14.26	
3	皮革、毛皮、羽毛及其制品和制鞋业	20.56	
3	家具制造业	97.01	

3.3 工业行业资源环境压力评价

采用多属性评价方法对河南省工业行业进行资源环境压力评价,评价范围为除水的生产和供应业以外的河南省全部工业行业(36 个行业)。通过综合评价,提出河南省全部工业行业资源环境压力从大到小的排序成果。

评价步骤为选择评价指标、收集评价指标数据和指标预处理、确定评价方法和分析评价结果等 4 个步骤。首先,根据评价内容选择工业行业产值、水资源消耗量和 COD 排放量为评价指标;其次,对收集的资料进行类型一致化、指标无量纲化及测度量级无差别化处理:由于产值、取水量和 COD 排放量这 3 个评价指标中 2 个为越小越优指标,一个为越大越优指标,将产值指标进行越小越优的一致化处理,无量纲化采用均值化处理方法。根据评价目标是突出评价对象"局部"优势,评价采用线性模型。产值、取水量和 COD 排放量的权重综合专家打分确定为 0.4、0.3 和 0.3。具体计算如下:

(1)指标类型一致化处理。

通过式(3-5),将极大值指标变换为极小值指标;

$$\tilde{x} = M - x \tag{3-5}$$

式中:M 为常数,取指标 x 的一个允许上界(或最大值)。

(2)指标无量纲化处理。

采用均值化进行指标的无量纲化处理:

$$\tilde{x}_{ij} = \frac{x_{ij}}{\overline{x}_j} \tag{3-6}$$

式中:$\overline{x}_j$ 为指标 x_j 的均值。

(3)线性评价模型。

$$y_i = \sum_{j=1}^{m} w_j x_{ij} \tag{3-7}$$

式中:w_j 为指标 x_j 的权值。

(4)结果评价。

根据以上评价模型,计算的行业评价值越大,其资源环境的压力越大。根据计算的环境压力评价值成果可以看出,当前河南省工业行业中资源环境压力最大的两个行业分别是电力、热力生产和供应业与煤炭开采和洗选业,其评价值均大于 3.0;其次为黑色金属冶炼和压延加工业、化学原料和化学制品制造业、造纸和纸制品业等三个行业,其评价值介于 2.0 和 3.0;其后是农副食品加工业,有色金属冶炼和压延加工业,酒、饮料和精制茶制造业,医药制造业等四个行业,其评价值介于 1.0 和 1.5。可以认为,上述 9 个行业是河南省当前资源环境压力最大的工业行业,也是节水和减排的重点领域。除此以外,资源环境压力较大的行业依次为皮革、毛皮、羽毛及其制品和制鞋业,食品制造业,化学纤维制造业,非金属矿物制品业,纺织业,有色金属矿采选业,石油加工、炼焦和核燃料加工业,石油和天然气开采业等 8 个行业。其余的工业行业的资源环境压力相对较小。

可以认为,相对于前述用水排污分类分析而言,资源环境压力评价是对不同工业行业用水性质探讨的深入,研究不仅提出骨干行业对资源环境压力的大小排序成果,而且对实际管理更具有指导性。研究表明资源环境压力与行业用水排污性质密切相关,与实际情况相符。河南省工业行业资源环境压力评价成果及分类分别见表3-5、图3-2。

表3-5　河南工业行业资源环境压力评价成果

排序	行业名称	评价值
1	电力、热力生产和供应业	3.497
2	煤炭开采和洗选业	3.248
3	黑色金属冶炼和压延加工业	2.790
4	化学原料和化学制品制造业	2.778
5	造纸和纸制品业	2.087
6	农副食品加工业	1.494
7	有色金属冶炼和压延加工业	1.333
8	酒、饮料和精制茶制造业	1.294
9	医药制造业	1.069
10	皮革、毛皮、羽毛及其制品和制鞋业	0.993
11	食品制造业	0.985
12	化学纤维制造业	0.892
13	非金属矿物制品业	0.870
14	纺织业	0.808
15	有色金属矿采选业	0.780
16	石油加工、炼焦和核燃料加工业	0.733
17	石油和天然气开采业	0.702
18	文教、工美、体育和娱乐用品制造业	0.628
19	黑色金属矿采选业	0.608
20	非金属矿采选业	0.562
21	橡胶和塑料制品业	0.535
22	废弃资源和废旧材料回收加工修理业	0.523
23	燃气生产和供应业	0.520
24	纺织服装服饰业	0.512
25	木材加工和木、竹、藤、棕、草制品业	0.509
26	金属制品业	0.509
27	印刷和记录媒介复制业	0.508
28	仪器仪表制造业	0.507
29	家具制造业	0.498
30	交通运输设备制造业	0.491

排序	行业名称	评价值
31	其他制造业	0.482
32	电气机械和器材制造业	0.480
33	烟草制品业	0.477
34	专用设备制造业	0.452
35	计算机、通信和其他电子设备制造业	0.428
36	通用设备制造业	0.422

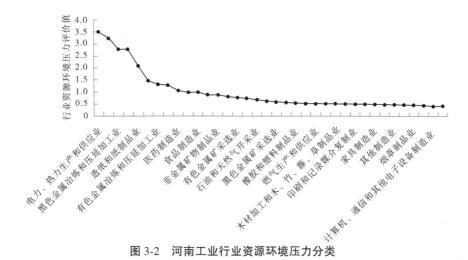

图 3-2　河南工业行业资源环境压力分类

小　结

（1）首先通过绿色贡献值分析，将河南省全部36个工业行业分为高耗水高排污、高耗水低排污、低耗水高排污及低耗水低排污等四类，评价得出的高耗水行业覆盖当前普遍认可的所有高耗水行业，分类结果合理。其次通过 k-均值聚类算法对河南省36个工业行业进行了聚类分析，当聚类参数 k 取3时，聚类结果为：第一类为火电工业；第二类为包括煤炭开采和洗选业，黑色金属冶炼和压延加工业，化学原料和化学制品制造业等8个典型高耗水高排污行业，第三类为其他的27个行业。最后的资源环境压力评价表明，电力、热力生产和供应业，煤炭开采和洗选业，黑色金属冶炼和压延加工业，化学原料和化学制品制造业，造纸和纸制品业，农副食品加工业，有色金属冶炼和压延加工业，酒、饮料和精制茶制造业，医药制造业为河南省当前资源环境压力最大的9个行业。这些行业应作为区域工业节水管理的重点行业予以关注。

（2）由于化学纤维制造业，文教、工美、体育和娱乐用品制造业，黑色金属矿采选业总体的耗水量较低，这三个行业一般不认为是高耗水行业。但是通过绿色贡献值分析，这些行业单位产出所消耗的水资源与排污量均较高,完全达到高耗水高排污行业的水平,所以这三个行业也应列入区域的高耗水高排污行业。在发展这些工业行业时,要更加注重节水、防污减排等工程建设。

(3)基于单位产出的水资源消耗与污水排放的考查视角,食品制造业,石油加工、炼焦和核燃料加工业,纺织业等行业的经济产出与资源消耗、污水排放基本协调,因此这些行业未被列入高耗水高排污行业,但这并不代表这些行业总体的资源环境压力水平就较低,通过分析表明这些行业的资源环境压力相对而言还是较高的。所以,行业的用水排污特性并不能完全代表该行业实际面临的资源环境压力,还需要通过具体的分析得出合理的结论。

(4)本章研究显示绿色贡献值法和聚类分析得到结果一致,资源环境压力与行业用水排污性质密切相关,都表明采用的评价指标合理,结果符合实际。从工业行业的用水排污分析深入到资源环境压力评价,研究成果对工业节水管理具有应用价值。

第4章 万元工业增加值取水量变化预测方法

万元工业增加值取水量是我国实施最严的水资源管理制度"三条红线"考核指标体系中工业用水效率的考核指标,同时,也是反映工业节水建设成效的重要指标。"十二五"期间全国万元工业增加值用(取)水量指标的规划目标为在2010年基础上下降30%。但在实际规划中,对万元工业增加值取水量的分析及其下降率的确定,存在一定程度的模糊认识和一刀切的现象,不利于规划的实施和考核。由于社会经济发展水平不同,区域节水能力差异较大,在规划指标的确定和节水管理中,应按实际情况具体分析,区别对待。科学确定区域的万元工业增加值取水量,对明确与国家或省市要求的节水目标的差距,对把握好节水型社会建设的工作重点、投资力度,对顺利实现工业节水考核目标具有重要意义。

随着科技的发展,预测技术的进步,预测方法层出不穷。根据方法的原理和复杂程度一般可分为参数法、模型法和人工智能法三大类。其中参数法算法简单实用,在实际应用中得到广泛应用;模型法包括多元回归分析、联立方程等众多模型方法,主要应用在一些复杂模型的求解;人工智能算法包括神经网络、支持向量机(SVM)等多种智能模型,作为一种新型高效算法,在实际应用中应用也越来越多。同样,工业用水定额预测通常采用参数法,参数法又包括定额法、弹性系数法、重复利用率提高法和趋势法等。由于用水定额变化涉及的因素较多,准确的预测较为困难。结合当前我国工业用水管理的实际水平,趋势法以其结构简单、不需要率定参数等特点,仍然是我国水资源及水利发展规划当中的工业用水预测推荐方法。但是,趋势法在实际应用当中存在一些问题,通过摸索,结合实际应用,表明采用趋势法与组合预测理论和人工智能算法相结合,结果合理可靠、预测精度有所提高,并可以克服趋势法存在的问题,具有推广应用价值。

4.1 基于趋势法的组合预测

4.1.1 趋势法模型及应用中存在问题

根据已有的文献和实际的应用情况,趋势法中三参数指数模型、阶段乘幂模型和二参数指数模型应用较多。其中三参数指数模型对工业用水预测的精度较高,结果合理可靠,在工业用水管理领域得到广泛的应用,阶段乘幂模型多应用于火电工业行业,二参数指数模型应用较为广泛。

趋势法的主要预测模型包括三参数指数模型、二参数指数模型和分段趋势乘幂模型等三种模型,简要介绍如下:

(1)三参数指数模型。

$$W_t = A\exp\left(\frac{B}{t-c}\right) \tag{4-1}$$

式中：W_t 为拟合或预测的第 t 年万元工业增加值取水量；A、B、c 为待定常数；t 为年份。

（2）分段趋势乘幂模型。

$$Q_n = A^{n-b} \quad (n=1,2,3,\cdots) \tag{4-2}$$

式中：Q_n 为系列中第 n 年万元工业增加值取水量；A、b 为待定常数。

（3）二参数指数模型法。

$$Q_n = A\exp(-nb) \quad (n=1,2,3,\cdots) \tag{4-3}$$

式中：Q_n 为系列中第 n 年万元工业增加值取水量；A、b 为待定常数。

基于 2001—2010 年系列，采用这三种模型进行河南省 2015 年万元工业增加值取水量预测。结果表明：采用三参数指数模型预测的均方误差 2.0 m³，相对均方误差 0.025；二参数指数模型均方误差 3.1 m³，相对均方误差 0.038；分段趋势乘幂模型均方误差 2.7 m³，相对均方误差 0.040。可以看出三参数指数模型预测的精度最高，结果合理可靠；采用较长系列的二参数指数模型，预测中结果偏小，下降率偏大；采用分段趋势乘幂模型预测结果常偏大，下降率偏低。具体预测结果见表 4-1～表 4-3 和图 4-1。

表 4-1　河南省工业万元增加值取水量三参数指数模型模拟计算结果对比　　单位：m³

年份	2001	2002	2003	2004	2005	2006	2007	2008	2009	2010	2011	2015	下降率/%
工业实际	130.6	115.4	97.8	84.1	80.6	71.8	63.7	55.4	51.7	46.5	41.7		
工业模拟	129.9	114.0	100.5	89.0	79.2	70.8	63.5	57.2	51.7	46.9	42.7	30.2	35.1
相对误差/%	-0.5	-1.2	2.8	5.8	-1.7	-1.4	-0.3	3.2	0	0.9	2.4		

表 4-2　河南省工业万元增加值取水量二参数指数模型模拟计算结果对比　　单位：m³

年份	2001	2002	2003	2004	2005	2006	2007	2008	2009	2010	2011	2015	下降率/%
工业实际	130.6	115.4	97.8	84.1	80.6	71.8	63.7	55.4	51.7	46.5	41.7		
工业模拟	130.7	116.2	103.3	91.8	81.6	72.6	64.5	57.4	51.0	45.4	40.3	25.2	45.8
相对误差/%	0.1	0.7	5.6	9.2	1.2	1.1	1.3	3.6	-1.4	-2.4	-3.4		

表 4-3　河南省工业万元增加值取水量分段趋势乘幂模型模拟计算结果对比　　单位：m³

年份	2005	2006	2007	2008	2009	2010	2011	2015	下降率/%
工业实际	80.6	71.8	63.7	55.4	51.7	46.5	41.7		
工业模拟	80.0	66.5	59.7	55.3	52.1	46.6	44.7	39.7	14.7
相对误差/%	-0.7	-7.4	-6.3	-0.2	0.8	0.2	7.2		

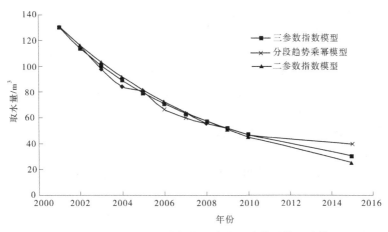

图 4-1　万元工业增加值取水量三种模型模拟计算

4.1.2　趋势法预测方法优化

三参数指数模型是当前万元工业增加值取水量计算分析的主要模型,由于采用基于最小二乘的试算法,一定程度上制约了该方法的实际应用。若将其改为采用 MATLAB 软件最小二乘回归函数 nlinfit( ) 函数,不仅使得计算过程更加科学严谨,同时将提高了预测成果的可靠性和合理性。采用秦福兴等(2004)中有关数据进行计算的结果对比见表 4-4。可以看出,与相关文献的模拟和预测结果基本相同,只是在 2020 年长期预测有一定差异(结果有待商榷),至少说明对中短期预测是可靠的。同时,相对试算法而言,采用数学计算软件编程来实现参数的优选和计算自动化,可大大减低计算复杂度,由于 nlinfit( ) 函数在对数据系列进行分析时,会进行相关性判定,当数据系列不能满足其精度要求时,将不能通过其回归分析,从而大大提高并保证了计算成果的可靠性。

表 4-4　上海工业万元增加值取水量模拟计算结果对比　　　　　　　　　单位:m³

年份	1993	1996	1997	1998	1999	2000	2001	2005	2010	2020
实际	739	569	447	450	427	402	352			
文献[5]模拟	739	537	491	451	417	389	361	284	225	148
课题模拟	743	538	491	451	417	387	361	285	227	165

4.1.3　组合预测及组合优化模型

虽然实现方法的改进提高了算法的可靠性,但是,在实际应用中仍然有很多系列无法通过三参数指数模型进行预测,如河南省 18 个省辖市的用水系列中一半以上不能通过检验,究其原因,是因为系列数据质量问题或系列突变剧烈,不能通过模型检验。这如同一把双刃剑,可靠性提高的同时,应用性受到了限制,成为当前规划实际中面临的棘手问题。经过摸索,采用组合预测理论结合优化模型,进行组合优化预测是解决面临问题的有效途径。

4.1.3.1 组合预测

组合预测理论由 Bates 和 Granger 于 20 世纪 60 年代首次提出,该理论证明了两种无偏的单项预测组合方法优于每个单项的预测方法。组合预测能够有效地集结更多的有用信息,可以克服单一模型的局限性,从而增强预测模型的使用能力,减少预测风险,提高预测精度。组合预测原理是将多个不同的预测模型进行组合而得到组合预测值,组合预测的关键是确定各单项预测方法的加权系数。

4.1.3.2 基于预测方法有效度的组合预测优化模型

1. 预测方法有效度的基本概念

预测方法有效度指标是刻画预测方法在预测中是否有效的指标,预测方法有效度指标的基本定义如下:

设 $y_t(t=1,2,\cdots,n)$ 为实际观测值,$f_{it}(i=1,2,\cdots,m)$ 为第 i 种预测方法。A_{it} 为 f_{it} 在时刻 t 的预测精度。

$$A_{it} = 1 - \left| \frac{y_t - f_{it}}{y_t} \right| \quad (t=1,2,\cdots,n) \tag{4-4}$$

由 A_{it} 构成预测方法 f_{it} 的精度序列,该序列的均值与均方差分别为

$$E(A_{it}) = \frac{1}{N} \sum_{t=1}^{N} A_{it} \tag{4-5}$$

$$\sigma(A_t) = \left[\frac{1}{N} \sum_{t=1}^{N} A_{it}^2 - \left(\frac{1}{N} \sum_{t=1}^{N} A_{it} \right)^2 \right]^{\frac{1}{2}} \tag{4-6}$$

则预测方法 f_{it} 的有效度指标为:

$$S_i = E(A_{it})[1 - \sigma(A_{it})] \tag{4-7}$$

2. 组合预测权系数优化模型

以预测方法有效度为优化指标,建立求解组合预测权系数的优化模型。

设 $k_i(i=1,2,\cdots,m)$ 为第 i 种预测方法的加权系数,$\hat{Y}_t = k_1 f_{1t} + k_2 f_{2t} + \cdots + k_m f_{mt}$ 为组合预测;A_{it} 为第 i 种预测方法在时刻 t 的预测精度,A_t 为组合预测在 t 时间的预测精度,有:

$$A_t = 1 - \left| \frac{Y_t - \hat{Y}_t}{Y_t} \right| = 1 - \left| \frac{Y_t - k_1 f_{1t} - k_2 f_{2t} - \cdots - k_m f_{mt}}{Y_t} \right| \tag{4-8}$$

根据式(4-7),组合预测方法的有效度指标为:

$$S = E(A_t)[1 - \sigma(A_t)] \tag{4-9}$$

这里 $E(A_t)$,$\sigma(A_t)$ 分别为 A_t 的均值和均方差。以式(4-8)为目标函数,构造如下优化模型:

$$\max S = E(A_t)[1 - \sigma(A_t)]$$

$$\text{s.t} \begin{cases} \sum_{i=1}^{m} k_i = 1 \\ k_i \geq 0 \end{cases} \tag{4-10}$$

此模型直接求解复杂,可采用两组合的多次组合方法实现多个预测方法的组合预测,同时降低求解难度。即首先进行两个预测方法的组合预测,多个预测方法可在两组合的

基础上通过再次组合的方式实现。基于两个预测方法的组合预测权系数 k 的近似解的优化模型为

$$\mathrm{Max}\widetilde{S} = \left[\left(E(A_{1t}) - E(A_{2t})k + E(A_{2t}) \right) \right] \cdot \left[1 - \frac{\sigma(A_{1t}) - \sigma_{\min}}{1 - k_0}k - \frac{\sigma_{\min} - \sigma(A_{1t})k_0}{1 - k_0} \right]$$

$$\mathrm{s.t} \quad k_0 \leqslant k \leqslant 1 \tag{4-11}$$

且组合预测精度序列均方差与权系数 k 的近似关系为

$$\sum(A_t) = \sqrt{k^2\sigma^2(A_{1t}) + (1-k)^2\sigma^2(A_{2t}) + 2k(1-k)\mathrm{cov}(A_{1t}, A_{2t})} \tag{4-12}$$

这里, $\mathrm{cov}(A_{1t}, A_{2t})$ 为精度序列 A_{1t}、A_{2t} 之间的协方差。可以证明, $\sigma(A_t)$ 为上凹函数, 必有最小值点 k_0。

$$k_0 = \frac{\sigma^2(A_{2t}) - \mathrm{cov}(A_{1t}, A_{2t})}{\sigma^2(A_{1t}) + \sigma^2(A_{2t}) - 2\mathrm{cov}(A_{1t}, A_{2t})} \tag{4-13}$$

由于存在协方差, 按式(4-13)计算的 k_0 值可能不在 $[0, 1]$ 区间, 应对式(4-13)进行修正, 记式(4-13)右端为 $k_{0\text{计}}$,

$$k_0 = \begin{cases} 1 & k_{0\text{计}} \geqslant 1 \\ k_{0\text{计}} & 0 < k_{0\text{计}} < 1 \\ k_0 & k_{0\text{计}} \leqslant 0 \end{cases} \tag{4-14}$$

将 k_0 代入式(4-13)可求得 $\sigma_{\min}$。

令 $\dfrac{\mathrm{d}\widetilde{S}}{\mathrm{d}k} = 0$, 则基于组合预测权系数 k 近似解的优化模型的最优解为

$$k = \frac{1}{2} \left\{ \frac{(1 - \sigma_{\min}) - \left[(1 - \sigma(A_{1t})]k_0 \right.}{\sigma(A_{1t}) - \sigma_{\min}} - \frac{E(A_{2t})}{E(A_{1t}) - E(A_{2t})} \right\} \tag{4-15}$$

由式(4-15)确定的 k 值可能不在 $[k_0, 1]$, 这时应对式(4-15)进行修正。记式(4-15)右端为 $k_{\text{计}}$:

$$k = \begin{cases} 1 & k_{\text{计}} \geqslant 1 \\ k_{\text{计}} & k_0 < k_{\text{计}} < 1 \qquad \text{并且 } k_0 = 1, \text{则 } k = 1 \\ k_0 & k_{\text{计}} \leqslant k_0 \end{cases} \tag{4-16}$$

4.1.4 应用实例

根据上述组合优化理论方法, 采用三参数指数模型、二参数指数模型和分段趋势乘幂模型, 建立了基于预测方法有效度的万元工业增加值取水量定额的组合优化模型。根据三种模型的应用情况, 分为两种类型。第一种类型是采用二参数指数模型和分段趋势乘幂模型, 建立组合一次模型, 主要解决实际当中无法应用三参数指数模型进行预测的情况。第二种类型是采用组合一次模型结果与三参数指数模型建立组合二次模型, 进一步对三参数指数模型进行优化。河南省工业万元增加值取水量组合优化模拟结果和主要参数分别见表4-5和表4-6。

表 4-5　河南省工业万元增加值取水量组合优化模拟结果　　　单位:m³

类型	2005	2006	2007	2008	2009	2010	2011
y_t	80.6	71.8	63.7	55.4	51.7	46.5	41.7
f_{1t}	81.6	72.6	64.5	57.4	51.0	45.4	40.3
f_{2t}	80.0	66.5	59.7	55.3	52.1	46.6	44.7
$f_{一次}$	81.6	72.6	64.5	57.4	51.0	45.4	40.3
f_{3t}	79.2	70.8	63.5	57.2	51.7	46.9	42.7
$f_{二次}$	80.6	71.8	64.1	57.3	51.3	46.1	41.4

注:$f_{一次}$为组合一次的结果,$f_{二次}$为组合二次的结果。

表 4-6　河南省工业万元增加值取水量组合优化模拟主要参数

参数	$E(A_t)$	$\sigma(A_t)$	$\tilde{S}$	σ_{min}	$k_{0计}$	k_0	$k_{计}$	k
f_{1t}	0.979 5	0.009 8	0.969 9					
f_{2t}	0.967 0	0.032 6	0.935 5					
$f_{一次}$	0.979 5	0.009 8	0.969 9	0.009	0.885	0.885	123.133	1.000
f_{3t}	0.985 2	0.010 9	0.974 5					
$f_{二次}$	0.990 4	0.011 1	0.979 4	0.007	0.447	0.447	-9.419	0.447

可以看出,组合一次为二参数指数模型(f_{1t})预测的结果,说明此模型适用于预测河南省万元工业增加值取水量定额,其预测结果的有效度远优于阶段乘幂模型(f_{2t})预测的有效度。而组合二次预测的有效度优于组合一次和三参数指数模型(f_{3t}),最终实现了优化三参数指数模型的目的。在实际应用中,还存在组合一次为阶段乘幂模型(f_{2t})预测的结果和二参数指数模型(f_{1t})与阶段乘幂模型(f_{2t})共同组合预测的结果,并且组合一次预测的有效度与三参数指数模型(f_{3t})预测的有效度相当甚至略优,说明三个组合模型的选择是适当和有效的,组合优化预测的结果较为可靠。

最后,将该模型与文献[10]的组合预测计算方法进行对比。采用相同原始数据和步骤,文献[10]的计算结果:组合一次的 $E(A_t)$ 为 0.984,$\sigma(A_t)$ 为 0.011,$\tilde{S}$ 为 0.973 0;组合二次的的 $E(A_t)$ 为 0.986,$\sigma(A_t)$ 为 0.010,$\tilde{S}$ 为 0.976 0。可以看出其组合一次的有效度较好,而组合二次的有效度低于课题计算结果。总体而言,组合优化预测方法要优于文献[10]的组合预测方法。

4.2 基于 LS-SVM 的非线性组合预测

根据支持向量机(SVM)和组合预测理论,选择趋势法预测万元工业增加值取水量的三种主要模型,提出基于最小二乘支持向量机(LS-SVM)的万元工业增加值取水量非线性组合预测方模型。实例表明,与单项预测模型和线性组合预测相比,基于 LS-SVM 非线性组合预测模型具有更强的泛化能力,能够有效提高区域万元工业增加值取水量预测精度。

非线性组合预测尤其适用于信息不完备的复杂经济系统。在对万元工业增加值取水量进行线性组合预测研究的基础上,笔者基于机器学习的支持向量机(SVM)理论,建立基于 LS-SVM 的万元工业增加值取水量非线性组合预测模型,通过对比分析,证明了其有效性和更高的预测精度。

4.2.1 非线性组合预测

非线性组合预测原理是通过某种非线性函数将多个不同的预测模型进行组合而得到组合预测值,其表达式如下:

$$y_t = \varphi(\varphi_{1t}, \varphi_{2t}, \cdots, \varphi_{mt}) \tag{4-17}$$

式中:y_t 为组合预测在 t 时刻的预测结果;φ_{it} 为方法 i 在 t 时刻的预测结果;$\varphi(x)$ 为非线性函数。

在某种测度下,$\varphi(x)$ 的度量要比 $\varphi_i(i=1,2,\cdots,m)$ 优越。因此,建立非线性组合预测模型的关键是构造一个有效的非线性函数。为此引入了最小二乘支持向量机,提出了基于最小二乘支持向量机的万元工业增加值取水量非线性组合预测的方法。

4.2.2 最小二乘支持向量机(IS-SVM)预测方法

Vapnik 等于 1995 年提出的支持向量机(Support vector machines,SVM)是在有限样本条件下对统计学习理论中的 VC 维和结构风险最小化原理的具体实现,与传统的机器学习方法相比,SVM 以结构风险最小化准则代替了传统的经验风险最小化准则,求解的是一个二次型寻优问题,从理论上说得到的将是全局最优点,解决了传统机器学习方法中无法避免的局部极值问题,表现出了很多优于已有机器学习方法的性能。与 Vapnik 的支持向量机不同,由 Suykens 和 Vandewalle 提出的最小二乘支持向量机(Least square support vector machine,LS-SVM)是标准 SVM 的一种扩展。与以往 SVM 采用二次规划求解不同,LS-SVM 采用最小二乘线性系统作为损失函数,用等式约束代替不等式约束,使求解过程仅仅变成了解一组等式方程,从而避免了耗时的二次规划问题,并且 LS-SVM 不再需要指定不敏感损失函数,求解相对简单。最小二乘支持向量机(LS-SVM)基本原理如下:

对给定的样本集 $S = \{(x_i, y_i), x_i \in R^n, y_i \in R\}, i=1,2,\cdots,l$,它的线性回归函数为 $f(x) = w^T \varphi(x) + b$。其中,$w_i \in R^n, b \in R, \varphi(\cdot)$ 为解决非线性问题的核函数。

在 LS-SVM 中,上述回归问题对应的优化问题为:

$$\min_{w,e} Q(w,e) = \frac{1}{2}\|w\|^2 + \frac{c}{2}\sum_{i=1}^{l} e_i^2 \tag{4-18}$$

约束条件为：

$$y_i = w^{\mathrm{T}}\varphi(x_i) + b + e_i \tag{4-19}$$

相应的拉格朗日函数为：

$$L(w,b,e,\alpha) = Q(w,b,e) - \sum_{i=1}^{l} \alpha_i[w^{\mathrm{T}}\varphi(x_i) + b + e_i - y_i] \tag{4-20}$$

通过对 w,b,e,α 求偏导数，可以得到该拉格朗日函数的最优化条件为：

$$\begin{cases} \dfrac{\partial L}{\partial w} = 0 \Rightarrow w = \sum_{i=1}^{l} \alpha_i \varphi(x_i) \\[2mm] \dfrac{\partial L}{\partial b} = 0 \Rightarrow \sum_{i=1}^{l} \alpha_i = 0 \\[2mm] \dfrac{\partial L}{\partial w} = 0 \Rightarrow Ce_i - \alpha_i = 0 \\[2mm] \dfrac{\partial L}{\partial w} = 0 \Rightarrow w^{\mathrm{T}}\varphi(x_i) + b + e_i - y_i = 0 \end{cases} \tag{4-21}$$

上述最优化条件可以转化为以下矩阵方程形式：

$$\begin{bmatrix} 0 & e^{\mathrm{T}} \\ e & GG^{\mathrm{T}} + \dfrac{I}{c} \end{bmatrix} \begin{bmatrix} b \\ \alpha \end{bmatrix} = \begin{bmatrix} 0 \\ y \end{bmatrix} \tag{4-22}$$

式中：$y = (y_1, y_2, \cdots, y_N)^{\mathrm{T}}$，$e$ 为 $n \times 1$ 向量，I 为 $n \times n$ 单位向量，$\alpha = (\alpha_1, \alpha_2, \cdots, \alpha_N)^{\mathrm{T}}$，$G = [\varphi(x_1)^{\mathrm{T}}, \varphi(x_2)^{\mathrm{T}}, \cdots, \varphi(x_N)^{\mathrm{T}}]^{\mathrm{T}}$，通过解式（4-22）线性方程组，可以得到 LS-SVM 预测模型：

$$y = \sum_{i=1}^{l} \alpha_i K(x, x_i) + b \tag{4-23}$$

式中：$K(x, x_i)$ 为满足 Mercer 条件的核函数。

4.2.3　用水量非线性组合预测模型的建立

基于最小二乘支持向量机的万元工业增加值用水量非线性组合预测是采用其他模型预测的结果作为最小二乘支持向量机的输入向量，将实际万元增加值用水量值作为输出，通过训练，建立预测结果与实际值的非线性映射关系，经过学习达到一定精度后，该非线性预测模型成为万元工业增加值取水量组合预测的有效工具。

4.2.4　组合预测

4.2.4.1　模型训练样本集的构造

工业用水定额预测的常用方法包括定额法、弹性系数法、相关模型法、重复利用率提高法和趋势法等。由于其涉及的因素较多，难以得出准确的结果。结合当前我国工业用水管理的实际水平，趋势法以其结构简单、不需要率定参数等特点，仍然是我国水资源及水利发展规划当中工业用水预测的推荐方法。根据已有的文献和实际的应用情况,趋势法中三参数指数模型、阶段乘幂模型和二参数指数模型应用较多。其中三参数指数模型对工业用水预测的精度较高,结果合理可靠,在工业用水管理领域得到广泛的应用,分段趋势乘幂模型多应用于火电工业行业,二参数指数模型应用范围广泛。

趋势法的主要预测模型包括三参数指数模型、分段趋势乘幂模型和二参数指数模型等三种模型,简要介绍如下:

(1)三参数指数模型。

$$W_t = A\exp\left(\frac{B}{t-c}\right) \tag{4-24}$$

式中:W_t 为拟合或预测的第 t 年万元工业增加值取水量;A、B、c 为待定常数;t 为年份。

(2)分段趋势乘幂模型。

$$Q_n = A_n - b \quad (n = 1,2,3,\cdots) \tag{4-25}$$

式中:Q_n 为系列中第 n 年万元工业增加值取水量;A、b 为待定常数。

(3)二参数指数模型。

$$Q_n = A\exp - n_b \quad (n = 1,2,3,\cdots) \tag{4-26}$$

式中:Q_n 为系列中第 n 年万元工业增加值取水量;A、b 为待定常数。

4.2.4.2 核函数选择

经常引用的核函数有线性核、多项式核、RBF 核、Sigmoid 核等几种形式。RBF 核函数可以将输入空间以非线性方式影射到特征空间,便于处理现实中以非线性方式存在的问题。其次,与多项式核相比较,RBF 核的参数数目较少,减少了模型的复杂性,所以实践中多使用径向基(RBF)核函数。课题选择径向基函数作为 LS_{SVM} 的核函数:

$$K(x, x_I) = \exp\left[(-\parallel x - x_i \parallel^2 / \sigma^2\right] \tag{4-27}$$

式中:σ 为径向基函数的核宽度。

4.2.4.3 模型评价参数

为了定量评价各种模型的预测精度,采用平均绝对误差 MAE 以及均方根误差 RMSE 作为对预测结果的评估依据,MAE 和 RMSE 计算公式如下:

$$\text{MAE} = \frac{1}{M} \sum_{m=1}^{M} | x_m - \hat{x}_m | \tag{4-28}$$

$$\text{RMSE} = \sqrt{\sum_{m=1}^{M} \frac{(x_m - \hat{x}_m)^2}{M}} \tag{4-29}$$

式中:m 为样本数,$m = 1,2,\cdots,M$;x_m 为实测值;$\hat{x}_m$ 为预测值。

4.2.5 应用实例

采用 2001—2011 年河南省万元工业增加值取水量数据为样本,分别应用上述三种趋势预测模型进行预测,同时将其预测结果作为输入序列进行组合预测。为验证基于 LS-SVM 非线性预测的精度,将线性组合预测作为参照一同分析。线性组合预测采用基于预测方法有效度的优化预测模型(王明涛,2000),并分为一次线性组合和二次线性组合两种方式。其中,一次线性组合以两参数指数模型和分段趋势乘幂模型预测序列为输入样本,二次线性组合以一次线性组合和三参数指数模型预测序列为输入样本。基于LS-SVM 的非线性组合预测分为两输入和三输入两种情况,其中两输入采用两参数指数模型和分段趋势乘幂模型预测序列,三参数还包含三参数指数模型的预测序列。具体的预测结果见表 4-7。六种预测模型的精度分析见表 4-8。可以看出,在三种单独的趋势法预测模型中,三参数指数模型预测的 MAE 为 0.829,RMSE 为 1.028,预测精度最高,明显优于其他两个模型。线性组合预测的结果要优于单独预测,二次线性组合高于一次线性组合,基于 LS-SVM 的非线性组合预测精度最高,并且三输入的要高于两输入的预测。

表 4-7　河南省工业万元增加值取水量实测值与模型预测值　　　　　单位:m³

预测模型(年份)	2005	2006	2007	2008	2009	2010	2011
实际值	80.6	71.8	63.7	55.4	51.7	46.5	41.7
两参数指数模型	81.6	72.6	64.5	57.4	51.0	45.4	40.3
分段趋势乘幂模型	80.0	66.5	59.7	55.3	52.1	46.6	44.7
线性组合一次	81.6	72.6	64.5	57.4	51.0	45.4	40.3
三参数指数模型	79.2	70.8	63.5	57.2	51.7	46.9	42.7
线性组合二次	80.6	71.8	64.1	57.3	51.3	46.1	41.4
两输入 LS-SVM	80.6	71.2	63.2	56.8	51.4	45.8	42.4
三输入 LS-SVM	80.7	71.1	63.3	56.8	51.3	45.9	42.3

表 4-8　六种模型的计算精度

模型类别	两参数指数模型	分段趋势乘幂模型	一次组合	三参数指数模型	二次组合	两输入 LS-SVM	三输入 LS-SVM
MAE	1.114	1.929	1.114	0.829	0.486	0.600	0.578
RMSE	1.192	2.768	1.192	1.028	0.773	0.721	0.689

以上分析计算,说明三参数指数模型确实是一种有效预测模型,但当前三参数指数模型计算多采用基于最小二乘的试算法(秦福兴等,2004),计算繁杂并且在一定程度上制约了计算成果的可靠性和合理性。实例表明采用两参数指数模型和分段趋势乘幂模型的两输入的 LS-SVM 非线性组合预测,其精度已经超过了常用的三参数指数模型预测的精度。所以,建议在实际工作中采用多个模型进行组合预测方法,尤其是基于 LS-SVM 的非线性组合预测方法,将有效提高预测精度。

小　结

　　建立的综合三参数指数模型、二参数指数模型和分段趋势乘幂模型的万元工业增加值取水量组合优化预测模型和基于 LS-SVM 的非线性组合预测模型,实现了三种预测方法优势互补;既考虑了长期性的宏观经济调整对工业取水的长期平稳性的影响,又结合近期内受经济结构调整、经济政策出台等对万元工业增加值取水量的波动效应,实现了短期和长期预测相结合,同时依靠 LS-SVM 强大的非线性处理及寻优能力,提升了预测精度,得到了满意的预测结果。

　　预测实例的研究表明,提出的组合优化和非线性组合预测两种模型方法,技术合理,方法简洁,实用性强。

第5章 用水水平分析及节水潜力分析

为推动工业节水、实施工业结构优化调整和"三条红线"工业用水考核工作,需要对区域工业行业,尤其是高耗水工业行业用水水平进行分析,合理确定行业用水效率水平与节水潜力。分析之前,首先根据"以水定产"原则,对河南省及各地市总体、经济与工业等三类用水水平与其水资源条件的协调性进行简要定性分析,然后按照前述工业行业资源环境压力评价成果,对河南省资源环境压力较大的典型工业行业进行用水水平分析,最后采用基于技术效率理论的工业节水潜力分析方法——通过构建超越对数生产函数模型对河南省工业及各个行业节水潜力进行实证分析。结果表明该方法既能够克服传统工业节水潜力分析方法的不足,又具有实际应用价值。

5.1 河南省及地市用水水平与水资源条件协调性分析

5.1.1 河南省工业用水水平与水资源条件协调性分析

资源环境,尤其是水资源条件直接制约区域的社会经济发展。在分析区域工业用水水平之前,有必要先简要分析区域经济社会用水与当地水资源条件的协调性。以人均水资源量代表区域的水资源条件水平、以人均用水量代表经济社会用水水平、万元 GDP 用水量代表经济总体用水水平,万元工业增加值用水量代表工业经济用水水平。首先基于全国的视角,通过图表简要分析河南省的工业用水水平与其水资源条件之间的协调性。

通过建立全国各省(直辖市、自治区)2019 年万元工业增加值用水量与人均水资源量变化图(见图 5-1),可以看出河南省与全国大多数省区处于工业用水水平与水资源条件

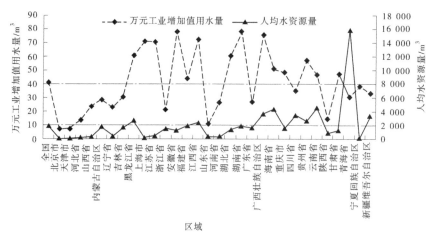

图 5-1 全国各省 2019 年万元工业增加值用水量与人均水资源量变化

基本协调状态,即用水水平与水资源条件相适应——水资源条件越好的区域,用水指标值越大;水资源条件越差的区域,用水指标值越低。与其他省份相比,从图中可以直观地看出青海、浙江、广东等区域工业用水与水资源处于更加良好的协调状态,表现为水资源条件超出全国平均水平,但是工业用水低于全国平均水平,而上海与江苏等区域恰好相反。

5.1.2 基于河南省的地市用水与水资源条件协调性分析

将 2018 年河南省各地市的效率指标(人均用水量、万元 GDP 用水量和万元工业增加值取水量)与资源指标(人均水资源量,采用全省多年平均水资源量)进行对比,可以直观地显示出 2018 年河南省各地市的总用水水平、经济用水水平和工业用水水平与其水资源条件的协调性。2018 年河南省各地市的人均用水量与人均水资源量变化见图 5-2、万元 GDP 用水量与人均水资源量变化见图 5-3,万元工业增加值取水量与人均水资源量变化见图 5-4。

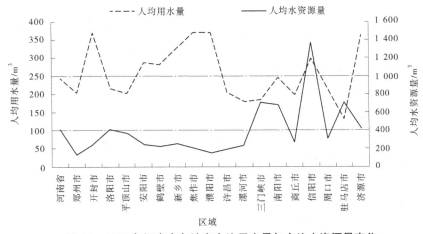

图 5-2　2018 年河南省各地市人均用水量与人均水资源量变化

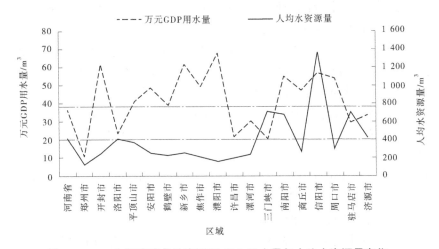

图 5-3　2018 年河南省各地市万元 GDP 用水量与人均水资源量变化

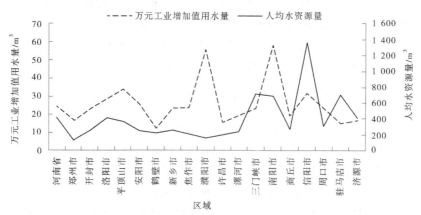

图 5-4　2018 年河南省各地市万元工业增加值用水量与人均水资源量变化

下面采用"均值差法"对河南省各地市的经济社会用水水平与水资源条件的协调性进行分类评价,即将不同地市的效率指标减去全省均值与其资源指标减去全省均值后数值按正负结果进行分类,生成表征效率指标与资源条件协调性的四种状态(四个象限),即高潜力协调(位于第Ⅰ象限)、不协调(位于第Ⅱ象限)、低潜力协调(位于第Ⅲ象限)和良好协调(位于第Ⅳ象限)(见图 5-5)。

其中高潜力协调状态(位于第Ⅰ象限)指评价主体的资源指标与评价指标都高于均值,此时两者处于协调状态,由于该状态下评价主体的水资源条件相对较好,效率指标值较高(效率水平低于全省平均),相对而言具有较好的节水潜力和水资源开发潜力。

图 5-5　评价指标与水资源条件协调性状态分类

不协调状态(位于第Ⅱ象限)是指评价主体的资源指标低于全省均值,但是效率指标值却高于全省均值,说明该评价主体水资源条件和效率水平都较差,此时两者处于不可持续的不协调状态。

低潜力协调状态(位于第Ⅲ象限)是指评价主体的资源指标与效率指标值均低于全省均值,说明评价主体也处于一般的协调状态,但无论是效率指标的节水潜力和水资源条件的开发潜力都相对较低,称为低潜力状态。

良好协调状态(位于第Ⅳ象限)是指评价主体的资源指标高于全省均值,但其效率指标却低于全省均值,从资源环境协调发展角度而言是一种理想状态,表明两者处于良好的持续协调发展状态。

以上各种状态均为定性的定义,旨在对区域不同类别用水水平与其水资源条件的协调性进行定性分析。下面就河南省 2018 年各地市经济社会综合用水水平、经济用水水平和工业用水水平与水资源条件的协调性进行定性分析。

按上述,以人均水资源量代表区域水资源条件、以人均综合用水量代表区域经济社会综合用水水平、万元 GDP 用水量代表区域经济用水水平,万元工业增加值取水量代表区域工业用水水平,得出 2018 年河南省 18 个省辖市(直管市)的经济社会用水水平、经济用水水平和工业用水水平与其水资源条件的协调状态定性评价结果(见表5-1)。

表 5-1　2018 年河南各地市经济社会发展用水水平与水资源条件协调状态定性评价结果

评价区域	人均综合用水量-人均水资源量	万元 GDP 用水量-人均水资源量	万元工业增加值取水量-人均水资源量
郑州市	低潜力协调	低潜力协调	低潜力协调
开封市	不协调	不协调	低潜力协调
洛阳市	高潜力协调	高潜力协调	良好协调
平顶山市	低潜力协调	低潜力协调	不协调
安阳市	不协调	不协调	不协调
鹤壁市	不协调	不协调	低潜力协调
新乡市	不协调	不协调	低潜力协调
焦作市	不协调	不协调	低潜力协调
濮阳市	不协调	不协调	不协调
许昌市	低潜力协调	低潜力协调	低潜力协调
漯河市	低潜力协调	低潜力协调	低潜力协调
三门峡市	高潜力协调	高潜力协调	高潜力协调
南阳市	高潜力协调	良好协调	良好协调
商丘市	低潜力协调	不协调	低潜力协调
信阳市	良好协调	良好协调	良好协调
周口市	低潜力协调	不协调	低潜力协调
驻马店市	高潜力协调	高潜力协调	高潜力协调
济源市	良好协调	高潜力协调	高潜力协调

　　结果表明:2018 年有 8 个地市以上三项效率指标与其水资源条件的协调状态是一致的,没有发生变化。其中安阳市和濮阳市的全部三项效率指标均处于不协调状态;郑州市、许昌市、漯河市均处于低潜力协调状态;三门峡市、驻马店市等均处于高潜力协调状态;信阳市均处于良好协调状态。开封、鹤壁、新乡、焦作、商丘和周口等 6 个地市的经济用水与水资源条件为不协调状态,但工业用水与水资源条件为低潜力协调状态;平顶山市的经济用水与水资源条件为低潜力协调状态,但工业用水与水资源条件为不协调状态。全省信阳市、济源市、南阳市、洛阳市、三门峡市和驻马店市的经济社会发展与水资源条件的协调性较好,而濮阳、安阳和平顶山市等地市的工业用水与水资源条件的协调性较差(处于不协调状态)。从管理的角度而言,这三个地市应作为工业节水管理重点,要通过强力淘汰落后与过剩产能,大力优化工业结构,严格工业项目(园区)水资源论证,把好项目准入关。同时鼓励企业节水改造,推进中水回用,实施分质用水、循环用水,来提高水的循环利用率。

5.2 区域和典型行业用水水平分析

本节首先介绍我国工业用水定额发布和河南省工业用水定额修订的一些情况。然后对河南省工业用水进行宏观(省、市区域)、中观(行业)和微观(工业产品)的用水水平评价。我国一般采用万元工业增加值取水量和工业用水重复率来代表区域工业用水效率,但由于缺乏全部工业或工业行业的用水重复率统计数据,实际评价中常采用万元工业增加值取水量代表工业用水效率。

首先对河南省在全国省(市、自治区)中的工业用水水平和不同地市在全省范围内的用水水平进行宏观评价,评价指标采用万元工业增加值取水量,评价方法采用 k 值聚类法。其次基于规模以上河南工业行业用水统计资料,分析了主要高耗水行业用水水平变化情况。最后基于发布的不同行业国家用水定额(产品)标准,根据典型企业(产品)用水调查资料,采用定额对比法进行河南省典型高耗水行业用水水平评价。由于火电行业国家用水定额标准提升较快,对河南省火电行业进行标准提升前后的用水水平评价(提标评价),对造纸行业、钢铁行业、石油工业和纺织工业等四个行业采用单一国家标准进行用水水平评价。

5.2.1 工业用水定额发布情况

工业既是用水耗水大户,也是水环境的主要污染源。工业用水和节水事关区域经济持续稳定发展和生态安全保护,理应得到各级政府、组织和社会各界的高度关注。用水效率与定额管理是工业用水节水管理的核心。为加强我国工业用水与节水管理,国家、省(区)相关部门相继出台了以一系列标准或部门规章。2000年以来,我国相继出台并修订了包括火力发电、造纸等38个行业的主要工业产品用水定额。20世纪90年代以来,各省、自治区和直辖市的地方工业用水定额标准相继出台。截至目前,全国31省(市、自治区)均对已颁布的工业用水定额标准进行了两次修订,一些区域已经完成第三次修订。河南省1998年首次出台河南省地方标准《用水定额》(DB T385—1998),2009年、2014年和2020年分别进行了三次修订。此外,国家各部委还以部门规章的形式颁布行业用水效率(定额)等级标准。2013年工业和信息化部、水利部、国家统计局和全国节约用水办公室联合出台了《重点工业行业用水效率指南》(工信部联节〔2013〕367号),设定了火电、钢铁、纺织、造纸、石化与化工、食品与发酵等六个行业主要产品的先进、平均、限定和限定以下四类用水定额评价标准。为推进实施的水效领跑行动,2019年水利部出台《钢铁等十八项工业用水定额》,提出钢铁、火力发电、石油炼制、选煤、罐头食品、食糖、毛皮、皮革、核电、氨纶、锦纶、聚酯涤纶、维纶、再生涤纶、多晶硅、离子型稀土矿冶炼分离、对二甲苯、精对苯二甲酸等18项工业行业主要产品的领跑、先进、通用、通用以下四类用水定额标准。最新修订的国家工业行业(产品)用水定额标准名录汇总见表5-2。

5.2.2 基于全国的河南省工业用水水平评价

由于受多种因素制约,工业用水水平一般呈现非线性的动态波动变化,但是总体上随着经济发展和技术的进步而逐步提高。河南省工业用水水平宏观评价的数据来源为《中

国水资源公报（2018 年）》。2018 年全国万元工业增加值取水量为 38.4 m³/万元

表 5-2　最新修订的国家工业行业（产品）用水定额标准名录汇总

序号	定额名称	标准编号	序号	定额名称	标准编号
1	火力发电	GB/T 18916.1—2021	20	化纤长丝织造产品	GB/T 18916.20—2016
2	钢铁联合企业	GB/T 18916.2—2012	21	真丝绸产品	GB/T 18916.21—2016
3	石油炼制	GB/T 18916.3—2012	22	淀粉糖制造	GB/T 18916.22—2016
4	纺织染整产品	GB/T 18916.4—2012	23	柠檬酸制造	GB/T 18916.23—2015
5	造纸产品	GB/T 18916.5—2012	24	麻纺织产品	GB/T 18916.24—2016
6	啤酒制造	GB/T 18916.6—2012	25	黏胶纤维产品	GB/T 18916.25—2016
7	酒精制造	GB/T 18916.7—2014	26	纯碱	GB/T 18916.26—2017
8	合成氨	GB/T 18916.8—2017	27	尿素	GB/T 18916.27—2017
9	味精制造	GB/T 18916.9—2014	28	工业硫酸	GB/T 18916.28—2017
10	医药产品	GB/T 18916.10—2006	29	烧碱	GB/T 18916.29—2017
11	选煤	GB/T 18916.11—2012	30	炼焦	GB/T 18916.30—2017
12	氧化铝生产	GB/T 18916.12—2012	31	钢铁行业烧结/球团	GB/T 18916.31—2017
13	乙烯生产	GB/T 18916.13—2012	32	铁矿选矿	GB/T 18916.32—2017
14	毛纺织产品	GB/T 18916.14—2014	33	煤间接液化	GB/T 18916.33—2018
15	白酒制造	GB/T 18916.15—2014	34	煤炭直接液化	GB/T 18916.34—2018
16	电解铝生产	GB/T 18916.16—2014	35	煤制甲醇	GB/T 18916.35—2018
17	堆积型铝土矿生产	GB/T 18916.17—2016	36	煤制乙二醇	GB/T 18916.36—2018
18	铜冶炼生产	GB/T 18916.18—2015	37	湿法磷酸	GB/T 18916.37—2018
19	铝冶炼生产	GB/T 18916.19—2015	38	聚氯乙烯	GB/T 18916.38—2018

（当年价，下同），河南省为 24.5 m³/万元，约为全国平均的 63.8%，在全国 31 个行政区域（不含台湾地区、香港特别行政区和澳门特别行政区）中排名 11 位。2019 年全国万元工业增加值取水量最低值为北京市（7.8 m³/万元），其他前十位依次为天津市（12.5 m³/万元）、山东省（13.9 m³/万元）、陕西省（15.4 m³/万元）、河北省（16.3 m³/万元）、浙江省（17.9 m³/万元）、辽宁省（22.4 m³/万元）、广东省（24.0 m³/万元）。

　　k 值聚类法的计算原理是使不同分类的类内间距最小，类间间距最大。首先将全国 31 个省（市、自治区）的万元工业增加值取水量划定为先进、一般和落后三个类别，通过 k 值聚类算法迭代求出最优的三个分类的聚类中心及其距离，最终输出不同分类包含的省份。结果显示，全国不同省区工业用水的先进类别的聚类中心值为 22.7 m³，达到先进水平的省区共有 16 个；一般类别的聚类中心值为 51.0 m³，评价为一般水平的省区共 11 个；落后类别的聚类中心值为 89.8 m³，评价为落后水平的省区共有 4 个。河南省万元工业增加值取水量为 24.5 m³，位于先进类别中的中游水平，可以看出工业用水水平与河南省短缺的水资源条件相适应。2019 年全国不同省区工业用水水平聚类分析计算结果见图 5-6，2019 年全国不同省区工业用水水平评价结果见表 5-3。

最终聚类中心

	聚类		
	1	2	3
万元工业增加值用水量/m³	22.7	51.0	89.8

最终聚类中心之间的距离

聚类	1	2	3
1		28.265	67.106
2	28.265		38.842
3	67.106	38.842	

图 5-6　2019 年全国不同省区工业用水效率分类聚类分析结果

表 5-3　2019 年全国不同省区工业用水水平评价结果

序号	省(直辖市、自治区)	评价指标值	聚类	评价等级	距离	序号	省(直辖市、自治区)	评价指标值	聚类	评价等级	距离
1	北京	7.8	1	先进	14.894	17	湖北	56.7	2	一般	5.742
2	天津	12.5	1	先进	10.194	18	湖南	78.1	3	落后	11.700
3	河北	16.3	1	先进	6.394	19	广东	24.000	1	先进	1.306
4	山西	20.5	1	先进	2.194	20	广西	92.9	3	落后	3.100
5	内蒙古	26.4	1	先进	3.706	21	海南	47.7	2	一般	3.258
6	辽宁	22.4	1	先进	0.294	22	重庆	42.3	2	一般	8.658
7	吉林	42.0	2	一般	8.958	23	四川	28.4	1	先进	5.706
8	黑龙江	59.2	2	一般	8.242	24	贵州	55.8	2	一般	4.842
9	上海	60.9	2	一般	9.942	25	云南	39.2	2	一般	11.758
10	江苏	65.6	2	一般	14.642	26	西藏	113.9	3	落后	24.100
11	浙江	17.9	1	先进	4.794	27	陕西	15.4	1	先进	7.294
12	安徽	74.3	3	落后	15.500	28	甘肃	37.5	2	一般	13.458
13	福建	34.6	1	先进	11.906	29	青海	33.7	1	先进	11.006
14	江西	66.2	2	一般	15.242	30	宁夏	34.9	1	先进	12.206
15	山东	13.9	1	先进	8.794	31	新疆	29.9	1	先进	7.206
16	河南	24.5	1	先进	1.806						

5.2.3　基于河南的不同地市工业用水水平评价

用水水平评价仍采用 k 值聚类法,同样将河南省 18 个省辖市万元工业增加值取水量划定为先进、一般和落后三个类别,采用 k 值聚类算法迭代求出最优的三个分类的聚类中心及其距离,最终输出不同分类包含的不同地市结果。通过分析计算,先进类别的聚类中心值为 16.4 m³,达到先进水平的地市共有 7 个;一般类别的聚类中心值为 26.2 m³,评价为一般水平的地市共 9 个;落后类别的聚类中心值为 57.2 m³,评价为落后水平的地市共 2 个。2019 年各地市万元工业增加值用水量聚类结果见图 5-7。2019 年河南各地市万元工业增加值用水量用水水平评价结果表 5-4。

最终聚类中心

	聚类		
	1	2	3
万元工业增加值用水量/m³	57.15000000	16.37142857	26.18000000

最终聚类中心之间的距离

聚类	1	2	3
1		40.779	30.970
2	40.779		9.809
3	30.970	9.809	

图 5-7　2019 年各地市万元工业增加值用水量聚类

表 5-4　2019 年各地市工业用水水平评价结果

序号	地市	评价值	聚类	评价结果	距离	序号	地市	评价值	聚类	评价结果	距离
1	郑州	16.5	2	先进	0.129	10	许昌	15.7	2	先进	0.671
2	开封	22.7	3	中等	3.48	11	漯河	19.2	2	先进	2.829
3	洛阳	28.7	3	中等	2.52	12	三门峡	23.3	3	中等	2.88
4	平顶山	34	3	中等	7.82	13	南阳	58.2	1	落后	1.05
5	安阳	25.8	3	中等	0.38	14	商丘	19.1	2	先进	2.729
6	鹤壁	12.1	2	先进	4.271	15	信阳	31.7	3	中等	5.52
7	新乡	23.3	3	中等	2.88	16	周口	24.3	3	中等	1.88
8	焦作	23.5	3	中等	2.68	17	驻马店	15.1	2	先进	1.271
9	濮阳	56.1	1	落后	1.05	18	济源	16.9	2	先进	0.529

5.2.4　基于统计的河南工业行业用水水平变化分析

按收集的统计资料,目前国内只有少数省份进行了规模以上工业行业的用水统计工作,还未见到规模以下工业行业数据。通过对全国 31 个省(市、自治区,除去香港特别行政区、澳门特别行政区和台湾地区)的统计年鉴汇总分析,截止 2016 年底,国内省一级有连续的规模以上分行业用水统计资料的省份只有河南、安徽、重庆和河北 4 省,其中河北省只有分行业总水量,没有地表、地下等水源分类水量。贵州、黑龙江、湖南等 3 省只有规模以上工业取水量总值,没有分行业值。其他 24 个省区没有进行规模以上工业取水量统计工作。资料的短缺,对我国工业节水研究造成直接影响,尤其是关于行业用水效率的研究,公开发表的文献较少。由于缺少全国性相关资料,无法对河南省分行业规模以上工业用水水平进行评价。下面仅对河南省省规模以上 37 个工业行业中十个典型高耗水行业的用水效率变化做简要分析。2010—2016 年河南省省规模以上电力、热力的生产和供应业等十个典型高耗水行业的用水效率变化见图 5-8。2010—2016 年河南省省规模以上全部 37 个工业行业用水效率见表 5-5。

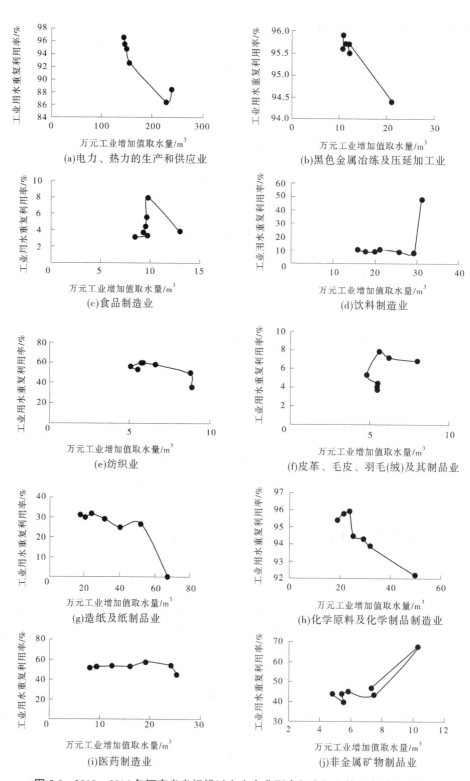

图 5-8　2010—2016 年河南省省规模以上十个典型高耗水行业的用水效率变化

表 5-5 2010—2016年河南省省规模以上全部37个工业行业用水效率

序号	行业分类	2010年 R	2010年 V	2011年 R	2011年 V	2012年 R	2012年 V	2013年 R	2013年 V	2014年 R	2014年 V	2015年 R	2015年 V	2016年 R	2016年 V
	总计	77.5	36.3	77.4	30.5	80.4	24.2	82.8	22.0	84.8	18.7	85.2	17.5	86.9	16.4
	采矿业	75.8	17.7	60.5	21.4	56.2	19.7	44.6	17.1	53.6	13.9	53.5	13.7	56.8	12.7
	制造业	83.1	15.4	84.7	12.7	85.4	10.1	85.9	8.9	88.7	7.7	88.8	6.8	88.7	6.1
	电力、燃气及水的生产和供应业	72.4	596.2	71.3	499.4	78.1	457.9	82.7	456.0	83.1	441.7	84.0	464.1	86.9	465.2
1	煤炭开采和洗选业	83.5	15.9	64.2	24.1	59.0	25.5	45.5	21.9	55.6	18.2	54.2	18.7	56.9	17.6
2	石油和天然气开采业	0	48.2	0	48.0	0	36.8	0	36.7	0.0	27.4	0	31.4	0	36.9
3	黑色金属矿采选业	38.4	28.2	49.9	27.2	42.1	21.2	44.4	18.6	45.4	12.4	50.7	9.7	49.5	9.7
4	有色金属矿采选业	62.1	14.7	66.1	12.2	67.3	7.9	66.3	6.3	66.4	5.7	68.8	5.1	72.4	4.6
5	非金属矿采选业、开采辅助活动其他采矿业	0.2	8.2	0.3	6.2	10.2	7.9	1.2	9.6	0.8	6.6	0.4	6.6	0.8	6.0
6	农副食品加工业	4.4	12.5	2.4	11.0	2.4	9.6	3.8	8.0	3.2	7.3	2.0	6.4	2.4	5.4
7	食品制造业	3.8	13.0	7.9	9.8	5.6	9.7	4.4	9.5	3.7	9.4	3.3	9.8	3.1	8.6
8	饮料制造业	48.0	31.1	8.3	29.2	9.1	25.8	10.5	21.1	8.8	20.0	8.8	17.8	10.3	15.9
9	烟草制品业	10.1	0.8	18.7	1.0	27.0	0.7	7.1	0.7	5.6	0.7	7.6	0.7	13.5	0.8
10	纺织业	35.8	8.9	49.8	8.8	58.4	6.6	59.8	5.8	59.2	5.7	55.9	5.1	53.3	5.5
11	纺织服装、鞋、帽制造业	0.9	3.2	1.7	5.1	0.4	3.2	4.1	2.8	4.4	2.2	3.9	2.1	6.0	2.4

续表 5-5

序号	行业分类	2010 年		2011 年		2012 年		2013 年		2014 年		2015 年		2016 年	
		R	V	R	V	R	V	R	V	R	V	R	V	R	V
12	皮革、毛皮、羽毛(绒)及其制品业	6.8	8.0	7.2	6.2	7.9	5.6	5.3	4.8	4.4	5.5	4.1	5.5	3.8	5.5
13	木材加工及木、竹、藤、棕、草制品业	1.4	3.5	1.5	2.7	1.8	2.5	2.1	2.3	1.4	2.0	1.7	1.9	1.5	1.8
14	家具制造业	97.9	1.4	0	1.7	0.7	1.7	0	1.3	0	1.4	0	1.4	0	1.6
15	造纸及纸制品业	0	67.2	26.3	52.3	24.9	40.0	28.8	31.0	31.4	24.1	29.8	20.5	30.8	17.8
16	印刷业和记录媒介复制	0.3	3.8	0	2.4	0	2.2	1.2	2.0	0.9	2.1	0.3	2.0	0.3	1.9
17	文教体育用品制造业	0	1.0	5.6	0.9	0.2	173.6	0.3	160.9	0.3	140.1	1.6	22.7	0.8	21.8
18	石油加工、炼焦和核燃料加工业	80.8	9.9	95.6	10.1	95.5	7.4	95.2	8.0	96.2	6.9	95.6	7.2	96.0	8.1
19	化学原料及化学制品制造业	92.2	49.6	93.9	31.8	94.3	29.1	94.5	25.3	95.9	23.5	95.8	21.5	95.4	19.1
20	医药制造业	45.3	25.3	54.4	24.0	57.8	19.2	53.1	16.0	53.6	12.5	53.0	9.4	51.9	8.2
21	化学纤维制造业	73.0	92.6	73.9	75.3	62.8	64.8	60.6	60.9	62.0	64.2	62.1	62.6	62.7	56.0
22	橡胶制品业塑料制品业	72.7	6.8	79.2	12.3	83.5	4.5	83.5	4.0	86.2	3.2	85.0	3.3	85.8	2.8
23	非金属矿物制品业	46.9	7.3	67.7	10.3	43.6	7.5	45.3	5.8	44.3	5.4	39.6	5.5	43.9	4.8
24	黑色金属冶炼及压延加工业	94.4	21.0	95.7	12.1	95.5	12.2	95.7	11.8	95.7	11.5	95.6	10.7	95.9	10.8

续表 5-5

序号	行业分类	2010 年		2011 年		2012 年		2013 年		2014 年		2015 年		2016 年	
		R	V	R	V	R	V	R	V	R	V	R	V	R	V
25	有色金属冶炼及压延加工业	81.6	28.7	85.2	24.7	85.4	20.0	83.8	20.7	84.8	17.4	87.1	15.0	87.9	13.6
26	金属制品业	17.3	4.5	11.9	3.7	70.8	15.6	4.0	7.4	9.9	2.6	7.9	2.2	6.5	2.0
27	通用设备制造业	57.3	2.9	54.4	2.1	75.7	1.3	65.5	1.2	14.8	1.2	13.7	1.1	9.4	1.3
28	专用设备制造业	80.9	3.8	80.2	3.4	80.0	2.6	50.5	7.8	63.3	1.9	64.3	1.7	69.9	1.5
29	交通运输设备制造业	37.9	4.4	41.5	3.0	74.0	2.8	79.4	2.3	80.5	1.7	82.3	1.7	82.6	1.5
30	电气机械及器材制造业	15.1	3.3	18.8	2.5	44.7	2.6	14.9	2.8	14.6	2.4	15.4	2.4	13.2	2.1
31	通信设备、计算机及其他电子设备制造业	84.9	12.6	80.1	4.6	7.4	1.2	13.2	2.1	10.8	2.0	9.5	1.9	9.2	1.7
32	仪器仪表及文化、办公用机械制造业	84.7	4.4	54.7	3.7	58.8	2.7	59.1	2.3	55.9	1.8	54.0	1.8	54.3	1.7
33	工艺品及其他制造业	16.8	33.2	0.3	23.1	43.2	2.6	54.8	1.6	0	0.4	0	0.3	0	0.9
34	废弃资源和废旧材料回收加工业	34.6	11.2	37.3	8.2	42.9	8.2	37.7	4.8	33.6	4.6	36.8	3.9	23.4	7.0
35	电力、热力生产和供应业	88.4	238.4	86.5	228.4	92.7	155.7	94.8	150.4	94.9	151.0	95.6	146.3	96.6	144.2
36	煤气生产和供应业	23.4	35.5	7.3	23.1	14.9	12.9	28.4	8.4	0	1.0	95.9	1.3	96.6	0.9
37	水生产和供应业	0	9 376.4	0	8 384.8	0	8 267.3	0.0	8 235.9	0.1	7 168.8	0.1	7 265.6	0	6 674.8

注：V代表工业用水重复利用率（%），R代表万元工业增加值取水量（m³）。

5.2.4.1 电力、热力的生产和供应业

2011—2016 年该行业工业用水水平显著提升。其中万元工业增加值取水量由 2010 年的 238 m³，降低到 2016 年的 144 m³，降低 94 m³，降幅为 39.5%；工业用水重复利用率由 2010 年的 88.4%提高到 2016 年的 96.9%，提高 8.5%，增幅为 9.3%。

5.2.4.2 黑色金属冶炼及压延加工业

2011—2016 年该行业工业用水水平显著提升。其中万元工业增加值取水量由 2010 年的 21 m³，降低到 2016 年的 10.8 m³，降低 10.2 m³，降幅为 48.6%；工业用水重复利用率由 2010 年的 94.4%提高到 2016 年的 95.9%，提高 1.5%，增幅为 1.6%。

5.2.4.3 食品制造业

2011—2016 年该行业万元工业增加值取水量大幅降低，由 2010 年的 13 m³，降低到 2016 年的 8.6 m³，降低 4.4 m³，降幅为 33.8%；但是该行业工业用水重复利用率水平较低，且分析期内呈现波动变化，前期上升，后期下降，由 2010 年的 3.8%下降到 2016 年的 3.1%，下降 0.7%，降幅为 18.4%。

5.2.4.4 饮料制造业

2011—2016 年该行业万元工业增加值取水量显著降低，由 2010 年的 31.1 m³，降低到 2016 年的 15.9 m³，降低 15.2 m³，降幅接近 50%；由于统计的 2010 年工业用水重复利用率异常偏大，采用 2011—2016 年系列进行分析，分析期内重复率指标稳定小幅提升，由 2011 年的 8.3%下降到 2016 年的 10.3%，上升 2.0%，升幅为 4.2%。

5.2.4.5 纺织业

2011—2016 年该行业工业用水水平显著提升。其中，万元工业增加值取水量由 2010 年的 8.9 m³，降低到 2016 年的 5.5 m³，降低 3.4 m³，降幅为 38.2%；工业用水重复利用率由 2010 年的 35.8%，提高到 2016 年 53.3%，提高 17.5%，增幅为 48.9%。

5.2.4.6 皮革、毛皮、羽毛(绒)及其制品业

2011—2016 年该行业万元工业增加值取水量有较大幅度降低，由 2010 年的 8.0 m³，降低到 2016 年的 5.5 m³，降低 2.5 m³，降幅为 31.3%；但是该行业工业用水重复利用率水平较低，且分析期内呈现剧烈波动变化，前期上升，后期下降，由 2010 年的 6.8%下降到 2016 年的 3.8%，下降 3.0%，降幅达到 44.1%。该行业两个行业用水指标均呈现大幅降低的态势，在行业中较为特殊。

5.2.4.7 造纸及纸制品业

2011—2016 年该行业工业用水水平显著提升。其中，万元工业增加值取水量由 2010 年的 67.2 m³，降低到 2016 年的 17.8 m³，降低 34.5 m³，降幅为 66%；工业用水重复利用率由 2011 年的 26.3%提高到 2016 年的 30.8%，提高 4.5%，增幅为 17.1%。

5.2.4.8 化学原料及化学制品制造业

2011—2016 年该行业工业用水水平显著提升。其中，万元工业增加值取水量由 2010 年的 49.6 m³，降低到 2016 年的 19.1 m³，降低 30.5 m³，降幅为 61.5%；工业用水重复利用率由 2010 年的 92.2%提高到 2016 年的 95.4%，提高 3.2%，增幅为 3.5%。

5.2.4.9 医药制造业

2011—2016 年该行业工业用水水平显著提升。其中，万元工业增加值取水量由 2010

年的 25.3 m³,降低到 2016 年的 8.2 m³,降低 17.1 m³,降幅为 67.6%;工业用水重复利用率由 2010 年的 45.3%提高到 2016 年的 51.9%,提高 6.6%,增幅为 14.6%。

5.2.4.10　非金属矿物制品业

2011—2016 年该行业万元工业增加值取水量有较大幅度降低,由 2010 年的 7.3 m³,降低到 2016 年的 4.8 m³,降低 2.5 m³,降幅为 34.2%;但是工业用水重复利用率在分析期内呈现剧烈波动变化,前期上升,后期下降,由 2010 年的 46.9%,下降到 2016 年的 43.9%,下降 3.0%,降幅为 6.4%。

5.2.5　基于产品的河南省工业行业用水水平评价

根据资料情况,重点对河南省火电行业进行了用水水平与现状达标评价。通过将河南省高耗水行业主要产品用水定额与全国定额进行比较,对河南省黑色冶金及压延加工业、石化与化工行业、造纸及纸制品业与纺织业等高耗水行业的主要产品用水水平做简要评价,同时介绍了目前国内外相关高耗水行业主要节水工艺。

5.2.5.1　河南火电行业用水水平与达标评价

1. 基本情况

依托煤炭资源禀赋及区位优势,河南省建成了平顶山、郑州、义马、焦作、鹤壁和永城六大煤炭工业基地。以六大煤炭工业基地为核心,河南已发展成为我国主要的火电能源基地,承担着华中电网火电运行调剂的重要任务。2010 年河南省火电总装机和发电量分别为 46 870 MW 和 2 198 亿 kW·h,占全国火电装机及发电量总和的 6.60%和 6.43%。2016 年河南省火电总装机和发电量分别达到 64 310 MW 和 2 474 亿 kW·h,分别占全国总量的 6.06%和 5.71%。2010—2016 年河南省火电装机实现持续稳定增长。受工业转型升级淘汰落后产能的影响,加之煤炭市场价格波动等因素,河南火电发电量呈现波动性缓慢增长。但是上述政策的实施,尤其是火电工业"上大压小",直接推动了河南省火电工业结构优化升级。2010 年河南省单机容量 600 MW 级及以上的大型火电企业只有 12 家,装机容量之和占全省总装机的 38.4%。其中,沁北电厂以 2 400 MW(4×600 MW)排在装机容量首位,单机容量超过 1 000 MW 的超临界特大型企业只有鲁阳电厂(国家电投平顶山发电的前身)一家。2016 年河南火电行业单机容量 600 MW 级及以上的大型火电企业接近 20 家,其中郑州裕中能源、国家电投河南电力平顶山发电、华能沁北电厂等企业单机容量都达到 1 000 MW。通过优化升级华能沁北电厂总装机容量达到 4 400 MW(4×600 MW+2×1 000 MW),总装机容量仍居全省前列。目前,河南省单机容量 600 MW 级及以上的大型火电企业总装机接近全省总装机的 50%,相比 2010 年的 38.4%增长了 11.8%,说明行业结构得到优化提升。河南省电力、热力生产和供应业(规模以上)取水量由 2010 年的 72 121.5 万 m³ 降低到 2016 年的 46 453.9 万 m³,降低 35.6%。通过提高循环水浓缩倍率、降低灰水比、采用节水型冷却等方式提高水的重复利用率等,该行业重复水利用率从 2010 年的 88.4%提高到 2016 年的 96.6%,单位发电量取水量和排水量明显降低。2010—2016 年河南省火电装机及发电量变化见图 5-9。

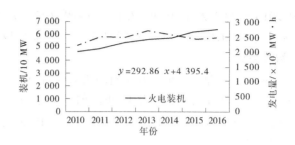

图 5-9 2010—2016 年河南省火电装机及发电量变化

2. 评价资料及代表性分析

采用评价资料来自河南省水利厅《河南省高耗水高污染行业用水调查与评估报告》近期审查的河南省火电行业水资源论证项目报告。通过筛选,共选出涵盖全省各地市的典型火电企业 46 家作为评价样本资料。评价样本分为燃煤和燃汽两大类,总装机 46 350 MW,占河南省 2016 年火电总装机 64 310 MW 的 72%。其中燃煤电厂中机组单机容量<300 MW 级的 10 家,占评价样本的 22%;单机容量 300 MW 级 12 家,占 26%;单机容量 600 MW 级 14 家,占 30%;单机容量 1 000 MW 级 2 家,占 4%;混合装机(单机容量有两种及以上级别)的有 6 家,占 13%。燃气电厂 2 家,单机容量均为 300 MW 级及以上,占 4%。评价样本中 300 MW 级及以下的企业接近调查样本的 50%,符合河南省现状火电结构中中小企业数量比重较大的实际。总体而言,评价资料覆盖面广,代表性强,可以反映现状河南火电总体情况。河南火电行业水效达标分析评价资料技术指标汇总见表 5-6。

表 5-6 河南火电行业水效达标分析评价资料技术指标汇总

产品	产品类型	调查个数	定额单位	定额范围	定额均值	冷却水重复率/%	冷却水重复率均值/%
燃煤	<300 MW 级	10	m³/(MW·h)	0.35~11.43	2.97	65.0~100.0	94.8
	300 MW 级	12	m³/(MW·h)	0.98~2.38	1.79	97.5~100.0	98.3
	600 MW 级	14	m³/(MW·h)	1.11~3.36	1.83	95.0~100.0	98.2
	1 000 MW 级	2	m³/(MW·h)	1.55~1.69	1.60	98.0~100.0	99.0
	混合	6	m³/(MW·h)	0.66~3.33	1.61	96.5~98.5	97.7
燃气	300 MW 级及以上	2	m³/(MW·h)	0.99~1.06	1.02	98.0	98.0

3. 河南火电行业用水水平提标达标评价

将《效率标准》作为提标前达标评价方案(简称方案 1),《领跑标准》作为提标后达标评价方案(简称方案 2)。由于《效率标准》设定的先进、平均、限定和限定以下四种评价分类,与《领跑标准》设定的领跑、先进、通用、通用以下四种评价分类口径不一致,按照最新发布的《领跑标准》统一评价口径。将《效率标准》平均和限定合并修改为通用,将限定以下改为通用以下(限定和通用表达的意义基本相同)。将《领跑标准》的领跑和先进合并为先进,领跑标准不变并做单独评价。调整后的火电行业用水水平达标评价方案见表 5-7。

表 5-7　火电行业用水水平达标评价方案　　　　　　单位:m³/(MW·h)

类型	机组冷却形式		方案 1			方案 2			
			《重点工业行业用水效率指南》			《钢铁、火力发电等十八项工业用水定额》			
			先进	通用	通用以下	领跑	先进	通用	通用以下
燃煤发电	循环冷却	<300 MW 级	≥2.20	2.20~3.20	<3.20	≥0.73	≥1.85	1.85~3.20	<3.20
		300 MW 级	≥2.03	2.03~2.75	<2.75	≥1.60	≥1.70	1.70~2.70	<2.70
		600 MW 级	≥1.94	1.94~2.40	<2.40	≥1.54	≥1.65	1.65~2.35	<2.35
		1 000 MW 级	≥1.94	1.94~2.40	<2.40	≥1.52	≥1.60	1.60~2.00	<2.00
燃气-蒸汽联合循环	循环冷却	<300 MW 级				≥0.90	≥1.00	1.00~2.00	<2.00
		300 MW 级及以上				≥0.75	≥0.90	0.90~1.50	<1.50
	直流与空气冷却					≥0.17	≥0.20	0.20~0.40	<0.40

不同装机分类评价结果如下:

(1)300 MW 级以下机组。方案 1 该级机组先进占比 10.0%,通用占比 50.0%,通用以下占比 40.0%;方案 2 该级机组先进占比 0,通用占比 60.0%,通用以下占比 40.0%。提标后该级机组先进用水水平占比比提标前下降了 10.0 个百分点。

(2)300 MW 级机组。方案 1 该级机组先进占比 50.0%,通用占比 50.0%,通用以下占比为 0。方案 2 该级机组先进占比 41.7%(其中领跑占比 41.7%),通用占比 58.3%,通用以下占比为 0。提标后该级机组先进占比比提标前下降了 8.3 个百分点。

(3)600 MW 级机组。方案 1 该级机组先进占比 71.4%,通用占比 21.4%,通用以下占比 7.1%。方案 2 该级机组先进占比 21.4%(其中领跑占比 21.4%),通用占比 64.3%,通用以下占比 14.3%。提标后该级机组先进占比比提标前下降了一半(50 个百分点)。

(4)1 000 MW 级机组。方案 1 该级机组先进占比 100%,其他占比均为 0。方案 2 该级机组先进占比 50.0%(其中领跑占比为 0),通用占比 50.0%,通用以下占比为 0。提标后该级机组先进占比比提标前下降了一半(50 个百分点)。

(5)混合装机机组。混合装机组装机包括<300 MW 、300 MW、600 MW 和 1 000 MW等各种机组混合。对于混合装机机组,以实际混合类型中的不同机组装机为权重计算出不同用水水平评价标准。通过计算,该类机组方案 1 先进占比 83.3%,通用占比为 0,通用以下占比 16.7%。方案 2 先进占比 33.3%(其中领跑占比 16.7%),通用占比 33.3%,通用以下占比 16.7%。提标后该类机组先进占比比提标前下降了 23.3 个百分点。

总体评价结果如下:

(1)提标前河南火电行业先进占比 56.5%,通用占比 30.4%,通用以下占比 13.0%。提标后先进占比 26.1% (其中领跑占比 19.6%),通用占比 58.7%,通用以下占

15.2%。可以看出,提标后河南火电行业整体的先进用水水平达标率下降30.4个百分点,通用水平达标率上升28.3个百分点,通用以下(相当于不达标)上升2.2个百分点。

(2)在参与评价的火电企业中,300 MW机组的领跑达标率最高为41.7%。其次为600 MW机组和混合装机,分别达到21.4%和16.7%,<300 MW机组、1 000 MW机组和燃气机组为0。表明现状河南火电行业达到全国领先用水水平的机组主要分布在300 MW机组和600 MW机组中。

(3)在参与评价的火电企业中,<300 MW机组的通用以下达标率最高为40.0%。其次为混合装机和600 MW机组,分别达到16.7%和14.3%,其他类型机组为0。表明现状河南火电行业用水水平不达标的机组主要集中分布在<300 MW机组中,少量分布在混合装机和600 MW机组中。河南省火电行业提标前后先进用水水平达标率变化见图5-10。河南省火电行业提标前后通用以下用水水平达标率变化见图5-11。

(a)提标前先进用水水平达标率(%)   (b)提标后先进用水水平达标率(%)

图5-10 河南省火电行业提标前后先进用水水平达标率变化

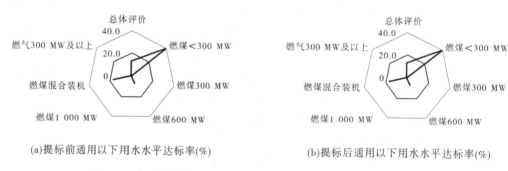

(a)提标前通用以下用水水平达标率(%)   (b)提标后通用以下用水水平达标率(%)

图5-11 河南省火电行业提标前后通用以下用水水平达标率变化

火电行业节水方向是进一步推广应用先进发电技术、空冷技术、高浓度除灰渣、干排灰渣与高浓缩倍率循环水及废水回用以及深度处理技术。进一步提高用水效率,达到废水零排放。

5.2.5.2 其他高耗水行业用水水平评价

1. 钢铁行业

通过行业主要产品的用水水平分析,河南省钢铁行业用水水平总体属于全国平均水平。现状钢铁行业用水重复利用率接近全国平均水平。河南省钢铁行业主要产品用水调查成果见表5-8。全国钢铁行业主要产品单位取水量评价指标见表5-9。

表 5-8 河南省钢铁行业主要产品用水调查成果

产品类型	产品名称	单位	调查个数	定额范围	定额均值	重复率/%	重复率均值/%
粗钢	不含焦化、不含冷轧生产	m³/t	3	2.45~3.30	2.88	98.0~98.5	98.3
生铁		m³/t	1	12.3	12.3	90.4	90.4
炼钢	转炉炼钢	m³/t	1	0.11	0.11	98	98
	电炉炼钢	m³/t	1	0.73	0.73	98	98
钢材	棒材	m³/t	4	0.04~1.01	0.55	91~95.1	93.3
	线材	m³/t	2	1.3~2.84	2.07	98	98
	中厚板	m³/t	2	0.11~3.0	1.55	98.5	98.5
	热轧板带	m³/t	1	3.64	3.64	—	—
	冷轧板带	m³/t	1	0.03	0.03	80	80
	无缝钢管	m³/t	1	0.8	0.8	100	100

表 5-9 全国钢铁行业主要产品单位取水量评价指标

产品类型	产品名称	领跑值	先进值	通用值
粗钢	含焦化生产、含冷轧生产	3.1	3.9	4.8
	含焦化生产、不含冷轧生产	2.4	3.2	4.5
	不含焦化生产、含冷轧生产	2.2	2.8	4.2
	不含焦化生产、不含冷轧生产	2.1	2.3	3.6
生铁		0.24	0.42	1.09
炼钢	转炉炼钢	0.36	0.52	0.99
	电炉炼钢	0.55	1.05	1.74
钢材	棒材	0.34	0.38	0.7
	线材	0.38	0.41	1.26
	型钢	0.29	0.31	0.79
	中厚板	0.36	0.38	0.74
	热轧板带	0.38	0.45	0.91
	冷轧板带	0.4	0.61	1.4
	无缝钢管	0.3	0.86	1.56

根据调研,河南省钢铁企业节水存在以下三个问题:一是整体技术装备水平较低,一些企业用水工艺水平落后,高炉、转炉多采用湿法排尘,新水消耗较大,废水处理及含铁污泥处理回用难度较大;二是循环水系统与生产能力不匹配,部分循环水系统能力不足,串级系统及水闭路循环不完善,大量废水外排,造成用水浪费;三是部分建成时间较长的老企业,生产管网系统老化,水量漏损严重。钢铁行业节水对策,除针对循环系统不足、管网系统老化进行整改外,最根本的还是要通过行业生产工艺的革新和升级来实现行业用水节水水平的提升。钢铁行业先进的生产工艺包括近终形连铸连轧技术、直接还原铁和熔融还原铁技术及干熄焦技术等。具体如下:

(1)干熄焦技术。干法熄焦简称干熄焦,是相对于用水熄灭炽热焦炭的湿熄焦而言的。传统湿法熄焦每熄 1 t 焦炭要消耗 0.45 m³ 的水。其基本原理是利用冷的惰性气体,在干熄炉中与赤热红焦换热从而冷却红焦。吸收了红焦热量的惰性气体将热量传给干熄焦锅炉产生蒸汽,被冷却的惰性气体再由循环风机鼓入干熄炉冷却红焦。干熄焦具有回收红焦显热、减少用水量、减少水污染及大气污染、改善焦炭质量等优点。我国已全面掌握了干法除尘技术,但全面推广该技术仍然任重而道远。

(2)干法除尘。干法除尘包括高炉煤气干式除尘和转炉煤气干式除尘。以前普遍运行的"湿氏除尘"一般使用双文氏管或洗涤塔-文氏管系统,不仅用水量大,而且煤气洗涤水含有大量灰尘和有害物质,容易造成污染,还增加了污水处理单元。而干式布袋除尘装置,在节水、环保和余能利用方面有一系列的优点,因此已成为高炉煤气的重要除尘方式。目前,我国的宝钢、太钢、攀钢、武钢和邯钢高炉煤气都采用了干式除尘系统。而转炉煤气干式除尘应用的不多,宝钢的二炼钢采用了干式除尘,目前运行良好,节能优势明显。

(3)直接还原铁和熔融还原铁。直接还原铁是 20 世纪 60 年代问世的,是指铁矿在固态条件下直接还原为铁,可以用来作为冶炼优质钢、特殊钢的纯净原料,也可作为铸造、铁合金、粉末冶金等工艺的含铁原料。这种工艺是不用焦炭炼铁,原料也是使用冷压球团不用烧结矿,所以是一种优质、低耗、低污染的炼铁新工艺,也是全世界钢铁冶金的前沿技术之一。COREX 是已投入实际应用的高炉以外的炼铁技术(南非伊斯科钢铁公司日产 1 000 t,韩国浦项钢铁公司和印度京德勒钢铁公司等日产 2 000 t),它使用的是普通煤。其工艺流程是先把普通煤装入熔融气化炉,然后吹入氧使煤燃烧、分解,将产生的煤气作为还原煤气导入还原竖炉,接着在还原竖炉内将块矿石和矿石颗粒还原到融化率为 95%左右。直接还原铁和熔融还原铁都在钢铁生产的流程中去掉了用水较大的焦炉和高炉两个工序,使得用水量大为减少,因此推广该技术,节水潜力有待挖掘,节水空间依然很大。

(4)炼钢转炉及轧钢加热炉汽化冷却。汽化冷却技术是利用水汽化吸热,带走被冷却对象热量的一种冷却方式。对于同一冷却系统,用汽化冷却所需的水量仅为温升为 10 ℃时水冷却水量的 2%,且少用 90% 的补充水量,汽化冷却所产生的蒸汽还可以利用,或者并网发电,汽化冷却一般使用除氧后的软化水,减少对设备的腐蚀。

2. 石化和化工行业

通过与全国该行业主要产品的取水指标的对比分析,河南省石化和化工行业的用水水平总体处于全国的中上游水平。河南省石化和化工行业主要产品用水调查成果见表 5-10。河南省及全国石化和化工行业主要产品单位取水量评价指标见表 5-11。

表 5-10　河南省石化和化工行业主要产品用水调查成果

类别	产品类型	单位	调查个数	定额范围	定额均值	重复率/%	重复率均值/%
石油炼制	石油炼制	m³/t	2	0.50~0.71	2.88	98.0~98.5	98.3

表 5-11　河南省及全国石化和化工行业主要产品单位取水量评价指标

产品及工艺		河南省/(m³/t)	全国/(m³/t)			
			先进值	平均值	限定值	准入值
石油炼制	石油炼制	0.5~0.7	0.50	0.70	0.75	0.60
合成氨	天然气	5.0~7.5	12	15		13—
	煤	12.0~18.0	12	23		27—
硫酸	硫铁矿制酸	4.2~4.6	4.2	4.6		4.5—
	硫黄制酸	3.2~3.5	3.2	3.5	3.3	
烧碱	离子膜法(30%)	3.0~4.5	6.0	7.5	20.0	—
	隔膜法（42%）	4.0~4.5	8.0	9.0	38.0	—
聚氯乙烯	电石法	9.0~9.9	9.0	12.0	16.5	—
	乙烯法	7.5~10.5	7.5	10.0	14.5	—
尿素	气提法	3.0~3.3	3.0	3.5	3.3	
	水溶液全循环法	3.5~3.9	3.5	3.8		3.6—
纯碱	氨碱法	10.0~12.0	12.0	16.0	15.0	—
	联碱法	3.0~6.0	3.0	10.0	22.0	—

　　河南省石化与化学行业节水现状,一是企业装备和管理水平差别较大,新建企业和老企业在节水工艺、技术装备上和用水管理上差异明显。新建的规模化大型石化和化工企业,技术先进、用水工艺流程合理、集成度高,单位产品水耗低和用水重复率高。而许多老企业生产设备陈旧、跑冒滴漏现象明显、用水管理落后,用水浪费、效率较低。二是全省石化和化工行业先进的节水工艺和技术普及率总体较低。其主要原因除某些企业对节水减污的认识不到位外,主要还在于化工企业盈利水平较低,投入相对不足。该行业节水对策主要是提高节水管理水平,大力推广和普及先进节水新工艺新技术。石化和化工行业主要包括新工艺技术包括水溶液全循环工艺、合成氨原料气净化和脱碳脱硫新技术等,这些新轨技术的推广应用将会取得显著的节水效果。该行业通用的节水技术策略有:淘汰冷却、洗涤水的直排工艺;开发蒸汽冷凝液回收利用技术;推广一水多用循环利用技术;整顿水网系统,消除跑、冒、滴、漏;推广换热效率高的换热设备,降低冷却水的用量。近年来,国内化工行业的节水技术大致包括以下几种:

（1）炼化企业节水技术。炼化企业节水技术包括节水减排考核指标与回用水质控制指标（Q/SH 0104—2007）；污水回用技术；集成工艺蒸汽凝结水回用技术、废水处理技术等；空冷技术；地下管线查漏；优化换热流程，尽量采用热进料以减少冷却水用量；尽量减少生产给水服务点，以减少生产给水用量；常减压电脱盐注水、加氢装置的高、低压分离器前的注水均采用酸性水脱硫后的净化水；循环水场补充水采用含油污水处理后的再生水，循环水场旁滤设备避免采用传统的砂滤罐，旁滤设备根据水质情况自动反洗，反洗水量不超过过滤水量的 1.5%；建设污水回用深度处理回用装置、雨水与清净废水适度处理回用装置；工业污水经过处理后，达到相应的水质标准用于油田注水。

（2）合成氨企业节水技术。合成氨企业节水技术包括污水零排放；节约蒸汽（水）的变换全低变工艺；既节省冷却水又节省蒸汽的 NHD 气体净化技术；合成氨生产"两水"闭路循环技术；精制阶段不消耗蒸汽、可节省蒸汽和水的醇烃化精制及低压低能耗氨合成系统技术；以重油为原料生产合成氨的炭黑水回收利用技术；通过推广甲醇生产低压合成工艺可节省 1/3 冷却水、使甲醇合成能耗大幅下降的甲醇节水技术。

（3）氮肥节水技术。氮肥企业节水技术包括节约冷却水的 CO_2 和 NH_3 汽提尿素生产工艺；节约蒸汽（水）的全循环尿素装置的高压圈汽提法技术；具有自主知识产权的水溶液全循环尿素节能增产新工艺；可回收尿素和节水的废尿液增加水解装置技术。

（4）硫酸企业节水技术。硫酸企业节水技术包括水洗净化流程改酸洗净化流程实现节水；将新型换热设备代替传统铸铁排管冷却器用于浓硫酸冷却，同时回收硫酸低位热能，吨酸节约冷却水 15 t 左右。

（5）烧碱企业节水技术。烧碱企业节水技术包括发展节约蒸汽和用水的离子膜法烧碱；大力推广三效逆流蒸发来改造传统的顺流蒸发，使加热蒸汽热量得以充分利用；逐步推广万吨级三效逆流蒸发装置和高效自然强制循环蒸发器；推广三效顺流部分强制循环技术。节约蒸汽，实现节水。

（6）氯碱系统水资源综合利用。在生产中冷却后对温度要求比较低的工序，如配电、液氯冷冻机组、氯气冷却等，尽量使用温度比较低的一次水。蒸发、氢气一段冷却、漂白液等工序，可使用二次水、三次水或风冷塔的循环水。盐水、液氯气化以及其他需要加热的地方，可以利用二次水、三次水中的热水，水质比较好的热水供澡堂使用，达到整个冷却系统的合理配置，高效利用，节约用水。

（7）纯碱产品节水技术。纯碱产品节水技术包括氨碱法工厂真空蒸馏技术，吨产品可回收低压蒸汽 200 kg；氨碱法工厂干法加灰工艺，在节水的同时可使蒸馏汽耗降低 250 kg/t；真空滤碱机洗水添加剂技术，可使洗水当量下降 100 kg/t，节约煅烧用中压蒸汽 200 kg/t；氨碱蒸馏废液闪发回收蒸汽技术；内冷式吸收塔，可节水 10 m^3/t；采用自动化检测及控制手段，进一步优化工艺条件，缩小母液循环当量，达到节约能源和水的目的；建立完善的回收系统，包括含氨、二氧化碳的尾气和含氨、盐的"杂水"。

（8）电石节水技术。电石节水技术包括湿法除尘技术改干法除尘技术，该技术具有一定的节能、节水效果，尾气含尘也能够达到地区排放标准；改进湿法除尘技术，通过对洗涤水闭路循环工艺进行攻关，不仅能大量节水，还可把二次污染减少到最低限度。

（9）有机化学、精细化工企业的节水技术。对于有机化学产品、精细化工产品，可采用高效换热设备,提高冷却用水的重复利用率,节约冷却水;对洗涤水采用先进技术进行处理后,回收利用;回收蒸汽冷凝液。

3. 造纸行业

通过对河南省造纸行业 37 家企业的现状造纸行业用水水平进行分析,这 37 家企业中的大型造纸企业包括漯河银凤纸业有限公司造纸 53.16 万 t、河南省江河纸业有限公司造纸 28.00 万 t、驻马店白云纸业有限公司纸浆 8.77 万 t、造纸 30.18 万 t,濮阳市龙丰纸业有限公司纸浆 10.80 万 t、造纸 30.00 万。产品结构中,纸制品生产企业共 33 家,其中文化纸 7 家占 21.2%、卫生纸 3 家占 9.1%、无碳复写纸 4 家占 12.1%、食品纸 3 家占 9.1%、箱板纸 11 家占 33.3%、瓦楞纸 4 家占 12.1%、工业纸板 1 家占 3.0%;纸浆生产企业共 12 家(纸制品与纸浆有重合)脱墨废纸浆 8 家占 66.7%、化机木浆 2 家占 16.7%、漂白化学非木浆 2 家占 16.7%。以最新出台的造纸行业用水规章作为评价方案,即重点工业行业用水效率指南(工信部联节〔2013〕367 号)作评价方案,根据方案设定先进、平均、限定和限定以下四项评价标准分析评价河南省造纸行业用水水平。

(1)文化纸。文化纸定额范围 6.5 ~ 18.9 m³/t、定额均值 10.1 m³/t。对比评价方案中新闻纸,该类纸调查范围的上界值(先进值)和定额均值都达到先进标准(11 m³/t),但下界值(落后值)未达到其平均标准(17 m³/t)。对比评价方案中涂布印刷书写纸,文化纸调查范围值和定额均值都达到评价方案中涂布印刷书写纸的先进标准(20 m³/t)。

(2)无碳复写纸。无碳复写纸定额范围 3.3 ~ 12.0 m³/t、定额均值 7 m³/t。该类纸调查范围值和定额均值都达到评价方案中涂布印刷书写纸的先进标准(20 m³/t)。

(3)卫生纸。卫生纸定额范围 1.2 ~ 22.4 m³/t,定额均值 8.5 m³/t。对比评价方案中生活用纸,该类纸调查范围的上界值(先进值)和定额均值都达到评价方案中生活用纸的先进标准(12 m³/t)

(4)漂白化学非木浆。漂白化学非木浆定额范围 23.3 ~ 33.2 m³/t,定额均值 28.3 m³/t。该类纸调查范围值和定额均值都达到评价方案中漂白化学麦草浆的先进标准(80 m³/t)。通过调查统计,河南省造纸行业中食品纸、箱板纸、瓦楞纸、工业纸板用水重复率较高,综合重复利用率总体超过 90%,其他纸品综合重复利用率中无碳复写纸为 76.3%,文化纸为 83.6%,但是卫生纸仅为 15%。纸浆中脱墨废纸浆介于 51% ~ 97%,综合 78.2%,漂白化学非木浆仅为 5%。

国外先进造纸企业的水循环利用率达到 90%,国内先进企业有的达到国外先进水平(福建南纸、上海泛亚等)。总体而言,河南省现状造纸行业用水重复利用率与全国先进水平相比还有一定差距,虽然纸制品中瓦楞纸、箱板纸等的公式重复利用率较高,但文化纸、卫生纸、无碳复写纸整体偏低,纸浆综合重复利用率也不足 80%,有的甚至更低。现状河南省造纸行业在文化纸、卫生纸和纸浆生产用水节水问题突出。表现取水定额两极分化明显,好的企业处于先进水平,差的企业不达标。河南省造纸行业节水工作虽然取得一定的进步,但纸浆生产用水重复利用率整体不足。该行业的节水对策,除建设中水回用设施外,核心在于推广应用纸机白水封闭循环和回收、中浓技术、超高的制浆技术等新工艺技术。河南省造纸行业主要产品用水调查成果见表 5-12。全国造纸行业主要产品单位取水量评价指标见表 5-13。

表 5-12　河南省造纸行业主要产品用水调查成果

产品	产品类型	调查个数	定额范围	定额均值	重复率/%	重复率均值
纸制品	文化纸	7	6.5~18.9	10.1	70~99(5)[1]	83.6
	卫生纸	3	1.2~22.4	8.5	15(1)	15
	无碳复写纸	4	3.3~12.0	7	70~80(3)	76.3
	食品纸	3	3.6~6.7	5	99(1)	99
	箱板纸	11	1.3~11.8	4.6	90(1)	90
	瓦楞纸	4	2.5~15.0	8.1	97~99(2)	98
	工业纸板	1	1.3	1.3	90(1)	90
纸浆	脱墨废纸浆	8	1.9~38.0	10.2	51~97(8)	78.2
	化机木浆	2	11.0~100.0	55.8	—	—
	漂白化学非木浆	2	23.3~33.2	28.3	5(1)	5

注:括号中数值为有重复率的调查企业数。

表 5-13　全国造纸行业主要产品单位取水量评价指标

分类		全国/(m³/t)			
		先进值	平均值	限定值	准入值
纸浆	漂白化学麦草浆	80	85	130	100
	脱墨废纸浆	24	28	30	25
	化学机械木浆	17	23	35	30
纸	新闻纸	11	17	20	16
	涂布印刷书写纸	20	30	35	30
	生活用纸	12	32	30	30
纸板	白纸板	14	24	30	30
	箱纸板	10	16	25	22
	瓦楞原纸	10	22	25	20

4. 纺织行业

通过行业主要产品的用水水平分析,河南省纺织行业用水总体属于全国平均水平。现状造纸行业用水重复利用率接近全国平均水平。根据省内调研结果,纺织行业节水策略主要集中在纺织的空调冷却水、冷凝水回用和染整业新工艺技术的推广及全行业废水回用等三个方面,前两个方面节水技术主要包括纺织业溴化锂制冷和空调用水闭路循环、化纤行业空冷技术、印染行业等离子加工技术和新型染整技术及印染短流程前处理工艺、冷凝水回收技术等。河南省纺织行业主要产品用水调查成果见表5-14。河南省及全国纺织行业主要产品单位取水量评价指标见表5-15。

表 5-14　河南省纺织行业主要产品用水调查成果

产品类型	单位	调查个数	定额范围	定额均值	重复率/%	重复率均值	说明
棉、麻、化纤及混纺机织物	$m^3/100\ m$	7	0.01~3.33	0.98	30~95.6(6)	55.9	浸胶帘子布 6.08 m^3/t
棉纱	m^3/t	28	0.1~42	11.6	40~100(15)	77.5	尼龙 66 工业丝 8.4 m^3/t、黏胶长丝 354.4 m^3/t、黏胶短丝 41.7 m^3/t、氨纶长丝 11.3 m^3/t
棉、麻、化纤及混纺针织物	m^3/t	7	20.2~79.6	38.3	13.5~70.0(4)	39.4	
精梳毛织物	$m^3/100\ m$	1	1.6	1.6	—	—	

注:括号中数值为有重复率的调查企业数。

表 5-15　河南省及全国纺织行业主要产品单位取水量评价指标

分类	单位	河南省	全国			
			先进值	平均值	限定值	准入值
棉、麻、化纤及混纺机织物	$m^3/100\ m$	0.3~1.6	2.0	2.7	3.0	2.0
棉、麻、化纤及混纺针织物及纱线	m^3/t	25~30	100	140	150	100
真丝绸机织物（含练白）	$m^3/100\ m$	2.5~3.0	2.7	3.5	4.5	3.0
喷水织机长丝织物	$m^3/100\ m$	1.2~1.3	0.6	1.1	—	—
精干麻	m^3/t	100~150	350	520	—	—
亚麻纱	m^3/t	100~150	300	500	—	—
精梳毛织物	$m^3/100\ m$	16~17.6	16	19	22	18
粗梳毛织物	$m^3/100\ m$	20~22	21	23	—	—

5.3　基于随机前沿分析(SFA)区域工业及行业节水潜力分析

我国当前正处于社会与经济发展的转型期,资源与环境问题凸显,矛盾日益突出。工业经济发展面临着用水保障与水污染治理双重压力。广义的工业水资源涉及水资源的优化利用与水环境的治理保护,狭义的涵盖工业供水、用水、耗水与排水等四个方面。工业用水的主要特征是行业众多,用水工艺多变、流程复杂。随着认识的深入和技术的进步,传统水利与计量经济学等多学科的交叉融合已成为工业水资源研究的发展趋势。作为计量经济学科重要的实证分析方法,随机前沿分析(SFA)已广泛应用于我国金融、保险、工业经济等诸多领域,但在水利行业中的应用相对较少。2001 年沈大军等将数量经济分析方法应用于工业用水管理,2007 年孙爱军等采用 SFA 模型对工业用水的技术效率进行测算,认为包含技术效率的工业用水量预测成果要优于其他预测模型。2010年雷贵荣等采用SFA模型分析徐州市工业节水潜力,认为全市工业节水潜力约为工业用水量22.5%。2013年陈关聚等采用随机前沿技术分析了全国31个省(区)2003—2011年的工业水资源效率与空间分布特征。2014年雷玉桃等采用SFA模型测算了全国主要工业省区1999—2013年的工业用水技术效率和节水潜力。由于采用系统的方法研究总体的情况,工业用水技术效率(工业水资源效率)比通常以万元工业增加值取水量来衡量区域工业用水效率更具有综合性和可比性。SFA模型的应用丰富了工业节水的研究,是工业节水潜力分析的新途径。但是,当前基于SFA的工业潜力的研究文献主要关注区域宏观层面,缺乏区域工业分行业的水资源效率及其节水潜力成果。对工业节水管理而言,在区域总体基础上分析工业分行业的节水潜力与分布特征,对合理制定行业节水目标与对策措施,落实区域工业用水考核目标等具有理论指导和实际应用价值。借鉴已有成果,以河南省为例,本书采用SFA面板数据模型分析了现状全省全部38个工业行业的水资源效率与节水潜力,评价行业节水潜力分布特征。从节水管理的视角,对采用随机前沿来分析区域工业行业水资源效率与节水潜力存在的主要问题进行分析探讨:一是模型设定与适用性检验,对常用的柯布-道格拉斯生产函数(简称C-D函数)和超越对数生产函数,如何选择?是否进行检验?二是投入产出数据的选择?尤其是产出参数,对论文中常用的工业增加值和工业产值(或工业销售产值、主营业收入),采用哪个更合理?三是分析范围的不同结果是否存在差异性?比如选择部分工业行业与选择全部行业对某个具体行业而言是否存在差异?哪一个更合理?本书的目的,一是分析得出合理的区域全部工业行业的节水潜力,二是通过模型实证,对上述问题进行探讨。

5.3.1 工业节水潜力分析现状与SFA模型

万元工业增加值取水量与用水重复利用率(%)是我国工业节水管理中的两个主要指标,也是当前区域工业节水潜力估算的依据:以先进用水区域的效率指标值为目标,将评价区域达到目标值后可节约的水量作为评价区域的节水潜力。该方法隐含了至少两个前提条件:一是评价区与目标区的工业结构具有可比性,二是两个效率指标的变化趋势一致。但是作为一种复杂的经济生产活动,上述隐含的条件难以成立。同样原因,行业节水潜力采用上述方法无法估算。总体而言,作为一种资源效率,工业水资源效率实质上是工业经济生产率的体现,需要从水资源与工业经济发展的系统和整体视角来考察。

技术效率最早是由Farrell(1957)和Afriat(1972)提出,用以衡量一个企业在固定投入下最大化产出的能力,或一定产出下最小化投入的能力。技术效率和前沿面(生产可能性边界)密切相关。前沿是指在一定的要素投入下可能达到的最大产出。不同的要素投入对应不同的最大产出所形成的曲线便是前沿面。技术效率便是用来衡量一个企业在等量要素投入条件下,其产出离最大产出(前沿)的距离;距离越大,则技术效率越低。前沿分析主要包括确定性前沿和随机性前沿两种分析方法,其中随机前沿分析主要分为两类:一类是以数据包络分析(DEA)为代表的非参数方法,另一类是以随机前沿分析(SFA)为代表的参数方法。SFA利用生产函数来构造生产前沿面,它将模型误差分为随机误差项(v)和技术非效率项(u)两部分。其中技术非效率项包含决策管理、资源利用等内容,使得 SFA 评价结果的可靠性和可比性相对更好。总体而言,通过对经典生产函数的扩展,在投入中增加水资源要素,得到的技术效率体现了水资源的综合效率,相对于工业用水技术效率的提法,工业水资源效率更为合理。该效率值在 0 和 1 之间时,说明工业用水没有达到有效用水状态,存在节水潜力。根据对 Battese 和 Coeli(1992)模型的改进,构建了基于 SFA 的效率时变超越对数生产函数模型。模型形式如下:

$$\ln y_{it} = \alpha_0 + \sum_j \alpha_j \ln x_{ji\tau} + \alpha_T t + \frac{1}{2} \sum_j \sum_l \beta_{jl} \ln x_{li\tau} \ln x_{ji\tau} +$$

$$\frac{1}{2}\beta_{TT}t^2 + \sum_i \beta_{jT}t\ln x_{ji\tau} + \nu_{i\tau} + u_{i\tau}, j,i = L,K,W \qquad (5\text{-}1)$$

将式(5-1)展开为:

$$\ln y_{it} = \alpha_0 + \alpha_\kappa \ln k_{it} + \alpha_l \ln l_{it} + \alpha_w \ln w_{it} + \alpha_T t +$$

$$\beta_{kl}\ln k_{it}\ln l_{it} + \beta_{kw}\ln k_{it}\ln w_{it} + \beta_{wl}\ln w_{it}\ln l_{it} +$$

$$\beta_{kT}\ln k_{it}t + \beta_{lT}\ln l_{it}t + \beta_{wT}\ln w_{it}t + \frac{1}{2}\beta_{kk}(\ln k_{it})^2 +$$

$$\frac{1}{2}\beta_{ll}(\ln l_{it})^2 + \frac{1}{2}\beta_{ww}(\ln w_{it})^2 + \frac{1}{2}\beta_{TT}t^2 +$$

$$\alpha_{D1} + \alpha_{D2} + \alpha_{D3} + \nu_{it} + u_{it} \qquad (5\text{-}2)$$

$$\sigma_s^2 = \sigma_\nu^2 + \sigma_u^2 \qquad (5\text{-}3)$$

$$\gamma = \frac{\sigma_u^2}{\sigma_s^2} \qquad (5\text{-}4)$$

式中:y_{it}、k_{it}、l_{it}、w_{it} 为 i 行业第 t 年的工业总产值(亿元)、全行业固定资产净值余额(亿元)、工业就业人员(万人)和工业取用水量(亿 m³);t 是衡量技术变化的时间趋势变量;α_0、α_κ、α_l、α_w、α_T、β_{kl}、β_{kw}、β_{wl}、β_{kT}、β_{lT}、β_{wT}、β_{kk}、β_{ll}、β_{ww}、β_{TT}、α_{D1}、α_{D2}、α_{D3} 为模型待估参数。其中 D_1、D_2、D_3 为模型设定的虚拟参数,表示行业的类型特征,其中 D_1 为高耗水行业,D_2 为采矿业行业,D_3 为垄断行业,具有相应特征的行业的特征值为 1,其他为零。根据模型的设定:

$$u_{it} = u_i \exp[-\eta(t - T)] \qquad (5\text{-}5)$$

$$TE_{it} = \exp(-u_{it}) \qquad (5\text{-}6)$$

ν_{it}、u_{it} 为误差项复合结构,其中 ν_{it} 为随机误差项,反映不可控因素对生产前沿的影响,由于难以估计,假定 ν_{it} 服从正态分布:$\nu_{it} \sim iidN(0, \sigma_\nu^2)$;$u_{it} \geq 0$,代表技术非效率项,测度 i 个决策单元相对前沿的技术效率水平,u_{it} 服从截断正态分布:$u_{it} \sim iidN^+(\mu, \sigma_u^2)$。$TE_{it}$ 表示工业水资源效率,用来计算工业节水潜力。

5.3.2 数据来源与模型设定检验

经典的 C-D 函数中的投入指标为劳动力和资本,产出为国内生产总值。根据研究需要在投入指标中增加了工业行业取水量。为便于比较,论文采用多数文献普遍采用的指标,但将产出指标调整为工业总产值。由于计算期公开出版的年鉴中缺失总产值指标,以工业销售产值替代。以行业固定资产净值年均余额、年均就业人数和取水量作为投入量,分别代表资本、劳动力和资源投入。固定资产净值等于固定资产原价合计值减去累计折旧,固定资产净值余额采用年初与年末净值的均值。以2012年为基准年,以固定资产投资价格指数和河南省工业品出厂价格对固定资产净值年均余额和工业销售产值进行了平减。数据来源于《中国工业统计年鉴》《河南统计年鉴》等公开发行的文献。由于统计口径的变化,采用2012—2016年作为计算期。采用的数据均为相关统计年鉴中的各行业规模以上值。

采用Frontier4.1软件得到的超越对数生产函数式(5-2)参数估计值及其统计量(见表5-16)。可以看出各项系数估计总体结果较好,似然函数对数值为121.58,α_T、α_k、α_l、γ、η、μ、σ_2、L_R单边检验等均为1%置信水平显著。$\gamma = 0.996$,说明生产函数的误差中99.6%来源于技术非效率,表明采用随机前沿方法是合适的。劳动力、资本和资源的直接弹性系数分别为1.596、0.436和-0.024,合计2.009,说明产出表现为规模递增态势。劳动力投入对工业产出的拉动作用最大,其他要素投入不变的条件下,劳动力每增加一个百

表5-16　超越对数随机前沿生产函数参数估计结果

变量	参数	系数	t统计值
截距	α_0	0.823	1.465 225 5
T	α_T	-1.408	-5.366***
$\ln L$	α_l	1.596	6.764***
$\ln K$	α_k	0.436	3.836***
$\ln W$	α_w	-0.024	-0.539
$t\ln L$	β_{lT}	0.413	5.181***
$t\ln K$	β_{kT}	0.161	5.649***
$t\ln W$	β_{wT}	0.013	0.430
$\ln L\ln K$	β_{lk}	-0.010	-0.762
$\ln L\ln W$	β_{lw}	0.025	1.614
$\ln K\ln W$	β_{kw}	-0.005	-0.828
$(1/2)\ln L\ln L$	β_{ll}	-0.602	-6.594***
$(1/2)\ln K\ln K$	β_{kk}	-0.400	-4.612***
$(1/2)\ln W\ln W$	β_{ww}	-0.118	-12.405***
$(1/2)T^2$	β_{TT}	-0.008	-0.972
$D1$	β_{D1}	-0.204	-3.018***
$D2$	β_{D2}	0.254	3.387***
$D3$	β_{D3}	0.919	8.894***
σ^2		1.660	2.406**
γ		0.996	529.4***
μ		-2.571	-2.331**
η		-0.058	-4.604***
似然函数对数值		121.58	
L_R单边检验值(混合卡方分布)		290***	

注:*表示10%置信水平,**为5%置信水平,***为1%置信水平。

分点,产出增加 1.596 个百分点,固定资本每增加一个百分点,产出增加 0.436 个百分点。其中有两点需要说明:一是同文献[9]相似,水资源弹性为负值(-0.024)。尽管有悖于经典理论投入要素弹性为正值的观点,或正反映出现状河南工业行业的水资源管理以及水资源与其他要素投入的配置存在低效率。二是 $\eta = -0.058$。η 为负值,表明 5 年内工业行业水资源效率相对最优前沿面呈现下降趋势,这可能反映出当前工业结构优化与生态文明建设等宏观政策对资源效率的影响,另外计算周期长短和生产函数的不同,对 η 变化也有一定影响。

通过假设检验来保证模型设定的合理性和可靠性。参照有关文献,进行了 5 项模型设定假设检验:

(1)SFA 适用性检验:原假设 $H(0):\gamma = \mu = \eta = 0$,不存在技术无效率项。

(2)技术效率的时变性检验:原假设 $H(0):\eta = 0$,技术效率不存在时变。

(3)技术进步存在性检验:原假设 $H(0):\alpha_T = \beta_{LT} = \beta_{KT} = \beta_{WT} = \beta_{TT} = 0$,不存在技术进步。

(4)希克斯中性技术进步检验:原假设 $H(0):\beta_{LT} = \beta_{KT} = \beta_{WT} = 0$。

(5)C-D 函数检验:原假设 $H(0):\beta_{LL} = \beta_{KK} = \beta_{WW} = \beta_{LL} = \beta_{KK} = \beta_{WW} = \beta_{TT} = 0$,适用 C-D 函数。

模型设定零假设检验结果表明:模型的设定满足 SFA 适用性;存在技术效率的时变性;存在技术进步;拒绝了 C-D 函数,说明采用超越对数生产更适合分析河南省工业行业水资源利用效率。总之,通过模型设置的零假设检验结果,表明采用基于 SFA 的技术效率时变的超越对数生产函数形式合理可靠。模型设定零假设检验结果具体见表 5-17。2012—2016 年河南省工业行业相对前沿工业水资源效率(TE)计算结果见表 5-18。

表 5-17　模型设定零假设检验结果

	零假设 $H(0)$	对数似然值	检验统计量 λ	临界值	结论
1	不存在技术无效率项:(SFA 适用性)$\gamma = \mu = \eta = 0$	110.96	21.24	10.5***	拒绝
2	技术效率的无时变:$\eta = 0$	112.54	18.08	6.63***	拒绝
3	无技术进步:$\alpha_T = \beta_{LT} = \beta_{KT} = \beta_{WT} = \beta_{TT} = 0$	115.00	13.16	11.07**	拒绝
4	希克斯中性技术进步:$\beta_{LT} = \beta_{KT} = \beta_{WT} = 0$	118.31	6.54	6.25*	拒绝
5	C-D 函数:$\beta_{LL} = \beta_{KK} = \beta_{WW} = \beta_{LL} = \beta_{KK} = \beta_{WW} = \beta_{TT} = 0$	86.71	69.74	18.5***	拒绝

注:1. * 表示 10% 置信水平,** 为 5% 置信水平,*** 为 1% 置信水平。

　2. 方案 1 为混合卡方,其他方案为卡方统计量临界值。

5.3.3　节水潜力估算与行业分布特征

通过以上分析,河南省工业行业 2008—2012 年工业水资源效率(TE_{it})的值都小于 1。表明工业行业用水没有达到有效利用状态,具有一定的节水潜力。按达到有效利用状态的用水量即前沿用水量为参照标准,则有:

表 5-18　2012—2016 年河南省工业行业相对前沿工业水资源效率（TE）

行业名称	2012 年	2013 年	2014 年	2015 年	2016 年	均值	排序
煤炭开采和洗选业	0.174	0.157	0.140	0.125	0.110	0.141	1
石油和天然气开采业	0.317	0.296	0.275	0.255	0.235	0.276	2
黑色金属矿采选业	0.951	0.948	0.945	0.942	0.939	0.945	33
有色金属矿采选业	0.934	0.930	0.926	0.922	0.917	0.926	31
非金属矿采选业	0.629	0.612	0.594	0.576	0.558	0.594	9
开采辅助活动其他采矿业	0.352	0.331	0.310	0.289	0.268	0.310	3
农副食品加工业	0.787	0.776	0.764	0.752	0.739	0.763	26
食品制造业	0.783	0.772	0.760	0.748	0.735	0.759	24
酒、饮料和精制茶制造业	0.857	0.849	0.841	0.832	0.823	0.840	29
烟草制造业	0.656	0.640	0.623	0.606	0.588	0.623	12
纺织业	0.596	0.578	0.559	0.540	0.521	0.559	8
纺织服装、服饰业	0.632	0.615	0.597	0.579	0.561	0.597	10
皮革、毛皮、羽毛及其制品和制鞋业	0.673	0.658	0.642	0.625	0.608	0.641	13
木材加工及木、竹、藤、棕、草制品业	0.640	0.623	0.606	0.588	0.570	0.606	11
家具制造业	0.685	0.670	0.654	0.638	0.621	0.654	14
造纸及纸制品业	0.785	0.774	0.762	0.750	0.737	0.762	25
印刷和记录媒介复制业	0.715	0.701	0.686	0.671	0.655	0.685	17
文教、工美、体育和娱乐用品制造业	0.741	0.728	0.714	0.700	0.686	0.714	20
石油加工、炼焦及核燃料加工业	0.958	0.956	0.953	0.951	0.948	0.953	34
化学原料及化学制品制造业	0.700	0.685	0.670	0.654	0.638	0.669	16
医药制造业	0.772	0.761	0.748	0.735	0.722	0.748	22
化学纤维制造业	0.896	0.890	0.884	0.877	0.871	0.883	30
橡胶和塑料制品业	0.690	0.675	0.659	0.643	0.626	0.659	15
非金属矿物制品业	0.509	0.489	0.469	0.448	0.427	0.469	5
黑色金属冶炼和压延加工业	0.965	0.963	0.961	0.959	0.956	0.961	35
有色金属冶炼及压延加工业	0.973	0.971	0.970	0.968	0.966	0.970	38
金属制品业	0.722	0.708	0.694	0.679	0.663	0.693	18
通用设备制造业	0.782	0.770	0.759	0.746	0.733	0.758	23
专业设备制造业	0.725	0.712	0.697	0.682	0.667	0.697	19
汽车制造业 铁路、船舶、航空航天和其他运输设备制造业	0.791	0.780	0.769	0.757	0.744	0.768	27

行业名称	2012 年	2013 年	2014 年	2015 年	2016 年	均值	排序
电气机械及器材制造业	0.845	0.836	0.827	0.818	0.808	0.827	28
计算机、通信和其他电子设备制造业	0.971	0.969	0.968	0.966	0.964	0.968	37
仪器仪表制造业	0.742	0.729	0.715	0.701	0.686	0.715	21
其他制造业	0.587	0.568	0.550	0.530	0.511	0.549	7
废弃资源综合利用及金属制品、机械和设备修理业	0.968	0.966	0.965	0.962	0.960	0.964	36
电力、热力生产和供应业	0.537	0.518	0.498	0.478	0.457	0.498	6
燃气生产和供应业	0.381	0.360	0.339	0.318	0.297	0.339	4
水的生产和供应业	0.940	0.937	0.933	0.929	0.925	0.933	32
全省平均	0.720	0.708	0.695	0.683	0.670	0.695	

$$W'_{it} = TE_{it} W_{it} \tag{5-7}$$

式中：W'_{it} 为 i 行业第 t 年工业前沿面用水；W_{it} 为现状工业取用水量。

工业节水潜力可以表示为：

$$\Delta W_{it} = W_{it} - W'_{it} = (1 - TE_{it}) W_{it} \tag{5-8}$$

根据式(5-8)和表5-18,得到2012—2016年河南省工业38个行业节水潜力,具体见表5-19。

表 5-19 2012—2016 年河南省工业行业工业节水潜力

行业名称	2012 年	2013 年	2014 年	2015 年	2016 年	均值	排序
电力、热力生产和供应业	23 504	24 583	24 562	24 296	25 219	24 433	1
煤炭开采和洗选业	22 826	21 072	19 159	19 340	18 320	20 143	2
水的生产和供应业	7 835	8 953	9 083	10 484	11 644	9 600	3
化学原料及化学制品制造业	5 995	6 356	7 213	7 645	8 234	7 088	4
非金属矿物制品业	6 442	5 787	6 205	7 183	6 959	6 515	5
农副食品加工业	1 939	1 852	1 927	1 888	1 850	1 891	6
石油和天然气开采业	2 316	2 343	1 748	1 614	1 361	1 877	7
造纸及纸制品业	2 395	2 011	1 791	1 612	1 516	1 865	8
纺织业	1 478	1 503	1 632	1 636	1 917	1 633	9
医药制造业	1 350	1 402	1 342	1 240	1 305	1 328	10
食品制造业	871	984	1 138	1 415	1 504	1 182	11
酒、饮料和精制茶制造业	1 050	1 060	1 190	1 185	1 219	1 141	12

続表 5-19

行业名称	2012 年	2013 年	2014 年	2015 年	2016 年	均值	排序
文教、工美、体育和娱乐用品制造业	819	906	1 022	194	219	632	13
专业设备制造业	396	1 363	404	434	431	606	14
橡胶和塑料制品业	446	478	468	554	534	496	15
金属制品业	1 001	591	254	266	286	479	16
非金属矿采选业	310	479	550	550	488	476	17
皮革、毛皮、羽毛及其制品和制鞋业	391	384	493	534	552	471	18
有色金属冶炼及压延加工业	361	426	433	444	448	422	19
黑色金属冶炼和压延加工业	267	314	351	374	380	337	20
通用设备制造业	231	269	309	336	472	323	21
汽车制造业铁路、船舶、航空航天和其他运输设备制造业	291	293	269	320	336	302	22
开采辅助活动其他采矿业	584	684	76	31	25	280	23
化学纤维制造业	247	260	246	265	288	261	24
有色金属矿采选业	241	227	240	248	253	242	25
电气机械及器材制造业	157	213	220	260	279	226	26
纺织服装、服饰业	177	198	200	221	288	217	27
燃气生产和供应业	445	357	47	74	59	196	28
木材加工及木、竹、藤、棕、草制品业	174	189	186	191	193	187	29
石油加工、炼焦及核燃料加工业	105	124	112	122	135	119	30
其他制造业	159	131	29	34	135	98	31
烟草制造业	70	78	84	85	83	80	32
仪器仪表制造业	66	74	70	83	90	77	33
计算机、通信和其他电子设备制造业	19	57	76	93	102	69	34
家具制造业	53	48	63	74	101	68	35
黑色金属矿采选业	72	74	59	54	58	63	36
印刷和记录媒介复制业	48	51	65	68	76	61	37
废弃资源综合利用业金属制品、机械和设备修理业	4	3	3	2	5	3	38
全省合计	85 136	86 176	83 321	85 449	87 362	85 489	

通过计算分析,现状河南省规模以上全部工业行业节水潜力总和为 8.55 亿 m³。与

许拯民等提出的河南省工业节水潜力(基准年 2011 年)7.43 亿~13.27 亿 m³ 的结果一致。考虑到近年来万元工业增加值取水量的明显降低及规模以下工业的节水潜力,测算结果与《河南省水资源综合规划》(基准年 2005 年)提出的全省工业节水潜力 14.31 亿 m³ 的成果基本协调。

通过行业节水潜力结果表可以看出,河南省工业节水潜力呈现显著的行业潜力集中化特征。12 个潜力大的行业潜力合计值占全省总潜力的 92%,其中电力、热力生产和供应业和煤炭开采和洗选业潜力分别占全省潜力的 28.6% 和 23.6%。总体上,可以将全省的工业行业分为五类,第一类潜力最大,包括电力、热力生产和供应业和煤炭开采和洗选业,潜力合计占全省的 52.1%;第二类潜力较大,包括水的生产和供应业、化学原料及化学制品制造业、非金属矿物制品业三个行业,潜力合计占全省的 27.1%;第三类行业的节水潜力中等,包括农副食品加工业、石油和天然气开采业、造纸及纸制品业、纺织业、医药制造业、食品制造业和酒、饮料和精制茶制造业等 7 个高耗水行业,潜力合计占全省的 12.8%,第四类潜力较低,包括文教、工美、体育和娱乐用品制造业、专业设备制造业、橡胶和塑料制品业、金属制品业、非金属矿采选业、皮革、毛皮、羽毛及其制品和制鞋业等 6 个行业,潜力合计只占全省的 3.7%,其余 20 个行业的节水潜力很低,全部潜力之和仅占全省的 4.2%。河南省 12 个高节水潜力的工业行业节水潜力占全省工业节水潜力的比重见图 5-12。

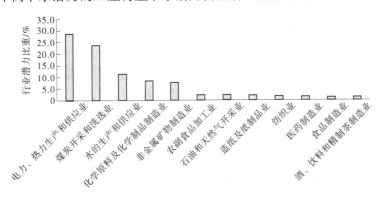

图 5-12　河南省 12 个高节水潜力行业节水潜力比重

5.3.4　探讨与结论

5.3.4.1　模型设定与适用性检验

国内工业技术效率分析普遍采用超越对数生产函数。相对于经典的 C-D 生产函数,超越对数生产函数除具有适应数据的剧烈变动、使用灵活的特点,还考虑了要素之间替代效应和技术变换的非线性特征。并且可以通过模型设定的假设检验,来保证生产函数形式设定的合理性,提高成果的可靠性。模型形式设定的假设性检验包含 C-D 生产函数,但是最终的假设检验结果拒绝 C-D 生产函数,从而确定了采用超越对数生产函数的合理性。具体假设检验结果见表 5-17。为了进一步说明不同模型形式设定结果的差异,分别采用两种生产函数进行建模计算,通过对食品制造业等 10 个高耗水行业和综合工业水资源效率的计算结果对比,可以看出两者差异较大,说明生产函数模型形式的设定与适用性的检验是非常重要且必要的。具体对比结果见表5-20。

表5-20　不同生产函数随机前沿模型的行业水资源效率结果对比

模型1:超越对数随机前沿生产函数				模型2:道格拉斯随机前沿生产函数			
行业	效率	行业	效率	行业	效率	行业	效率
食品制造业	0.759	化学原料及化学制品制造业	0.669	食品制造业	0.389	化学原料及化学制品制造业	0.652
酒、饮料和精制茶制造业	0.840	医药制造业	0.748	酒、饮料和精制茶制造业	0.512	医药制造业	0.423
纺织业	0.559	化学纤维制造业	0.883	纺织业	0.345	化学纤维制造业	0.285
造纸及纸制品业	0.762	黑色金属冶炼和压延加工业	0.961	造纸及纸制品业	0.455	黑色金属冶炼和压延加工业	0.718
石油加工、炼焦及核燃料加工业	0.953	电力、热力生产和供应业	0.498	石油加工、炼焦及核燃料加工业	0.386	电力、热力生产和供应业	0.681

5.3.4.2　投入产出数据选择

目前对区域工业水资源效率(或工业用水效率)投入参数包括年均从业人员、固定资产净值或年均余额和工业取水量,其中固定资产净值与净值年均余额差别不大。产出参数包括工业增加值和工业产值(或工业销售产值、主营业收入)。但是,工业增加值和工业产值差别较大,一般产值是增加值的 1.5～3 倍。采用哪个计算更合理? 限于篇幅,仅从采用不同产出参数的模型参数估计结果对其合理性进行分析。通过对似然函数对数值、统计的显著性和 γ 数值进行对比。分析原则:生产函数的似然函数对数值越大越优; γ 数值越接近于 1.0 越优; t 统计越显著越优。通过对比,产出参数为工业销售产值更为合理。不同产出参数的超越对数随机前沿生产函数参数估计结果对比见表5-21。

表5-21　不同产出参数的超越对数随机前沿生产函数参数估计结果对比

模型1:产出参数为工业销售产值			模型3:产出参数为工业增加值:		
参数	系数	t统计值	参数	系数	t统计值
σ^2	1.660	2.406**	σ^2	0.254	3.555***
γ	0.996	529.4***	γ	0.905	37.111***
μ	−2.571	−2.331**	μ	0.958	3.323***
η	−0.058	−4.604***	η	−0.143	−3.150***
似然函数对数值	121.58		似然函数对数值	−22.56	
L_R 单边检验值	290***		L_R 单边检验值	150.0***	

注:＊表示10%置信水平,＊＊为5%置信水平,＊＊＊为1%置信水平。

5.3.4.3　不同分析范围的差异性

选择部分工业行业与选择全部行业对具体行业而言是否存在差异? 对此,选择全部工业 38 个行业与 10 个高含水行业建立模型进行对比分析。同样,仅从采用不同产出参数的模型参数估计结果对其合理性进行分析。由于采用超越对数生产函数的 10 个高耗水行业的结果不合理,换成道格拉斯生产函数进行对比。通过对似然函数对数值、统计的显著性和 γ 数值进行对比,选择范围为全部工业行业更为合理。具体的对比结果见表 5-22。

表 5-22　不同分析范围的随机前沿模型参数估计结果对比

模型 1:全部工业行业超越对数生产函数			模型 4:10 个高耗水行业 C-D 函数		
参数	系数	t 统计值	参数	系数	t 统计值
σ^2	1.660	2.406**	σ^2	0.972	−0.867
γ	0.996	529.4***	γ	0.995	156.2***
μ	−2.571	−2.331**	μ	−1.967	−0.752
η	−0.058	−4.604***	η	0.020	1.561
似然函数对数值	121.58		似然函数对数值	40	
L_R 单边检验值	290***		L_R 单边检验值	81	

注:* 表示 10% 置信水平,** 为 5% 置信水平,*** 为 1% 置信水平。

5.3.4.4　研究结论

区域工业行业节水潜力的测算一直是工业节水领域关注的研究热点和难点。采用理论严谨、技术应用成熟的计量经济学模型较好地解决了这一问题。通过采用基于随机前沿分析的超越对数生产函数,得出了河南省工业全部 38 个行业的工业水资源效率和节水潜力值。面向工业节水管理应用需求,对采用随机前言模型分析区域工业行业节水潜力存在的有关问题,通过建立模型进行实证探讨。主要研究成果如下:

(1)河南省现状综合工业水资源效率为 0.695,分行业节水潜力总和为 8.549 亿 m^3。

(2)河南省工业行业的节水潜力分布呈现高度聚集特征,12 个高潜力工业行业潜力和占全省工业潜力总和的 92%。

(3)采用随机前沿模型 SFA 分析区域工业水资源效率与节水潜力应进行模型设定等假设检验。通过检验结果表明:模型应采用超越对数生产函数,产出参数宜采用工业总产值或工业销售产值,分析范围应选择区域的全部工业行业。

小　结

(1)以河南省为例,分别进行了基于区域、行业和产品的工业用水水平评价分析。提出采用"均值差法"对各地市总用水水平、经济用水水平和工业用水水平与水资源条件的协调性进行定性分析。基于 k 值聚类法评价了河南省在全国和河南省各地市在全省范围的用水水平。

在行业用水水平分析中,首先分析了 2010—2016 年河南省规模以上十大高耗水行业的万元工业增加值取水量和工业用水重复利用率变化情况。其次是基于国家产品用水定额,采用典型骨干企业主要产品用水定额资料,对河南省火电行业、钢铁行业、石化和化工行业、造纸行业和纺织行业等五大高耗水行业的用水水平进行评价。按国家行业定额管理需求和资料收集多少分为两种情况。对国家用水定额标准出台频次快,提标幅度较大的火电行业,按照最新发布行业标准中的领跑、先进、通用、通用以下与前期标准中的先进、平均、限定、限定以下等标准值,进行标准变化前后的达标提标评价,分析河南火电行业定额管理与用水水平变化情况。对钢铁行业等其他4个高耗水行业进行基于国家行业用水定额的达标评价,分析了这些行业基于产品定额的现状用水水平。

(2)通过建立基于超越对数生产函数的随机前沿分析模型,得出了河南省全部工业38个行业的工业水资源效率和节水潜力值。通过与省内有关规划和文献对此分析,该模型计算和行业节水潜力成果基本合理。这也是首次提出河南省全部工业行业的用水效率和节水潜力估算成果,为行业的节水管理提供了技术依据。

(3)通过上述分析,较为系统地刻画了河南省、市区域的用水水平及其与水资源条件的协调性,分析了河南省规模以上十大高耗水行业用水效率指标变化,评价了火电工业等河南五大高耗水行业典型产品用水定额的达标提供现状。采用基于生产效率理论的随机前沿分析模型,得出了河南省及全部工业行业的用水效率与节水潜力。研究填补了河南工业行业水资源管理研究的空白,也为后续章节的分析奠定基础。

第6章 行业用水关联、虚拟水运移 及水贸易分析

基于社会水循环的水-经济-生态的相关研究中,水资源投入产出分析是重要技术手段,尤其是进行国民经济行业用水关联分析,常采用投入产出分析的两个重要指标,即直接用水系数和完全用水系数来评价行业用水关联特性。但是,单纯比较行业的直接用水系数和完全用水系数来判断行业用水关联特征不尽合理。一是直接用水系数和完全用水系数的经济涵义不同:直接用水系数与行业总产出相关,并未与行业的最终需求建立联系,无法完全反映产业关联;完全用水系数,虽然包含水资源的直接和间接消耗,但它针对的是行业的最终需求。二是基于当前我国经济统计管理,考虑进出口,完全用水系数的科学核算存在难度。本章采用国外比较通行的基于假设抽取法的行业用水关联模型,分析区域产业与部门间的水量运移与用水关联,并对用水关联的尺度效应进行分析。

6.1 产业与部门用水关联及尺度效应

在纵向集成测算法和假设抽取法的基础上,西班牙学者 Sanchez Choliz 和 Duarte 在纵向集成测算法(Vertically integrated measures)和假设抽取法(Hypothetical Extracdon Method,HEM)基础上创立了改进的产业用水关联分析模型,将行业用水关联影响效应分解为内部效应、复合效应、净前项关联和净后项关联四个部分,通过用水量而不是用水系数来测算行业间的用水关联性。国内学者中马忠等(2008)采用改进的假设抽取法计算了中国 2000 年产业部门之间及产业部门内部用水的关联关系。此后国内的用水关联分析基本都采用用水关联分析模型,其中马忠等(2010)针对张掖市国民经济的特征,分析提出了张掖市 2002 年种植业、畜牧业、其他农业等 8 个产业部门的用水关联特性,和夏冰等(2012)分析了 2007 年我国农业、基础产业、轻工业、高科技工业和其他制造业间的用水关联,郭相春等(2015)分析了浙江省 2010 年服务业、建筑业、工业、农业间的产业用水关联特性 。在现有的文献中,较少涉及用水关联尺度效应,本节以河南省为例,在宏观和中观两个层面,对河南三次产业和八大部门的用水关联特征以及对其尺度效应进行了分析。

6.1.1 基于假设抽取法的行业用水关联度计量模型

6.1.1.1 基本原理与方法

Schultz 创立的假设抽取法(Hypothetical Extraction Method,HEM)最早应用于分析产业结构变动对经济系统的影响。该方法假设将 j 部门从经济系统中抽走,通过比较抽走 j 部门前后经济系统总产出的变化,分析 j 部门对整个经济系统造成的影响,从而测算该部门的重要性。Celia 借鉴假设抽取法的思想,提出了测算经济系统中产业关联度的方法,方法如下:

假定 B_s 为该经济系统中几个部门(或一个部门)所组成的一个产业群,则 B_{-s} 为剩余部门所组成的产业群,则经济系统可以描述为:

$$\begin{pmatrix} x_s \\ x_{-s} \end{pmatrix} = \begin{pmatrix} A_{s,s} & A_{s,-s} \\ A_{-s,s} & A_{-s,-s} \end{pmatrix} \begin{pmatrix} x_s \\ x_{-s} \end{pmatrix} + \begin{pmatrix} y_s \\ y_{-s} \end{pmatrix}$$

即

$$\begin{pmatrix} x_s \\ x_{-s} \end{pmatrix} = \begin{pmatrix} \Delta_{s,s} & \Delta_{s,-s} \\ \Delta_{-s,s} & \Delta_{-s,-s} \end{pmatrix} \begin{pmatrix} y_s \\ y_{-s} \end{pmatrix} \tag{6-1}$$

式中:$x = \begin{pmatrix} x_s \\ x_{-s} \end{pmatrix}$ 为总产出向量;$y = \begin{pmatrix} y_s \\ y_{-s} \end{pmatrix}$:为最终需求向量;$A = \begin{pmatrix} A_{s,s} & A_{s,-s} \\ A_{-s,s} & A_{-s,-s} \end{pmatrix}$ 为直接消耗系数矩,$(I-A)^{-1} = \begin{pmatrix} \Delta_{s,s} & \Delta_{s,-s} \\ \Delta_{-s,s} & \Delta_{-s,-s} \end{pmatrix}$ 为 Leontief 逆矩阵。在假设的经济系统中,产业群 B_s 不与其他部门产品发生产品交易,其经济结构可以通过给 $A_{i,j}$ 赋零值而得到,假定的生产关系描述为:

$$\begin{pmatrix} x_s^* \\ x_{-s}^* \end{pmatrix} = \begin{pmatrix} A_{s,s} & 0 \\ 0 & A_{-s,-s} \end{pmatrix} \begin{pmatrix} x_s^* \\ x_{-s}^* \end{pmatrix} + \begin{pmatrix} y_s \\ y_{-s} \end{pmatrix}$$

即

$$\begin{pmatrix} x_s^* \\ x_{-s}^* \end{pmatrix} = \begin{pmatrix} (I-A_{s,s})^{-1} & 0 \\ 0 & (I-A_{-s,-s})^{-1} \end{pmatrix} \begin{pmatrix} y_s \\ y_{-s} \end{pmatrix} \tag{6-2}$$

比较两个经济系统的总产出,得到:

$$x - x^* = \begin{pmatrix} x_s & -x_s^* \\ x_{-s} & -x_{-s}^* \end{pmatrix} = \begin{pmatrix} \Delta_{s,s} - (I-A_{s,s})^{-1} & \Delta_{s,-s} \\ \Delta_{-s,s} & \Delta_{-s,-s} - (I-A_{-s,-s})^{-1} \end{pmatrix} \begin{pmatrix} y_s \\ y_{-s} \end{pmatrix}$$

即

$$\begin{pmatrix} x_s & -x_s^* \\ x_{-s} & -x_{-s}^* \end{pmatrix} = \begin{pmatrix} C_{s,s} & C_{s,-s} \\ C_{-s,s} & C_{-s,-s} \end{pmatrix} \begin{pmatrix} y_s \\ y_{-s} \end{pmatrix} \tag{6-3}$$

这里,总产出的变化反应出产业群 B_s 对经济系统的影响程度。

在此基础上,Rose Duarte 基于 Pasinetti 的纵向集成测算法,将部门直接用水系数引入产业关联公式中,以纵向集成消耗形式,将假设抽取法中的关联分解为各自独立的四部分,用来进行水资源产业关联度分析:内部效应(IE):$q_s(I-A_{s,s})^{-1}y_s$;复合效应(ME):$q_s C_{s,s} y_s = qs[\Delta_{s,s} - (I-A_{s,s})^{-1}]y_s$;净后项关联(NBL):$q_s C_{-s,s} y_s = q_s \Delta_{-s,s} y_s$;净前项关联(NFL):$qC_{s,-s} y_{-s} = q \Delta_{s,-s} y_{-s}$。其中:$q_s$、$q_{-s}$ 分别是产业群 B_s、B_{-s} 单位产品的水资源投入向量(直接用水系数行向量),$q_s = w_s/x_s$,w_s 表示产业群 B_s 的用水量,x_s 表示产业群最的总产出。

如图 6-1 所示,内部效应是假定产业群 B_s 产品的生产和交易在产业群内部独自完成,不与其余产业群 B_{-s} 发生联系时所发生的水资源消耗量,即水资源在本产业群内部行业间的消耗量。复合效应是产业群 B_s 的一部分产品被其他产业群 B_{-s} 购买作为中间投入,用来生产产业群 B_s 的产品,这些产品后又被产业群 B_s 购买回来作为中间投入,形成产业群 B_s 最终消费品所消耗的水资源,具有前项和后项关联的双重特性。净后项关联是产业群 B_s 为满足最终需求 y_s,通过购买其余产业群 B_{-s} 产品而直接和间接消耗其余产业

群 B_{-s} 的水资源,反映产业群 B_s 水真正的净"输入"。净前项关联是产业群 B_s 的产品被其余产业群 B_{-s} 购买用来满足 B_{-s} 最终需求 y_{-s},而直接和间接消耗的产业群 B_s 的水资源,且不会返回,是产业群 B_s 真正的水资源净"输出"。纵向集成消耗是为满足产业群 B_s 所需要的直接用水量和间接用水量之和,即纵向集成消耗=内部效应+复合效应+净后项关联;直接消耗是产业群 B_s 消耗的自然形态的水资源量,是对产业群 B_s 总产出而言的用水量,即直接消耗=内部效应+复合效应+净前项关联。利用上述关系式可将纵向集成消耗与直接消耗分别按其构成进行分解,测算通过产品交易中输出和输入的水资源量,确定产业群 B_s 的产品在水资源消耗和需求上的替代作用。

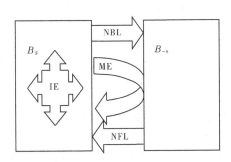

图 6-1 水资源消耗关联度分解

6.1.1.2 行业水资源净转移的测算

若剩余产业群 B_{-s} 是由多个行业组成,可以将产业群 B_s 的净后项关联进一步分解。设 t 行业是剩余产业群 B_{-s} 中的行业,则有:

$$NBL_{t \to s} = q_t C(t,s) y_s = q_t \Delta(t,s) y_s \quad t \in (-s) \quad (6\text{-}4)$$

$$NBL = NBL_{t \to s} \quad (6\text{-}5)$$

式中: $NBL_{t \to s}$ 为 t 行业转移到产业群 B_s 的水资源量。

同理,可以将产业群 B_s 的净前项关联进一步分解,即

$$NFL_{s \to t} = q_s C(s,t) y_t = q_s \Delta(s,t) y_t \quad t \in (-s) \quad (6\text{-}6)$$

$$NFL = NFL_{s \to t} \quad (6\text{-}7)$$

式中: $NFL_{s \to t}$ 为产业群 B_s 转移到 t 行业的水资源量。比较产业群 B_s 的净前项关联和净后项关联,两者差值即为该产业群的水资源净转移量:

$$NT = NFL - NBL \quad (6\text{-}8)$$

若 NT 为正值,表示产业群 B_s 向经济系统净输出水资源;若 NT 为负值,表示产业群 B_s 从经济系统净输入水资源。为了明确行业间水资源净转移情况,将产业群 B_s 水资源净转移量 NT 分解:

$$
\begin{aligned}
NT_{s \to t} &= NFL_{s \to t} - NBL_{t \to s} \\
&= q_s C(s,t) y_t - q_t C(t,s) y_t \\
&= q_s \Delta(s,t) y_t - q_t \Delta(t,s) y_t \quad t \in (-s)
\end{aligned}
\quad (6\text{-}9)
$$

$$NT = \sum NT_{s \to t} \quad (6\text{-}10)$$

式中: $NT_{s \to t}$ 为产业群 B_s 净转移到 t 行业的水资源量。

若 $NT_{s \to t}$ 为正值,表示产业群 B_s 向 t 行业净输出水资源;若 $NT_{s \to t}$ 为负值,表示产业群 B_s 从 t 行业净输入水资源。

6.1.1.3 数据收集与整理

选择 2010 年为基准年,数据分别来源于《河南统计年鉴 2011》,农业用水量来源于《河南省水资源公报》,工业产业部门用水量数据根据河南省水资源公报的工业用水总量数据结合《河南用水定额》(DB41/T 385—2014)和河南节水规划等相关数据通过综合分析得出。参考有关文献,以我国投入产出表中的产业部门分类为基本参考,将国民经济42 产业部门合并为第一产业、第二产业、第三产业,并将第二产业和第三产业细分为基础工业、轻工业、高科技工业、其他制造业建筑业及交通商饮业、非物质生产产业部门等产业部门(见表 6-1)。

表 6-1 国民经济产业部门分类

八大行业	42 个产业部门
农业	农、林、牧、渔业
基础工业	石油和天然气开采业;石油加工、炼焦及核燃料加工业;煤炭开采和洗选业;电力、热力的生产和供应业;燃气生产和供应业;水的生产和供应业;金属矿采选业;非金属矿采选业;化学工业;非金属矿物制品业;金属冶炼及压延加工业;金属制品业
轻工业	食品制造及烟草加工业;纺织业;服装、皮革、羽绒及其制品业;木材加工及家具制造业;造纸印刷及文教、体育用品制造业
高科技工业	通用、专用设备制造业;交通运输设备制造业;电气机械及器材制造业;通信设备、计算机及其他电子设备制造业;仪器仪表及文化办公用机械制造业
其他制造业	工艺品及其他制造业;废品废料
建筑业	建筑业
交通商饮业	交通运输及仓储业;邮政业;信息传输、计算机服务和软件业;批发和零售业;住宿和餐饮业;金融业;房地产业;租赁和商务服务业
非物质生产产业部门	研究与试验发展业;综合技术服务业;水利、环境和公共设施管理业;居民服务和其他服务业;教育;卫生、社会保障和社会福利业;文化、体育和娱乐业;公共管理和社会组织

6.1.2 三次产业用水关联分析

6.1.2.1 三次产业水资源消耗

三次产业的水资源直接消耗总量与纵向集成消耗总量相等,为 189.65 亿 m^3,即通过产业链关联转移,所有三次产业直接消耗的自然形态水资源总量等于所有三次产业为满足最终需求直接和间接消耗的水资源总量。直接消耗最多的产业是第一产业,达到 125.59 亿 m^3,占直接消耗总量的 66.2%,第二产业业和第三产业依次为 55.57 亿 m^3 和 8.48 亿 m^3,分别占总量的 29.3% 和 4.5%。纵向集成消耗最多产业是第二产业,达到 129.55 亿 m^3,占纵向集成消耗总量的 68.5%,第一产业和第三产业的纵向集成消耗总量依次为 45.51 亿 m^3 和 14.18 亿 m^3,分别占纵向集成消耗总量的 24.0% 和 7.5%。三次产业的水资源纵向集成消耗总量和直接消耗总量见图 6-2。

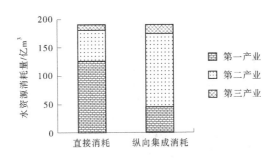

图6-2　三次产业的水资源纵向集成消耗总量和直接消耗总量

第一产业的水资源直接消耗量是其纵向集成消耗的 2.76 倍,说明第一产业为其他产业提供中间投入产品而输出大量水资源,是产业系统输出水量的提供者,内部效应占其纵向直接消耗总量的 92.4%,表明为满足自身最终需求 45.51 亿 m^3 水资源中,42.06 亿 m^3 来自产业部门内部,第一产业属于高自身依赖性产业。第二产业与第一产业情况相反,其纵向集成消耗是直接消耗量的 2.34 倍,显示了第二产业为满足其最终需求从其他产业购买中间投入产品而输入了大量水资源,是产业系统主要转移水量的接受者,其内部效应不足纵向集成消耗的 35%,是高依赖性产业。第三产业的直接消耗和纵向集成消耗量均较低,流动水量少,与其他产业关联的程度较低。三次产业的水资源纵向集成消耗量和直接消耗量见图 6-3。

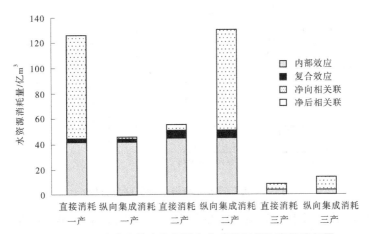

图6-3　三次产业的水资源纵向集成消耗量和直接消耗量

6.1.2.2　三次产业水资源消耗的关联度

第一产业的净前项关联占其直接消耗的 64.19%,净前项关联是第一产业的主要关联特征(见图 6-2)。净前项关联是指产业部门向外输出的水量,表明有 81.60 亿 m^3 水量由第一产业转移出去,用于其他产业部门的产品生产,且不发生返回。第一产业水资源消耗转移的主要对象是第二产业,总量达到 74.90 亿 m^3,占其总输出水量的 91.8%,只有 6.70 亿 m^3 输出到第三产业,仅占 8.20%。第一产业水资源消耗关联度分解见图 6-4。

第二产业的纵向集成消耗远远高于直接消耗,净后项关联为其主要的用水关联特征(见图 6-5)。净后项关联是指产业部门由外输入的水量。第二产业的净后项关联为

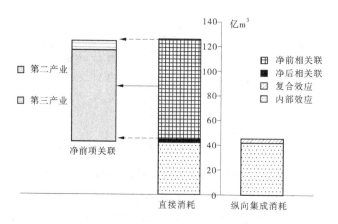

图 6-4　第一产业水资源消耗关联度分解

79.14 亿 m³, 占其纵向集成消耗 129.95 亿 m³ 的 60.90%。第二产业水资源消耗的输入以第一产业为主, 达到 74.88 亿 m³, 占其输入总量的 94.60%, 其余为第三产业的输入量。第二产业的内部效应和复合效应合计为 50.81 亿 m³, 占其直接消耗 55.57 亿 m³ 的 91.27%, 表明第二产业直接消耗的水资源基本上都用于产业部门自身生产, 转移量较小。第二产业水资源消耗关联度分解见图 6-5。

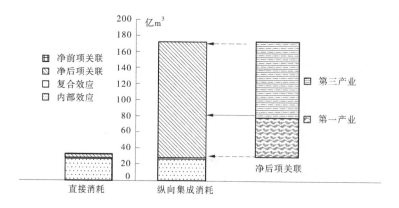

图 6-5　第二产业水资源消耗关联度分解

第三产业具有净前项和净后项关联并存的特征(见图 6-6)。第三产业的纵向集成消耗高于直接消耗, 说明需要通过中间投入, 依靠中间产品输入的水资源来满足产业水资源消耗需求。直接消耗中内部效应占 44.56%, 说明第三产业直接消耗的水资源用于产业部门自身生产的不足一半, 还有一半以上转移到其他产业部门。第三产业的净后项关联水量大于净前项关联水量, 使得第三产业水量的净转移量为负值, 总体属于水量转移中的净输入方。第三产业净后向关联为 10.11 亿 m³, 占其纵向集成消耗 14.18 亿 m³ 的 71.31%。说明第三产业的水资源消耗对其他产业部门的依赖性很强。第一产业是第三产业输入水量的主要供给方, 其输入的水量为 6.68 亿 m³, 超过第三产业总输入水量的 65%, 第二产业输入的水量为 3.44 亿 m³, 接近第三产业总输入水量的 35%。第三产业水资源消耗关联度分解见图 6-6。

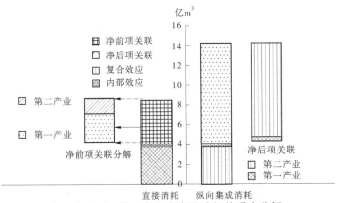

图 6-6　第三产业水资源消耗关联度分解

6.1.2.3　三次产业间的水资源转移分析

中间投入使得产业内部或产业部门间存在隐性水量联系,这种联系以中间产品的输入输出为纽带,形成了产业或产业部门间虚拟水资源转移,它实际上是产品虚拟水资源在投入产出中的一种表现形式。在河南省三次产业用水系统中,第一产业是系统输出水资源的主要供给方,输出水量总计 80.62 亿 m^3,占整个产业系统总输出水量 88.11 亿 m^3 的 91.50%,第二产业输出水量之和为 4.81 亿 m^3,占 5.45%;第三产业输出水量之和为 2.681 亿 m^3,占 3.05%。从系统水资源转移的输入看,输入到第二产业的水量为 75.95 亿 m^3,占系统总输入水量 88.11 亿 m^3 的 86.20%,第二产业是系统转移水量主要的接收方;第三产业接收的输入水量之和为 10.86 亿 m^3,占 12.32%,第一产业接收的输入水量之和为 1.301 亿 m^3,仅占 1.48%。三次产业间用水转移见图 6-7。

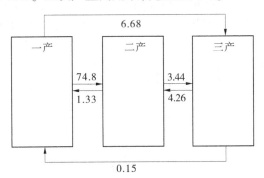

图 6-7　河南省三次产业水资源转移　(单位:亿 m^3)

6.1.3　八大产业部门用水关联分析

6.1.3.1　八大产业部门水资源消耗

与三次产业相同,八大产业部门的水资源直接消耗总量与纵向集成消耗总量相等,为 189.65 亿 m^3,表明通过产业链关联转移,产业部门的直接消耗的自然形态水资源总量等于其为满足最终需求而直接和间接消耗的水资源总量。八大产业部门的直接消耗量中,农业的直接消耗最多,占直接消耗总量的 66.2%,其次是基础工业 33.61 亿 m^3,占总量的

17.72%。高科技工业、轻工业和非物质生产部门的直接消耗总量分别为 10.51 亿 m³、7.61 亿 m³ 和 6.99 亿 m³，分别占总量的 5.54%、4.01% 和 3.69%。产业部门的纵向集成消耗量中，轻工业的纵向集成消耗最多，为 59.19 亿 m³，占纵向集成消耗总量的 31.2%，其次是农业占总量的 24.4%。高科技工业、基础工业和建筑业的纵向集成消耗总量分别为 31.38 亿 m³、19.93 亿 m³ 和 14.38 亿 m³，分别占总量的 16.55%、10.51% 和 5.78%。八大产业部门的水资源纵向集成消耗与直接消耗总量见图 6-8。

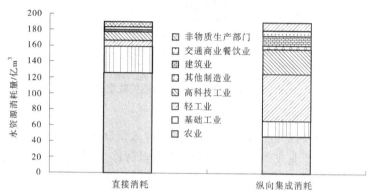

图 6-8　八大产业部门的水资源纵向集成消耗与直接消耗总量

6.1.3.2　八大部门水资源消耗的关联度

为简洁清晰地表达不同行业的用水关联特征，引入关联系数的概念，包括水输出系数和水输入系数。首先定义某行业水输出系数等于该行业输出水量与系统总输出水量的比值；输入系数等于该行业输入水量与系统总输入水量的比值。水输出系数越大，则该行业的输出的水量越多，用水关联净前项特征越显著；水输入系数越大，则该行业的输入水量越多，用水关联净后项特征越明显。河南省的八大产业部门中，农业和基础工业是主要水输出部门，具有明显净前项关联特征，水输出系数明显。轻工业、高科技工业、建筑业水输入量较大，具有明显净后项关联特征，水输入系数较大。利用关联系数，八大产业部门用水关联特征可以在雷达图中清晰表现出来。分析结果见图 6-9。

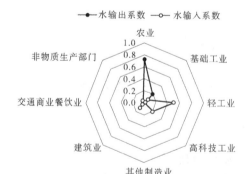

图 6-9　八大产业部门用水关联水资源消耗转移特征分析

农业和基础工业中共有 102.304 亿 m³ 水转出到其产业部门，占系统全部净前项关联（转出）水量的 92.1%。轻工业、高科技工业、基础工业、建筑业是农业转出水量最多的部门,分别转出了 50.878 亿 m³、9.825 亿 m³、6.425 亿 m³ 和 5.357 亿 m³,占农业转出水量 80.619 亿 m³ 的 63.1%、12.2%、8.0% 和 6.6%。基础工业转出水量最多的产业部门依次是高科技工业、建筑业、轻工业,分别转出 9.211 亿 m³、6.237 亿 m³、2.580 亿 m³,分别占基础工业转出水量 21.685 亿的 42.5%、28.8% 和 11.9%。

轻工业、高科技工业、建筑业共有 89.36 亿 m³ 转入水量,占系统全部净后项关联(转入)水量 111.06 亿 m³ 的 80.5%。三个产业部门转入的水量分别为 54.197 亿 m³、21.91 亿 m³ 和 13.244 亿 m³,占总转入水量的 48.8%、19.7% 和 11.9%。轻工业中转入水量大的部门是农业,其次是基础工业,这两个部门的转入水量分别为 50.878 亿 m³ 和 2.580 亿 m³,占轻工业总转入水量的 93.9% 和 4.8%。高科技工业中转入水量大的部门是农业,其次是基础工业,转入水量分别为 9.825 亿 m³ 和 9.211 亿 m³,占高科技工业总转入水量的 44.8% 和 42.0%。建筑业中转入水量大的产业是基础工业,其次是农业,转入水量分别为 6.237 亿 m³ 和 5.357 亿 m³,占建筑业总转入水量的 47.1% 和 40.5%。河南省八大产业用水关联分析成果见表 6-2。

表 6-2　河南省八大产业用水关联　　　　　　　　　单位:亿 m³

关联效应分解	农业	基础工业	轻工业	高科技工业	其他制造业	建筑业	交通商饮业	非物质生产部门	合计
纵向集成消耗	46.267	19.926	59.188	31.378	1.843	14.375	5.326	11.344	189.647
直接消耗	125.590	33.612	7.613	10.510	2.612	1.223	1.493	6.993	189.646
内部效应	42.059	11.038	4.540	9.169	0.622	1.122	0.361	4.983	73.893
复合效应	2.912	0.890	0.451	0.291	0.007	0.010	0.025	0.110	4.697
净前项关联	80.619	21.685	2.622	1.050	1.983	0.091	1.108	1.899	111.056
净后项关联	1.295	7.998	54.197	21.917	1.213	13.244	4.941	6.250	111.056

从水资源配置角度考察现有的产业结构,农业和基础工业是其他产业的重要基础。其中,农业对轻工业、高科技工业、基础工业、建筑业,基础工业对高科技和建筑业均具有较强的支撑作用。从产业结构调整与优化升级而言,要从整体上考虑产业结构调整带来的对用水关联性较强的产业部门可能产生的推动或抑制作用。其他产业如其他制造业、交通商业餐饮业、非物质生产产业部门水量的转移较少,表明这些产业与其他产业的用水关联较弱。

6.1.3.3　八大产业部门资源转移

八大产业部门总水资源净流出和流出量相等,均为 93.78 亿 m³。八大产业部门的水资源消耗的净转移量见图 6-10。农业、基础工业和其他制造业是净输出部门,其他 5 个部门是净输入部门。但具体情况各不相同,农业是完全的水资源消耗净输出部门,向其他 7 个部门净输入水量,水量合计达 79.32 亿 m³,建筑业是完全的水资源消耗净输入部门,从其他 7 个部门净输入水量为 13.15 亿 m³,其他部门净输入和净输出并存。水转移量用图表表达虽然直观,但分析对象较多时可读性很差(见图 6-11),由此提出水资源消耗净转移的流向表。表中"→"表示表中横向部门向纵向列部门的净流出,"←"表示横向部门由纵向列部门的净流入。河南省八大产业水资源消耗净转移流向表见表6-3。

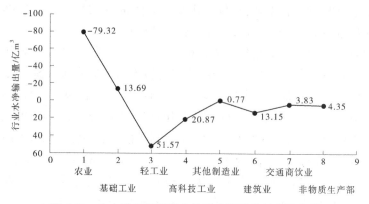

图 6-10 八大产业部门用水关联水资源消耗净输出量

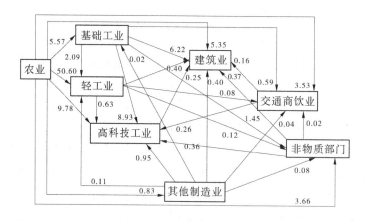

图 6-11 河南省八大产业水资源消耗净转移

6.1.4 用水关联的尺度效应

通过以上计算分析,判断用水关联应该存在尺度效应。进一步通过宏观和中观两个层面对尺度效应特征进行分析。宏观层面以完整的经济体系为对象,在上述三次产业和八大部门分类的基础上,增加"农业-工业-建筑业-第三产业"四个部门的分类,对这三个不同尺度的用水关联计算结果进行汇总分析。中观层面选取内部具体部门为对象,对工业在四部门和八大部门(按基础工业、轻工业、高科技工业和其他制造业合计)用水关联结果进行汇总,对比分析两者之间是否存在差异。

宏观层面对三种尺度下的直接消耗、纵向集成消耗、内部效益、复合效益的水资源流动总量(总输出、总输入)及流动水量等成果进行了归纳分析。具体结果见图6-12。

可以看出,在对某个特定的经济系统进行用水关联分析时,分析的尺度不同,结果有明显的差异。分类越细化,尺度越小,内部效应越低,而转移的水量和净输出(或输入)的水量越多;反之,则相反。从最终需求的角度而言,由于经济系统的纵向集成消耗(VIC)不随尺度而变化,当分析的尺度较大时,其内部和复合效应较大,由于 VIC 只与内部及复合效应和净后项关联有关,所以当内部和复合效应增加时,净后项关联效应必然降低,在系统中流动的水量就会减少。

表 6-3　河南省八大产业水资源消耗净转移流向表　　　　　　单位:亿 m³

净前项关联	农业	基础工业	轻工业	高科技工业	其他制造业	建筑业	交通商业餐饮业	非物质生产部门	净转移
农业		→ 5.57	→ 50.60	→ 9.78	→ 0.83	→ 5.35	→ 3.53	→ 3.66	→ 79.32
基础工业	← 5.57		→ 2.08	→ 8.93	← 0.02	→ 6.22	→ 0.59	→ 1.45	→ 13.69
轻工业	← 50.60	← 2.08		→ 0.63	→ 0.11	→ 0.40	→ 0.08	→ 0.12	→ 51.57
高科技工业	← 9.78	← 8.93	← 0.63		→ 0.95	→ 0.25	→ 0.26	→ 0.56	→ 20.87
其他制造业	← 0.83	→ 0.02	→ 0.11	← 0.95		→ 0.40	→ 0.04	→ 0.08	→ 0.77
建筑业	← 5.35	← 6.22	← 0.40	← 0.25	← 0.40		→ 0.16	→ 0.37	→ 13.15
交通商业餐饮业	← 3.53	← 0.59	← 0.08	← 0.26	← 0.04	← 0.16		→ 0.02	→ 3.83
非物质生产产业部门	← 3.66	← 1.45	← 0.12	← 0.56	← 0.08	← 0.37	← 0.02		← 4.35

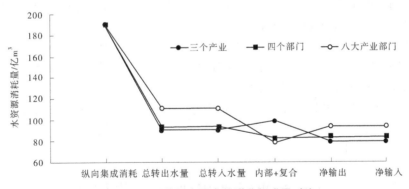

图 6-12　三种尺度用水关联分析成果对比

中观层面对不同分类的工业用水关联分析成果进行对比。将八大部门中工业的四个分类的直接消耗、纵向集成消耗、内部效益、复合效益、净前项关联和净后相关联等成果进行汇总,并与四个部门中工业的分析结果进行对比(见图 6-13)。结果显示两者是不同的。说明用水关联在尺度分类上不是简单的线性关系,不能通过线性运算实现不同尺度关联效应的转换。不能将分类较细,尺度较小的关联分析成果进行简单的汇总得到大尺度用水关联的结果。

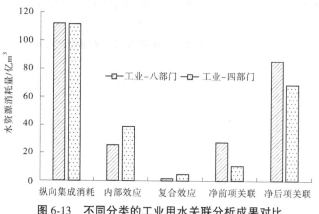

图 6-13 不同分类的工业用水关联分析成果对比

6.1.5 探讨与结论

（1）用水关联分析主要是分析产业或产业部门之间水资源消耗量的转移情况。转移水量（输入或者输出）越多，产业之间用水关联性越强。输出水量的产业部门对产业系统具有带动作用，输出水量越大，对其他产业部门具有的支撑作用越强。输入水量的产业部门，受输出水量产业部门的影响，输入水量越大，其约束程度越强。

（2）在河南省经济产业用水关联的主要特征是：农业和基础工业通过中间投入的方式将自身产品的水资源进行转移；轻工业、高科技工业、建筑业又通过农业及基础工业输入的水资源来满足自身的最终需求所需的水资源，完成水资源在产业之间的转移。八大产业部门用水关联性最强的产业部门分别为农业-轻工业、农业-高科技工业、基础工业-高科技工业、农业-基础工业、建筑业。

（3）从资源配置的角度，产业最终需求规模决定了水资源的消耗总量。在工业布局与结构调整中需要考虑在区域完整经济系统的产业部门间的用水关联关系以及上下游产业部门对工业部门的带动和约束作用。

（4）在较为复杂用水关联分析中（产业部门较多），采用水关联系数（等于部门水转移量/水转移总量）雷达图、水资源消耗净转移流向表，对用水关联的能力、方向和性质分析判定起到较好的作用。

6.2 工业行业虚拟水运移规律

工业虚拟水的内涵为工业产品的生产及服务中和包含的水资源量，它是凝结在产品中的一种隐性的水资源，具有动态性并随着产品的输入输出而流动。行业用水关联分析中产业部门水输出或输入量，可以认为是产业部门的虚拟水的流动量。根据河南省 2010 年投入产出延长表等资料，在产业部门用水关联分析的基础上，本节针对河南省工业，对其主要行业虚拟水的运移规律进行分析。在两个层次上对工业虚拟水运移规律进行分析，一是将工业合并为四个部门——基础工业、轻工业、高科技工业、其他工业；二是重点对河南省八个优势工业行业进行分析。

6.2.1 河南省工业四个部门虚拟水分析

河南省工业四个部门的分类见表6-4,其中系统外合计包括农林牧渔业、建筑业、交通商饮业和非物质生产产业部门。数据整理结果见表6-5。

表6-4 工业四部门分类

分类	42 个产业部门
系统外	农林牧渔业、建筑业、交通商饮业、非物质生产产业部门
基础工业	石油和天然气开采业;石油加工、炼焦及核燃料加工业;煤炭开采和洗选业;电力、热力的生产和供应业;燃气生产和供应业;水的生产和供应业;金属矿采选业;非金属矿采选业;化学工业;非金属矿物制品业;金属冶炼及压延加工业;金属制品业
轻工业	食品制造及烟草加工业;纺织业;服装皮革羽绒及其制品业;木材加工及家具制造业;造纸印刷及文教体育用品制造业
高科技工业	通用、专用设备制造业;交通运输设备制造业;电气机械及器材制造业;通信设备、计算机及其他电子设备制造业;仪器仪表及文化办公用机械制造业
其他制造业	工艺品及其他制造业;废品废料

表6-5 工业四部门数据整理成果

直接消耗矩阵	系统外	基础工业	轻工业	高科技工业	其他制造业	最终需求/亿元	用水量/亿 m³	总产出/亿元
系统外	0.215 9	0.108 6	0.313 4	0.181 0	0.110 9	9 167	135.30	21 532
基础工业	0.159 0	0.550 4	0.052 0	0.372 8	0.225 8	3 412	33.61	23 112
轻工业	0.083 2	0.041 3	0.343 3	0.029 2	0.238 9	4 727	7.61	12 070
高科技工业	0.018 5	0.016 3	0.003 1	0.116 1	0.004 7	5 582	10.51	7 239
其他制造业	0.006 0	0.008 3	0.004 7	0.037 9	0.157 6	204	2.61	1 015

工业四部门关联分析显示,四个部门都需要净后项关联的水量,即需要中间投入产品带来的水量,来满足本部门最终需求。其中,基础工业和其他工业在输入水量的同时,存在比输入数量更大的输出水量,也就是净前项关联,这两个部门是虚拟水净输出部门,而轻工业和高科技工业与此相反,它们的净前项关联小于净后项关联,为虚拟水的净输入部门。基础工业和其他工业的虚拟水净输出量分别为10.66亿 m³ 和0.96亿 m³,轻工业和高科技工业的虚拟水净流入量分别为29.41亿 m³ 和23.11亿 m³。工业四部门用水关联分析成果见表6-6。工业系统四部门用水关联见图6-14。

四部门中高科技工业部门的纵向集成消耗量最大,为39.916亿 m³,自身的内部效应和复合效应远不足最终需求要求的水量,需要30.46亿 m³ 的输入水量,但是其输出水量只有1.095亿 m³,却是四个部门中最少的,甚至低于其他制造业的1.981亿 m³。水的转移就是产品的转移,显示出河南高科技工业对其他工业的支撑能力较弱,表明其辐射带动能力不足。这也与当前河南省对高科技产业的认识和定位是一致的。工业系统四部门虚拟水量见图6-15。工业系统四部门虚拟水转移见图6-16。

表6-6 工业四部门用水关联分析成果

单位：亿 m³

项目	系统外	基础工业	轻工业	高科技工业	其他制造业	合计
VIC	94.405	22.956	30.721	39.916	1.648	189.646
HIE	73.466 2	11.037 9	4.539 6	9.168 9	0.621 7	98.834
HME	10.736 4	1.227 6	0.397 3	0.281 7	0.009 0	12.652
HNBL	10.202 5	10.690 3	25.784 0	30.465 3	1.017 1	78.159
HNFL	51.095 9	21.346 9	2.675 9	1.059 5	1.981 0	78.159

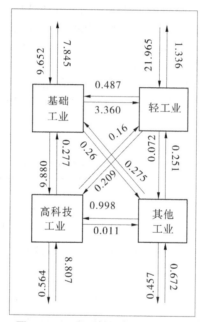

图6-14 工业系统四部门用水关联

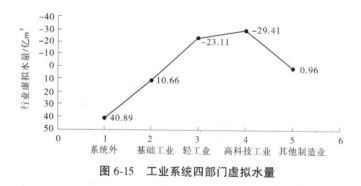

图6-15 工业系统四部门虚拟水量

6.2.2 河南省八个工业优势行业虚拟水分析

河南省八个工业优势行业分别为食品加工业,非金属矿物制品业,有色金属冶炼及压延加工业,煤炭采选业,专用设备制造业,造纸及纸制品业,纺织业和皮革、皮毛、羽绒及其

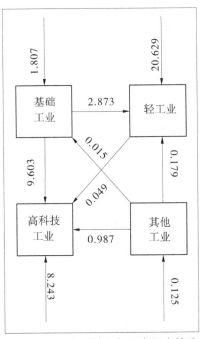

图 6-16　工业系统四部门虚拟水转移

制品业,按照河南省 2010 年投入产出延长表,选择相近的分类进行计算。最后选择食品制造及烟草加工业、非金属矿物制品业、金属冶炼及压延加工业、煤炭开采和洗选业、纺织业、通用及专用设备制造业、造纸印刷及文教体育用品制造业和纺织服装鞋帽皮革、羽绒及其制品业,将其他的工业行业合并为其他工业,将所有非工业行业合并为系统外。按照上述 10 个分类将 2010 年投入产出延长表合并处理。河南省八个工业优势行业数据整理结果见表 6-7。

河南省八个工业优势行业中,食品加工业,非金属矿物制品业,有色金属冶炼及压延加工业,纺织业,通用和专用设备制造业,皮革,皮毛、羽绒及其制品业为虚拟水净流入行业,其中通用和专用设备制造业和食品加工业的净流入水量最大,分别为 19.17 亿 m³ 和 16.01 亿 m³。煤炭采选业、造纸及纸制品业和其他行业为虚拟水净流出行业,其中煤炭开采和洗选业的净流出水量最大,为 3.69 亿 m³。

不考虑系统外的工业行业(含其他工业行业)内部用水关联分析表明:食品加工业,造纸及纸制品业,纺织业和皮革,皮毛羽绒及其制品业这四个行业与其他行业的用水关联很弱,说明河南省轻工业和重工业之间产业及产品关联程度较低,或者说相互之间影响较弱。通用和专用设备制造业与煤炭采选业、非金属矿物制品业和有色金属冶炼及压延加工业等四个行业中存在较强的关联关系。其中,煤炭开采和洗选业运移的虚拟水量为 3.44 亿 m³,是最大的虚拟水净输出行业;通用和专用设备制造业运移的虚拟水量为 7.34 亿 m³,是最大的虚拟水净输入行业。说明河南省煤炭开采和洗选业在工业系统中仍具有主要的支撑作用,而通用和专用设备制造业对河南省工业、尤其是优势行业的辐射带动作用明显,是河南省工业核心支柱产业。河南省八个工业优势行业虚拟水运移量见表 6-8。

表6-7 河南省八个工业优势行业数据整理结果

A-直接消耗矩阵	系统外	煤炭开采和洗选业	食品制造及烟草加工业	纺织业	纺织服装鞋帽皮革羽绒及其制品业	造纸印刷及文教体育用品制造业	非金属矿物制品业	金属冶炼及压延加工业	通用、专用设备制造业	其他工业行业	Y-最终需求	Q-用水量	X-总产出
系统外	0.215 9	0.149 7	0.394 9	0.248 6	0.286 5	0.150 1	0.117 0	0.064 0	0.165 8	0.132 6	9 167	135.30	21 532
煤炭开采和洗选业	0.002 3	0.255 8	0.001 5	0.002 0	0.001 4	0.022 5	0.032 8	0.023 3	0.004 3	0.076 6	310	5.86	2 597
食品制造及烟草加工业	0.059 9	0.000 2	0.288 4	0.005 1	0.021 8	0.003 6	0.022 7	0.002 8	0.009 4	0.032 6	2 794	2.89	6 782
纺织业	0.002 8	0.001 9	0.001 0	0.333 8	0.214 5	0.011 1	0.002 2	0.002 3	0.003 5	0.017 7	401	1.37	1 589
纺织服装鞋帽皮革羽绒及其制品业	0.002 8	0.003 2	0.000 3	0.060 5	0.163 6	0.005 8	0.000 2	0.000 3	0.001 2	0.010 2	499	0.66	912
造纸印刷及文教体育用品制造业	0.009 6	0.003 2	0.006 0	0.003 0	0.003 8	0.288 6	0.009 1	0.001 2	0.008 7	0.006 5	250	2.26	1 001
非金属矿物制品业	0.048 9	0.023 2	0.007 3	0.001 3	0.000 6	0.017 9	0.307 7	0.069 8	0.031 3	0.045 1	1 644	7.17	5 756
金属冶炼及压延加工业	0.012 3	0.016 9	0.000 1	0	0.000 7	0.002 3	0.005 8	0.293 3	0.240 1	0.046 5	1 006	2.79	4 373
通用、专用设备制造业	0.001 2	0.014 3	0.000 3	0.000 7	0.000 2	0.003 6	0.009 5	0.001 3	0.042 6	0.006 4	3 726	7.36	4 135
其他工业行业	0.126 9	0.161 7	0.028 0	0.060 9	0.036 6	0.181 7	0.215 1	0.301 8	0.223 1	0.357 5	3 296	24.00	16 293

· 116 ·

表 6-8　河南省八个工业优势行业虚拟水转移

净前项关联	系统外	煤炭开采和洗选业	食品制造及烟草加工业	纺织业	纺织服装鞋帽皮革羽绒及其制品业	造纸印刷及文教体育用品制造业	非金属矿物制品业	金属冶炼及压延加工业	通用、专用设备制造业	其他工业行业	合计
系统外		→ 0.26	→ 14.30	→ 1.52	→ 2.19	→ 0.21	→ 3.29	→ 2.31	→ 11.84	→ 5.07	→ 40.46
煤炭开采和洗选业	↓ 0.26		0.27	0.04	0.05	0.05	0.49	0.34	0.91	→ 1.29	→ 3.69
食品制造及烟草加工业	↓ 14.30	↓ 0.27		→ 0.03	→ 0.01	↓ 0.17	↓ 0.27	↓ 0.03	↓ 0.13	↓ 1.08	↓ 16.01
纺织业	↓ 1.52	↓ 0.04	→ 0.03		0.14	0.01	0	0.02	0.11	0.03	↓ 1.28
纺织服装鞋帽皮革羽绒及其制品业	↓ 2.19	↓ 0.05	↓ 0.01	↓ 0.14		→ 0.02	→ 0.03	0	0.04	0.16	↓ 2.57
造纸印刷及文教体育用品制造业	↓ 0.21	↓ 0.05	→ 0.17	→ 0.01	→ 0.02		0.09	0.04	0.26	0.01	→ 0.32
非金属矿物制品业	↓ 3.29	↓ 0.49	→ 0.27	→ 0	↓ 0.03	→ 0.09		0.23	0.78	0.97	↓ 3.55
金属冶炼及压延加工业	↓ 2.31	↓ 0.34	→ 0.03	→ 0.02	0	→ 0.04	↓ 0.23		0.98	1.07	↓ 2.99
通用、专用设备制造业	↓ 11.84	↓ 0.91	→ 0.13	→ 0.11	→ 0.04	→ 0.26	→ 0.78	↓ 0.98		→ 4.13	→ 19.17
其他工业行业	↓ 5.07	↓ 1.29	1.08	0.03	0.16	0.01	0.97	1.07	→ 4.13		→ 1.09

6.2.3 探讨与结论

通过对河南省工业四部门和八大工业优势行业的虚拟水运移分析,可以得出以下结论:

(1)河南省工业四部门中,基础工业和其他工业是虚拟水净输出部门,轻工业和高科技工业为虚拟水净输入部门。

(2)高科技工业部门出水量只有 1.095 亿 m^3,是四个部门中最少的,甚至低于其他制造业的 1.981 亿 m^3。显示出河南省高科技工业对其他工业的支撑能力较弱,表明其辐射带动能力不足。这也与当前河南省对高科技产业的认识和定位是一致的。

(3)河南省八个工业优势行业中,食品加工业、非金属矿物制品业、有色金属冶炼及压延加工业、纺织业、通用和专用设备制造业、皮革、皮毛羽绒及其制品业为虚拟水净流入行业。煤炭采选业、造纸及纸制品业和其他行业为虚拟水净流出行业。

(4)工业行业内部虚拟水运行分析表明,食品加工业、造纸及纸制品业、纺织业和皮革、皮毛羽绒及其制品业这四个行业与其他行业的用水关联很弱,说明河南省轻工业和重工业之间关联程度较低。通用和专用设备制造业、煤炭采选业和洗选业、非金属矿物制品业和有色金属冶炼及压延加工业等四个行业中存在较强的关联关系。其中煤炭开采和洗选业运移的虚拟水量为 3.44 亿 m^3,是最大的虚拟水净输出行业。通用和专用设备制造业运移的虚拟水量为 7.34 亿 m^3,是最大的虚拟水净输入行业。说明河南省煤炭开采和洗选业在工业系统中仍具有重要支撑作用,而通用和专用设备制造业对河南省工业、尤其是优势行业的辐射带动作用明显,是河南省工业核心支柱产业。

6.3 基于投入产出的河南工业虚拟水贸易分析

由于工业产品种类繁多,生产工序复杂,并且不同产品生产工序各不相同,寻找直接测算工业产品虚拟水量的方法很困难。间接角度去测算虚拟水量的方法,主要有基于水足迹的虚拟水量测算和基于投入产出分析的虚拟水量测算两种。其中,基于水足迹的虚拟水量测算方法主要适用于农作物、动物及动物产品的虚拟水量测算,并不适用于工业产品虚拟水量的测算,这里采用基于投入产出分析的虚拟水量测算方法河南省工业贸易中虚拟水变化情况。

6.3.1 基于投入产出的虚拟水测算方法

投入产出分析是研究经济系统中各个部分之间在投入与产出方面相互依存的经济数量分析方法,列昂惕夫从 1931 年开始研究投入产出分析,并编制美国 1919 年、1929 年的投入产出表用于经济问题研究。投入产出表主要利用了它所反映的物质技术联系,这种联系主要是通过直接消耗系数反映的:

$$a_{ij} = x_{ij}/x_j \quad (i,j = 1,2,\cdots,n) \tag{6-11}$$

式中:a_{ij} 为直接消耗系数,其经济意义为:第 j 部门生产单位直接消耗第 i 部门的产品的数量。

依据平衡关系的横行和纵行可以分别建立总的平衡关系。

$$AX + Y = X \qquad (6\text{-}12)$$

式中:A 为直接消耗系数矩阵(或投入矩阵),即 $A = (a_{ij})_{n\times n}$;X 为各部门总产品的列向量,即 $X = (x_1, x_2, \cdots, x_n)^{\mathrm{T}}$;$Y$ 为各部门最终产品组成的列向量,即 $Y = (y_1, y_2, \cdots, y_n)^{\mathrm{T}}$。由于 $I-A$ 为严格对角占优阵,因此 $I-A$ 为非异阵,即 $(I-A)^{-1}$ 存在,故有

$$X = (I - A)^{-1} Y \qquad (6\text{-}13)$$

称 $B = (I-A)^{-1}$ 为列昂惕夫逆阵,即完全需求系数,它与完全消耗系数 $C = (I-A)^{-1} - I$ 差别在于前者包括被生产的最终产品本身,后者则不包括。

将国民经济行业用水量纳入投入产出表中就可以得到水资源投入产出表,通过测算分析各部门的直接用水系数和完全用水系数就能够得到贸易中的虚拟水量:

直接用水系数:

$$Q_j = W_j / X_j \quad (j = 1, 2, \cdots, n) \qquad (6\text{-}14)$$

完全用水系数:

$$BQ = Q(I - A)^{-1} \qquad (6\text{-}15)$$

用水量输出:

$$W_{\mathrm{out}} = BQE \qquad (6\text{-}16)$$

用水量输入:

$$W_{\mathrm{in}} = BQM \qquad (6\text{-}17)$$

净输出水量:

$$W_{\mathrm{net}} = W_{\mathrm{out}} - W_{\mathrm{in}} \qquad (6\text{-}18)$$

式中:W_j 表示 j 行业的用水量;X_j 表示 j 行业的总产出;E、M 分别为投入产出分析表中调出和调入的列向量;BQ_j 表示满足第 j 部门最终需求增加 1 单位所需要的全部水资源量。

2007 年陈锡康、刘起运等组成的中国投入产出学会课题组,在提出的"国民经济各部门水资资消耗及用水系数的投入产出"论文中,通过假定进口和本地生产的产品中各部门的最终使用和中间使用的比重相同,对完全用水系数的计算进行了修正,得到完全用水系数修正公式。

$$\overline{BQ} = Q(I - \hat{\alpha}A)^{-1} \qquad (6\text{-}19)$$

其中:I 表示单位矩阵。

$\hat{\alpha}$ 代表各种产品的本地生产的比重对角矩阵,本地生产比重为:

$$本地生产比重 = 1 - 进口 / (进口 + 总产出) \qquad (6\text{-}20)$$

6.3.2 河南省 2010 年工业贸易虚拟水分析

20 世纪 50 年代初,西方国家纷纷编制投入产出表,运用投入产出分析解决世纪经济问题。我国从 1959 年开始便有人倡导编制投入产出表,1986 年,国务院决定正式编制全国 1987 年投入产出表,并且决定以后每 5 年编制一次,每 3 年编一次延长表(在小规模调查的基础上,以前一次正式表为基础,运用一定的编表方法完成)。目前,我国及部分地区都已经正式编制了 1987 年、1992 年、1997 年、2002 年、2007 年全国投入产出表,以及 1990 年、1995

年、2000年、2005年、2010年全国投入产出表延长表。课题利用2010年河南省投入产出表延长表对河南省2010年工业产品虚拟水贸易情况进行测算并对其进行分析。

首先根据2010年河南省投入产出延长表，考虑与行业用水量数据的衔接，最终将工业分为煤炭开采和洗选业、金属矿采选业等24个行业。工业用水总量数据按水资源公报，分行业用水量数据按照河南省地方标准《工业与城镇生活用水定额》和行业用水调查等资料综合分析确定。省内输出、省外输入量直接采用投入产出表数据。

新鲜水直接用水系数仅考虑了以自然形态投入的新鲜水数量，但实际生产过程中由于使用中间产品而产生对水资源的消耗称为间接用水，直接用水和间接用水之和称为完全用水，而虚拟水是生产商品或服务所需要的水资源，应考虑完全用水。采用改进的完全用水系数法计算河南省2010年工业行业直接用水系数和完全用水系数结果见表6-9。

表6-9　河南省2010年工业贸易虚拟水量

工业行业分类	用水系数		产值流动/亿元			虚拟水净流出/亿 m³
	直接用水	完全用水	省内输出	省外输入	净输出	
煤炭开采和洗选业	22.55	37.52	515.16	256.79	258.37	0.97
石油和天然气开采业	28.86	36.78	36.69	444.40	−407.71	−1.50
金属矿采选业	11.34	20.49	750.48	814.34	−63.87	−0.13
非金属矿及其他矿采选业	5.06	17.15	28.85	560.61	−531.76	−0.91
食品制造及烟草加工业	4.25	7.53	1 946.72	411.14	1 535.58	1.16
纺织业	8.60	16.24	526.94	147.17	379.77	0.62
纺织服装鞋帽皮革羽绒及其制品业	5.58	11.68	181.72	169.84	11.88	0.01
木材加工及家具制造业	2.93	8.80	70.22	36.84	33.38	0.03
造纸印刷及文教体育用品制造业	22.55	37.66	440.37	260.80	179.57	0.68
石油加工、炼焦及核燃料加工业	32.98	47.00	786.88	841.26	−54.38	−0.26
化学工业	11.61	24.90	1 441.41	1 040.85	400.56	1.00
非金属矿物制品业	12.46	26.39	1 618.22	89.97	1 528.24	4.03
金属冶炼及压延加工业	6.38	18.69	4 840.82	3 890.00	950.82	1.78
金属制品业	14.34	25.37	271.92	294.15	−22.23	−0.06
通用、专用设备制造业	17.80	27.51	1 412.54	3 195.64	−1 783.10	−4.90
交通运输设备制造业	10.78	19.51	340.61	1 677.75	−1 337.14	−2.61
电气机械及器材制造业	6.60	14.62	550.45	484.89	65.56	0.10
通信设备、计算机及其他电子设备制造业	11.01	21.22	206.50	1 232.14	−1 025.64	−2.18
仪器仪表及文化办公用机械制造业	23.77	34.77	32.04	82.88	−50.84	−0.18
工艺品及其他制造业	5.98	17.43	81.66	28.56	53.09	0.09
废品废料	9.46	25.02	0	0	0	0
电力、热力的生产和供应业	30.09	59.90	11.15	546.08	−534.93	−3.20
燃气生产和供应业	18.83	39.01	51.00	10.40	40.60	0.16
水的生产和供应业	346.02	358.69	0	0	0	0
合计			16 142.35	16 516.5	−374.15	−5.31

下面通过与有关公开文献中的相应数值的对比,分析判断计算成果的合理性。河南省 2010 年、浙江省 2010 年和全国 2002 年的工业行业直接用水系数对比结果见图 6-17、完全用水系数对比结果见图 6-18。

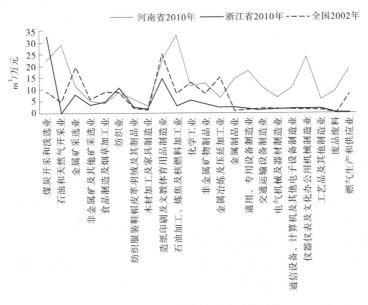

图 6-17　不同区域直接用水系数对比

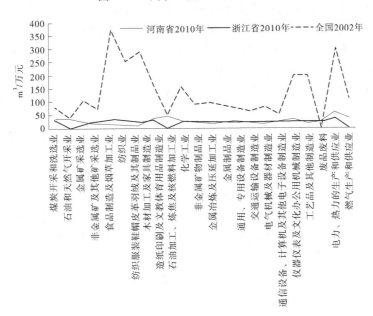

图 6-18　不同区域完全用水系数对比

从图 6-17、图 6-18 可以看出:河南省 2010 年的金属矿采选业、非金属矿及其他矿采选业、食品制造及烟草加工业、纺织业、纺织服装鞋帽皮革羽绒及其制品业、木材加工及家具制造业、造纸印刷及文教体育用品制造业、化学工业、非金属矿物制品业、金属冶炼及压延加工业等11个行业的直接用水系数与浙江省2010年相同产业的数值接近,在电气、电子、装备制造行业偏大,分析认为存在差距主要是工艺技术水平等引起的用水效率的差距,整体而言,直接用水系数是合理的。2010年河南省和浙江省的各个工业行业完全用水系数总体接近,个别行业存在较小的差别,由此判断分析提出的完全用水系数是合理的。从而可以认为提出的河南省2010年水资源投入产出表基本合理,这为下面的研究内容奠定坚实基础。

6.3.3 结论与对策

综合以上研究成果,得出以下研究结论:

(1)河南省2010年工业贸易输出虚拟水总量10.62亿 m^3,输入虚拟水总量15.92亿 m^3,虚拟水净流入5.31亿 m^3。说明河南省属于工业贸易虚拟水交易的净输入省份,这对于水资源紧缺的河南省而言,是非常有利的。

(2)工业行业中有10个行业虚拟水呈输入状态,2个行业无虚拟水流动,12个行业虚拟水呈输出状态。通用、专用设备制造业、电力、热力的生产和供应业、交通运输设备制造业、通信设备、计算机及其他电子设备制造业、石油和天然气开采业、非金属矿及其他矿采选业等行业是向省内输入虚拟水的主要行业。其中通用、专用设备制造业、电力、热力的生产和供应业、交通运输设备制造业、通信设备、计算机及其他电子设备制造业占全部输入虚拟水总量的81%。

(3)向省外输出虚拟水的行业集中在非金属矿物制品业、金属冶炼及压延加工业、食品制造及烟草加工业、化学工业、煤炭开采和洗选业、造纸印刷及文教体育用品制造业、纺织业。其中非金属矿物制品业、金属冶炼及压延加工业、食品制造及烟草加工业、化学工业的虚拟水输出量占总输出量的38%、16.7%、10.9%和9.4%。

(4)各行业虚拟水流动量有较大差异,这与完全用水系数以及净贸易量两方面原因均有着直接的联系。

依据以上研究结论,可以得出相应对策:首先,总体而言,现有的在工业(贸易)结构上有利于保障河南工业用水。从虚拟水战略角度而言,要鼓励主要的输入水行业发展,这些行业包括装备制造业和高科技产业等也是河南重点发展行业,与河南发展格局基本协调。同时,要将非金属矿物制品业、金属冶炼及压延加工业、食品制造及烟草加工业、化学工业等主要输出水行业,作为工业节水管理的重点行业,加大工艺节水、中水和废水回用力度,提高工业用水重复率,降低取水定额,从而降低虚拟水的输出量。

小 结

(1)应用基于纵向集成的改进假设抽取法进行了河南省经济产业用水关联分析,结果表明:农业和基础工业通过中间投入的方式将自身产品的水资源进行转移;轻工业、高科技工业、建筑业又通过农业及基础工业输入的水资源来满足自身的最终需求所需的水资源,完成水资源在产业之间的转移。八大产业部门用水关联性最强的产业部门分别为农业-轻工业、农业-高科技工业、基础工业-高科技工业、农业-基础工业-建筑业。

（2）对河南省三次产业和八大部门进行用水关联分，结果表明：直接消耗总量中第一产业占66.2%，第二产业和第三产业分别为29.3%和4.5%。纵向集成消耗中第二产业占68.5%，第一产业和第三产业分别占24.0%和7.5%；八大产业部门的直接消耗量中，农业占66.2%，基础工业占17.72%，高科技工业、轻工业和非物质生产部门分别占5.54%、4.01%和3.69%。纵向集成消耗量中，轻工业占31.2%、农业占24.4%，高科技工业、基础工业和建筑业分别占16.55%、10.51%和5.78%。

（3）对河南省工业四个部门（基础工业、轻工业、高科技工业、其他工业）和河南省八个优势工业行业（食品加工业、非金属矿物制品业、有色金属冶炼及压延加工业、煤炭采选业、专用设备制造业、造纸及纸制品业、纺织业和皮革、皮毛羽绒及其制品业）进行用水关联分析，结果表明河南省高科技工业对其他工业的支撑能力较弱，辐射带动能力不足。河南省轻工业和重工业之间关联程度较低。河南省煤炭开采和洗选业在工业系统中仍具有重要支撑作用，而通用和专用设备制造业对河南省工业、尤其是优势行业的辐射带动作用明显，是河南省工业核心支柱产业。

（4）首先将国民经济行业取水量纳入2010年河南省投入产出延长表，从而得到水资源投入产出表。通过分析各部门的直接用水系数和完全用水系数来估算河南省工业进出口贸易中的虚拟水量在省内、外的运移情况。结果表明，河南省2010年工业贸易输出虚拟水总量10.62亿 m^3，输入虚拟水总量15.92亿 m^3，虚拟水净流入5.31亿 m^3。说明河南省属于工业贸易虚拟水交易净输入省份。向省外输出虚拟水的行业集中在非金属矿物制品业、金属冶炼及压延加工业、食品制造及烟草加工业、化学工业等行业，其虚拟水输出量占总输出量的38%、16.7%、10.9%和9.4%。从虚拟水战略视角，这些主要输出水行业应作为工业节水管理的重点行业，加大工艺节水、中水和废水回用力度，提高工业用水重复率，降低取水定额，从而降低虚拟水的输出量，保障河南省工业虚拟水安全。

（5）行业用水关联揭示了不同行业间水量流入流出运移的内在规律，是以水资源的视角考察产业结构合理性、分析行业特征的重要手段。通过分析工业品贸易导致的虚拟水流入与流出，进行工业贸易虚拟水分析对保障河南水安全具有重要的意义。行业用水关联与虚拟水运移分析表明，现状河南省工业行业中煤炭开采与洗选业仍具有重要支撑作用，高科技工业对其他工业的支撑能力不足，而通用与专用设备制造业具有良好的辐射带动作用。工业虚拟水贸易研究得到了河南工业虚拟水贸易为净流入和主要的虚拟水流出的工业行业分布情况。这些研究结果基本符合河南实际，具备一定的指导意义。下一步将通过行业用水关联与虚拟水运移，揭示产业结构优化的分布效应与进一步提升的策略与路径。

第 7 章　工业产品虚拟水及典型案例

在水资源危机和经济全球化的背景下,为达到我国工业水资源可持续发展的要求,实现行业的结构调整与产业升级,有必要对主要工业产品的耗水量进行计算分析。一方面,在科学核算的基础上了解主要工业产品工业生产的用水量,便于今后更加科学、合理、全面地核算工业产品生产链的用水量,从而有针对性地采取措施降低水资源消耗与污染,实现水资源的可持续发展;另一方面,对于企业,可以建立适合企业自身的虚拟水分析管理模式,通过计算产品的虚拟水含量,了解生产流程中的节水环节以节约成本,形成差异化的竞争优势,提高企业在环保方面的竞争力。对于行业,基于生产工艺链进行企业级产品的虚拟水含量的比对,有助于淘汰落后行业落后产能,为节水环保技术的发展提供数据,使我国工业走上资源消耗低、环境污染少的新型工业化道路,更好地适应全球化竞争的新形势。

7.1　工业产品虚拟水分析方法与边界条件

工业品生产工艺复杂导致虚拟水核算复杂,工业品虚拟水消费的计算采用估计方法。

7.1.1　系统边界

将产品虚拟水计算的边界划定为从原材料或初级产品到产品出厂的整个工业生产过程,重点分析新鲜水、能源及物料(工业原料与辅料)等的输入与废水、废物的输出过程中的水资源消费情况。但书中工业虚拟水的计算不包含以下内容:

(1)生产材料如厂房、生产设备等所隐含的虚拟水不在核算边界之内。

(2)工业生产所消耗的农林畜牧渔业和自然生态系统提供的产品在生产过程中的水资源消耗。工业虚拟水评价的目标是分析和调控工业生产过程的水资源消耗,农业、林业与畜牧业等动植物资源在其生长、生产过程中消耗的水资源不纳入评价。

(3)工业虚拟水的评价对象是某一特定的工业生产系统或工业产品的某一特定生产工序,评价系统边界以外的各种原料和能源向评价对象的工业生产系统的运输过程产生的虚拟水,以及作为评价对象的工业产成品进入下一生产或消费环节的运输过程产生的虚拟水均不纳入评估。因为工业虚拟水评价的目标在于揭示评价对象内部的工业生产过程的水资源消耗,进而改善水资源效率。如纳入工业生产系统外部的运输环节,将由于原料和能源来源地不同、运输距离远近等因素对评价结果产生显著影响和干扰。

7.1.2 计算框架

工业虚拟水的计算首先是通过收集系统边界范围内所有新鲜水和材料(能源物料及添加剂等)的消耗量及工业废水排放情况,进而分别计算出生产、公共及系统内部运输环节中消耗的虚拟水。生产虚拟水是指产品生产过程中各工序虚拟水之和。公共虚拟水是指与工业生产过程相关的管理、检测、维修、锅炉、污水处理等辅助生产部门消耗的虚拟水。系统内部运输虚拟水是指由于工业产品生产所引起的,工业生产系统内部运输过程中产生的虚拟水,包括生产运输与公共运输在内的所有运输过程的虚拟水。生产运输是指工业生产过程中的货物运输,包括不同工序之间半成品的运输及原材料、半成品与成品的入仓与出仓的运输。公共运输是指辅助生产部门人员的交通运输。

7.1.3 假设条件

产品生产耗水可以通过上面的方法进行计算,但是各产品开发和生产过程生产工艺复杂、流程多、生产工具种类多、副产品多,现有工业产品虚拟水的数据又极为有限,因而为便于计算,简化模型如下:

(1)假设生产初始原材料(如土壤和矿藏等资源)的虚拟水含量为零,本研究根据产品生产的初始原材料的种类和实际情况综合确定。

(2)假设产品生产中少量添加剂的虚拟水含量可以忽略。

(3)假设产品生产过程中使用的机械损耗虚拟水含量为零。

(4)假设生产过程中的新鲜水用量按实际供给量计算,中水回用环节循环利用水量在数量上按实际补给量计算。

7.1.4 计算方法

在工业产品生产过程中,水的消耗主要有以下几部分:原材料和燃料生产用水,原材料和燃料运输用水,生产过程中机械损耗折合生产用水,生产人员生产生活用水,生产过程中的添加水,服务性用水。

工业产品所含蓝色虚拟水总量为原材料和燃料生产用水、原材料和燃料运输用水、生产过程中机械损耗折合生产用水、生产人员生产生活用水、生产过程中的添加水、服务性用水等水量和。

根据工业产品生产中水及虚拟水的消耗途径,从生产者角度设定虚拟水的计算公式如下(这里虚拟水消耗主要指蓝色虚拟水 W_{blue} 的消耗,简称蓝水):

$$V_i = V_{product} + V_{transport} + V_{machine} + V_{domestic} + V_{adding} + V_{public} \tag{7-1}$$

式中:V_i 为在一定计量时间内产品生产用水量,m^3;$V_{product}$ 为原材料和燃料生产用水,m^3;$V_{transport}$ 为原材料和燃料运输用水,m^3;$V_{machine}$ 为生产过程中机械损耗折合生产用水,m^3;$V_{domestic}$ 为生产人员生产生活用水,m^3;V_{adding} 为生产过程中的添加水,m^3;V_{public} 为服务性用水,m^3。

单位产品蓝色虚拟水含量为年产这种工业品所含蓝水总量(m^3)/年生产产品数量:

$$V_{ui} = \frac{V_i}{Q} \tag{7-2}$$

式中:V_{ui} 为单位产品用水量,m^3/t;V_i 为在一定计量时间内(一般为 1 年)产品生产用水量,m^3;Q 为在一定计量时间内产品产量,t。

具体计算流程如下:

(1)绘制主要工业产品的虚拟水流向图。

(2)明确各个过程的用水效率。在虚拟水的计算过程中,用水效率通常被设定为 1。

(3)确定产品虚拟水含量的计算模型。

(4)计算产品中蓝水、灰水虚拟水消耗量。

7.2 工业产品虚拟水典型案例分析

资料主要来源于河南省发展和改革委员会,均为通过审查的河南省不同行业典型骨干公司节水技改项目报告。由于计算工业产品虚拟水的资料有限,根据现有资料及各种综合因素,将原材料的虚拟水含量根据实际情况进行假定或估算。

7.2.1 造纸行业

7.2.1.1 A 纸业有限公司

1.企业基本情况

该公司位于豫东平原,企业总资产 9 200 万元,主要生产高强度 B 级纱管纸(产品主要用于纺纱、化纤、农膜、布匹、高档纸盒、纸管制造等行业),年生产能力为 15 万 t。A 纸业有限公司技改前的生产流程水量平衡如图 7-1 所示,技改后的生产流程水量平衡图如图 7-2 所示。

A 纸业在生产过程中将废纸作为原材料,国内废纸包括各种高档纸、黄板纸、工程用纸及书刊报纸等。由于国内废纸虚拟水定量化的研究较少,根据造纸工艺将 B 纸业生产的脱墨浆文化纸的原材料假定为国内废纸。B 纸业生产的脱墨浆文化纸的虚拟水含量为 21.50 m^3,考虑纸的价值量在使用过程中不断损耗,内在的虚拟水含量随之减少。当纸的价值量损耗到最低即为废纸时,其虚拟水含量也随之降到最低。设定废纸虚拟水含量折减系数为 0.1,B 纸业脱墨浆文化纸的虚拟水含量的 10%,即 2.15 m^3 为单位废纸的虚拟水消耗量。

2.单位产品虚拟水分析

根据技改前后的生产工艺及用水水量平衡图,该企业造纸过程中主要耗水工序为水力碎浆工序、磨浆工序及抄造工序,各工序耗水如表 7-1 所示。

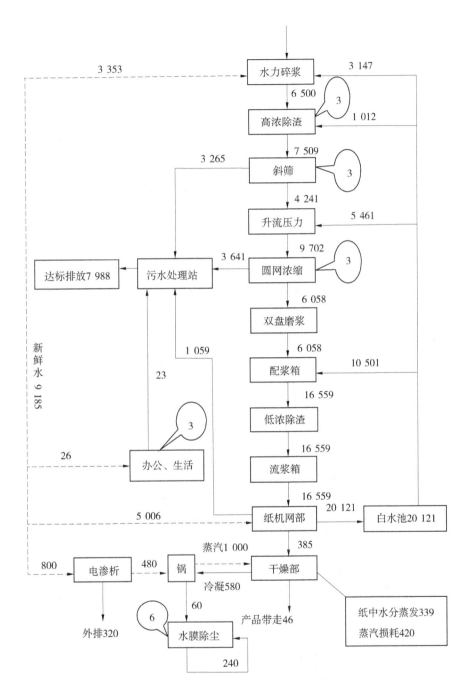

图 7-1 A 纸业技改前水量平衡图 （单位：m³/d）

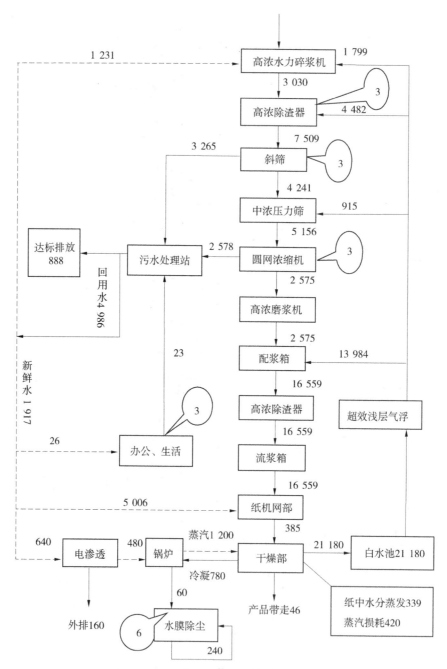

图7-2 A纸业技改后的水量平衡图 （单位：m³/d）

表 7-1　A 纸业技改前后的主要耗水工序及耗水量　　　　单位:m³/d

主要工艺工序	阶段	打浆工序	高浓除渣	升流压力	配浆	网布脱水	反渗透	生产生活	小计
一次性新鲜水消耗量		3 353				5 006	640	26	9 025
中水回用量	技改前	3 147	1 012	5 461	10 501				20 121
小计		6 500	1 012	5 461	10 501	5 006	640	26	29 146
一次性新鲜水消耗量		1 231					640	26	1 897
中水回用量	技改后	1 799	4 482	915	13 984	5 006			26 186
小计		3 030	4 482	915	13 984	5 006	640	26	28 083

(1)新鲜水。

根据水量平衡图,A 纸业公司的主要生产工艺工序为打浆、除渣、磨浆、配浆、网布脱水、反渗透及干燥。其中新鲜水的消耗主要集中在打浆及网布脱水工序。由表 7-1 可知,A 纸业公司打浆工序的新鲜水量由 3 353 m³/d 减少为 1 231 m³/d;网布工序实现了新鲜水消耗量为零。总的新鲜水量由技改前的 9 025 m³/d 减少到技改后的 1 897 m³/d,每天节约新鲜水量为 7 128 m³,年节约新鲜水量为 260.17 万 m³。通过减少打浆工序和网布脱水工序新鲜水的耗用量,而用中水回用来弥补,从而达到了节约新鲜水的目的。

(2)中水。

A 纸业除反渗透及生产生活用水外,其余工艺工序均进行了中水回用。中水回用量较大的有打浆工序、除渣工序、配浆工序及网布脱水工序。由表 7-1 可知,A 纸业打浆工序的中水回用量由 3 147 m³/d 减少到 1 799 m³/d;除渣工序中水回用量由 1 012 m³/d 增加到 4 482 m³/d;配浆工序由 10 501 m³/d 增加到 13 984 m³/d;网布工序由 0 增加到 5 006 m³/d。总的中水回用量由技改前的 20 121 m³/d 增加到技改后的 26 186 m³/d,总计增加量 6 065 m³/d。A 纸业高浓除渣工序、配浆工序和网布脱水工序中水回用量较多。

(3)单位产品蓝色虚拟水的消耗量。

A 纸业在节水技改前,总的新鲜水耗水量为 9 025 m³/d,则年耗水量为 329.41 万 m³,单位产品生产过程中蓝色虚拟水消耗量为 21.96 m³/t。节水技改后,总的新鲜水耗水量为 1 897 m³/d,则年耗水量为 69.24 万 m³,单位产品生产过程中虚拟水消耗量为 4.62 m³/t。单位产品蓝色虚拟水计算结果见表 7-2。

表 7-2　A 纸业技改前后单位产品蓝色虚拟水含量及节水量

用水量	新鲜水量/(m³/d)	中水回用量/(m³/d)	单位产品蓝色虚拟水含量/(m³/t)
技改前	9 025	20 121	21.96
技改后	1 897	26 186	4.62
节水量	7 128	-6 065	17.34

注:表中-6 065 m³/d 表示中水回用量增加了 6 065 m³/d。

(4)单位产品灰色虚拟水的消耗量。

按前述工业虚拟水的定义,灰色虚拟水是指将商品生产过程中所排放的污水量,具体计量时指将排放的污水稀释后达到达标排放的水量。灰色虚拟水属于产出虚拟水,它的数量可以反映出企业的节能减排主动性及排放处理能力。A 纸业有限公司在节水技改前,企业达标排放量为 7 988 m³/d,则年达标排水量为 291.56 万 m³,单位产品生产过程中灰色虚拟水消耗量为 19.44 m³/t。节水技改后,企业达标排放量为 880 m³/d,则年达标排水量为 32.12 万 m³,单位产品生产过程中灰色虚拟水消耗量为 2.14 m³/t。单位产品灰色虚拟水计算结果见表 7-3。

表 7-3　A 纸业技改前后单位产品灰色虚拟水变化

用水量	达标排放量/(m³/d)	单位产品灰色虚拟水含量/(m³/t)
技改前	7 988	19.44
技改后	880	2.14
减少量	7 108	17.30

(5)节水效果。

节水前后 A 纸业公司的单位产品虚拟水消耗量显著降低。单位产品蓝色虚拟水由每吨 21.96 m³ 减少为每吨 4.62 m³,每吨降低 17.34 m³,降幅接近 80%。单位产品废水达标排放水量由每吨 19.44 m³ 减少为每吨 2.14 m³,每吨降低 17.34 m³,降幅接近 90%。说明该企业重视节水减排,且成效显著。与此同时,中水回用量增加了 6 065 m³/d。企业下一步应着重减少高浓除渣、配浆、网布脱水等工序的中水回用量,从而进一步减少虚拟水的消耗。

3. 单位产品虚拟水分析结果

根据前述计算方法和假设条件,技改后 A 纸业生产过程中,年生产生活用水 $V_{domestic}$ 为 0.95 万 m³,年生产过程中的添加水 V_{adding} 为 1 000.72 万 m³,年服务性用水 V_{public} 为 23.36 万 m³。A 纸业年生产能力 15 万 t,单位产品生产生活用水量 $V_{domestic}$ 为 0.06 m³/t,单位产品生产过程添加水 V_{adding} 耗水量为 66.71 m³/t,单位产品服务性用水 V_{public} 耗水量为 1.56 m³/t。可以看出,在高强度 B 级纱管纸的生产过程中,单位产品虚拟水的消耗主要集中在生产过程中添加水的消耗,特别是配浆工序耗水量较大,达到 13 984 m³/d,而生产生活用水及服务性用水的消耗相对较少。

7.2.1.2　B 纸业有限公司

1. 企业基本情况

B 纸业有限公司位于河南省邓州市,企业总资产 36 000 万元,主要产品包括书画纸、电解容器纸、双胶纸及书写纸等高档文化用纸,年生产能力为 12 万 t。其中包括一条年生产能力为 2 万 t 的特种纸生产线及两条年生产能力为 5 万 t 的再生纸(文化纸)生产线。B 纸业有限公司技改前的生产工艺水量平衡如图 7-3 所示,技改后的水量平衡图如图 7-4 所示。由于其原料为特定草本植物,其虚拟水含量目前无研究成果,故设定为零。

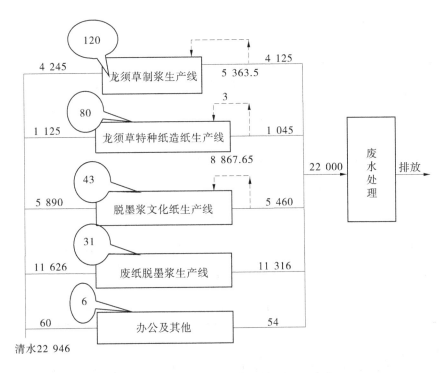

图7-3　B纸业技改前的水量平衡图　（单位：m³/d）

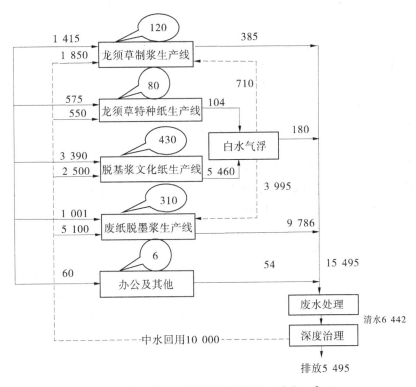

图7-4　B纸业技改后的水量平衡图　（单位：m³/d）

2. 单位产品虚拟水分析

根据技改前后的水量平衡图,B 纸业有限公司在造纸过程中主要耗水工序为草本制浆及脱墨工序,各工序流程耗水如表 7-4 所示。

表 7-4 B 纸业技改前后的主要耗水工序及耗水量   单位:m³/d

主要生产线	阶段	草本制浆	草本特种纸造纸	脱墨浆文化纸	废纸脱墨浆	厂区办公及其他	小计
一次性新鲜水消耗量	技改前	4 245	1 125	5 890	11 626	60	22 946
中水回用量							0
小计		4 245	1 125	5 890	11 626	60	22 946
一次性新鲜水消耗量	技改后	1 415	575	3 390	1 001	60	6 441
中水回用量		1 850	550	2 500	5 100		10 000
小计		3 265	1 125	5 890	6 101	60	16 441

(1)新鲜水。

根据水量平衡图,B 纸业主要生产线为草本制浆、草本特种纸造纸、脱墨浆文化纸及废纸脱墨浆生产线。其中草本制浆生产线、脱墨浆文化纸生产线及废纸脱墨浆生产线的新鲜水耗量较大。

B 纸业公司草本制浆生产线新鲜水量由技改前的 4 245 m³/d 减少为技改后的 1 415 m³/d;脱墨浆文化纸生产线由 5 890 m³/d 减少为 3 390 m³/d;废纸脱墨浆生产线由技改前的 11 626 m³/d 减少为技改后的 1 001 m³/d。总的新鲜水量由技改前的 22 946 m³/d 减少为技改后的 6 441 m³/d,每天节约新鲜水量为 16 505 m³,年节约新鲜水量为 602.43 万 m³。各个生产线的新鲜水用量均有减少,其中幅度较大的是废纸脱墨浆生产线。

(2)中水。

技改后除了生产生活用水,其余生产线均进行了中水回用。由于该企业技改前未进行中水回用,技改后中水回用量增加到 10 000 m³/d。中水回用量较大的有脱墨浆文化纸生产线及废纸脱墨浆生产线。其中,脱墨浆文化纸生产线的中水回用量达到 2 500 m³/d,废纸脱墨浆生产线中水回用量达到 5 100 m³/d。

(3)单位产品蓝色虚拟水消耗量。

B 纸业主要有三条生产线,一条年生产能力为 2 万 t 的特种纸生产线及两条年生产能力为 5 万 t 的再生纸(文化纸)生产线。将生产生活用水按照产品数量比例 2∶2∶10∶10 进行分配,根据表 7-5 中各生产线的用水量计算 B 纸业单位浆(t)及单位纸(t)的蓝色虚拟水消耗量。单位产品蓝色虚拟水计算结果见表 7-5。

表 7-5　B 纸业技改后单位产品蓝色虚拟水消耗量

产品种类	特种浆	特种纸	脱墨浆	脱墨文化纸
数量/万 t	2	2	10	10
每天蓝色虚拟水消耗量/(m³/d)	1 420	580	1 026	3 415
年蓝色虚拟水消耗量/万 m³	51.83	21.17	37.45	124.65
单位产品蓝色虚拟水消耗量/(m³/t)	25.92	10.59	3.75	12.47

(4)单位产品灰色虚拟水的消耗量。

B 纸业有限公司在节水技改前,企业达标排放量为 22 000 m³/d,则年达标排水量为 803 万 m³,单位产品生产过程中灰色虚拟水消耗量为 33.46 m³/t。节水技改后,企业达标排放量为 5 495 m³/d,则年达标排水量为 200.57 万 m³,单位产品生产过程中灰色虚拟水消耗量为 8.36 m³/t。单位产品灰色虚拟水计算结果见表 7-6。

表 7-6　B 纸业技改前后单位产品灰色虚拟水变化

用水量	达标排放量/(m³/d)	单位产品灰色虚拟水含量/(m³/t)
技改前	22 000	33.46
技改后	5 495	8.36
减少量	16 505	25.1

(5)节水效果。

节水前后,B 纸业公司的单位产品虚拟水消耗量明显减少,主要包括新鲜水及达标排放废水量。其中企业达标排放废水量大幅下降,由每吨 33.46 m³ 减少到每吨 8.36 m³,同时中水回用量增加了 10 000 m³/d。表明节水工程有力提高了企业节能减排能力,不仅大幅度缩减新鲜水的耗用量,同时提高了水的重复利用率,减少了产品生产过程中虚拟水的消耗量。

3.单位产品虚拟水分析结果

根据前述工业产品的计算方法和假设条件,B 纸业在生产过程中,生产人员年生产生活用水的虚拟水 $V_{domestic}$ 为 2.19 万 m³,年生产过程中的添加水 V_{adding} 为 597.91 万 m³,年服务性用水 V_{public} 为 0。B 纸业年生产能力 12 万 t,计算得出 B 纸业技改后的虚拟水消耗量见表 7-7。按照各个产品及生产过程中虚拟水的消耗途径,生活用水按照四种产品以比例 2:2:10:10 进行分配,得出的表 B 纸业单位产品的虚拟水消耗量见表 7-8。

表 7-7　B 纸业技改后的虚拟水消耗量　　　　　　　　　　　　　　　单位:m³/d

虚拟水消耗途径	生产生活用水 $V_{domestic}$	生产过程添加水 V_{adding}					服务性用水 V_{public}
虚拟水消耗量	办公及其他用水	龙须草制浆生产	龙须草特种纸生产	脱墨浆文化纸生产	废纸脱墨浆生产	小计	
	60	3 265	1 125	5 890	6 101	16 381	0

表 7-8 B 纸业单位产品的虚拟水消耗量   单位:m³/t

虚拟水消耗途径		生产生活用水$V_{domestic}$	生产过程添加水V_{adding}	服务性用水V_{public}
单位产品虚拟水消耗量	龙须草制浆生产	0.18	59.59	0
	龙须草特种纸生产	0.18	20.53	0
	脱墨浆文化纸生产	0.91	21.50	0
	废纸脱墨浆生产	0.91	22.27	0

　　计算表明 B 纸业在生产过程中的单位产品虚拟水的消耗主要集中在生产过程中添加水的消耗,其中特种植物浆制浆生产线的添加水消耗最多,达到了 59.59 m³/t,其次为废纸脱墨浆的生产添加水消耗量大,为 22.27 m³/t,而生产生活用水的消耗主要集中在脱墨浆文化纸生产及废纸脱墨浆的生产过程中。

7.2.1.3　河南省 C 纸业

1. 企业基本情况

　　河南省 C 纸业股份有限公司位于周口市,企业总资产为 3.7 亿元,主要产品为 A 级高强瓦楞原纸,年生产能力为 20 万 t。C 纸业有限公司技改前的生产工艺水量平衡如图 7-5 所示,技改后的生产工艺水量平衡如图 7-6 所示。

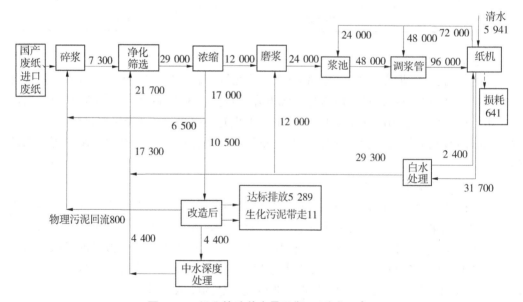

图 7-5　C 纸业技改前水量平衡 (单位:m³/d)

　　C 纸业在生产过程中以废纸作为原材料,国内废纸包括各种高档纸、黄板纸、工程用纸及书刊报纸等。由于目前涉及国内废纸虚拟水含量的计算较少,无法准确定量。因此,本次计算根据 B 纸业的造纸工艺,将 B 纸业生产的脱墨浆文化纸假定为国内废纸的原材料。由于 B 纸业生产的脱墨浆文化纸的虚拟水含量为 21.50 m³。考虑到纸的价值量在使用过程中不断损耗,其固有的虚拟水含量也随之降低,当纸的价值量损耗到最低即为废纸时,其虚拟水含量也随之降到最低。综合各种因素,设定 0.1 作为废纸虚拟水含量的折减系数,即取 B

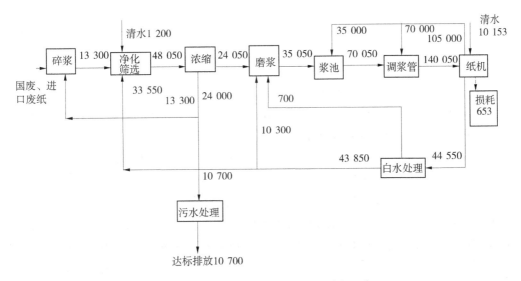

图 7-6　C 纸业技改后水量平衡图　（单位：m³/d）

纸业脱墨浆文化纸的虚拟水含量的 10%，即 2.15 m³ 作为单位废纸的虚拟水消耗量。

2. 单位产品虚拟水分析

根据节水技改工程前后的生产工艺及用水水量平衡图，得该企业在造纸过程中主要耗水工序为水力碎浆工序、磨浆工序及抄造工序，各工序耗水如表 7-9 所示。

表 7-9　C 纸业技改前后的主要耗水工序及耗水量　单位：m³/d

主要工艺工序	阶段	碎浆	净化筛选	磨浆	浆池	调浆	纸机脱水	小计
一次性新鲜水消耗量	技改前		1 200				10 153	11 353
中水回用量		13 300	33 550	11 000	35 000	70 000		162 850
小计		13 300	34 750	11 000	35 000	70 000	10 153	174 203
一次性新鲜水消耗量	技改后						5 941	5 941
中水回用量		7 300	21 700	12 000	24 000	48 000	2 400	115 400
小计		7 300	21 700	12 000	24 000	48 000	8 341	121 341

（1）新鲜水。

根据 C 纸业生产工艺水量平衡图可知，C 纸业公司的主要生产工艺工序为碎浆、筛选、浓缩、磨浆、调浆及纸机脱水。其中，新鲜水的消耗主要集中在筛选工序及纸机脱水工序。C 纸业公司在筛选工序新鲜水量由技改前的 1 200 m³/d，技改后降为零；纸机脱水工序的新鲜水量由技改前的 10 153 m³/d 降低到技改后的 5 941 m³/d。总的新鲜水消耗量由技改前的 11 353 m³/d 降低到技改后的 5 941 m³/d，每天节约新鲜水量为 5 412 m³，年节约新鲜水量为 197.54 万 m³，其中技改后纸机脱水工艺流程中新鲜水的节水力度最大。

（2）中水。

在节水技改前除纸机脱水工序未进行中水回用外，其余工序均进行了中水回用，且各个工序的回用量都较大。技改后,公司针对纸机脱水工序进行了中水回用,但回用量较少。其余各工序除磨浆工序中水回用量稍有增加外,碎浆、筛选、调浆工序的中水回用量均减少。

C纸业公司在碎浆工序中水回用量由节水技改前的13 300 m³/d减少到节水技改后的7 300 m³/d;筛选工序中水回用量由技改前的33 550 m³/d减少到技改后的21 700 m³/d;调浆工序的中水回用量由技改前的70 000 m³/d减少到技改后的48 000 m³/d。总的中水回用量由技改前的162 850 m³/d减少到技改后的115 400 m³/d,减量为47 450 m³/d。碎浆工序、净化筛选工序及碎浆工序中水回用量均减少,从而减少了水的消耗。

(3)单位产品蓝色虚拟水消耗量。

C纸业有限公司在节水技改前,总的蓝色虚拟水消耗量为11 353 m³/d,则年耗水量为414.38万 m³,单位产品生产过程中蓝色虚拟水消耗量为20.72 m³/t。节水技改后,总的蓝色虚拟水消耗量为5 941 m³/d,则年蓝色虚拟水消耗量为216.85万 m³,单位产品生产过程中蓝色虚拟水消耗量为10.84 m³/t。单位产品蓝色虚拟水计算结果见表7-10。

表7-10 C纸业技改前后单位产品蓝色虚拟水含量及节水量

用水量	新鲜水量/(m³/d)	中水回用量/(m³/d)	单位产品蓝色虚拟水含量/(m³/t)
技改前	11 353	162 850	20.72
技改后	5 941	115 400	10.84
节水量	5 412	47 450	9.88

(4)单位产品灰色虚拟水的消耗量。

C纸业有限公司在节水技改前,企业达标排放量为10 700 m³/d,则年达标排水量为390.55万 m³,单位产品生产过程中灰色虚拟水消耗量为19.53 m³/t。节水技改后,企业达标排放量为5 289 m³/d,则年达标排水量为193.05万 m³,单位产品生产过程中灰色虚拟水消耗量为9.65 m³/t。单位产品灰色虚拟水计算结果见表7-11。

表7-11 C纸业技改前后单位产品灰色虚拟水变化

用水量	达标排放量/(m³/d)	单位产品灰色虚拟水含量/(m³/t)
技改前	10 700	19.53
技改后	5 289	9.65
减少量	5 411	9.88

(5)节水效果。

节水技改前后,C纸业公司的单位产品生产过程中蓝色虚拟水消耗量由20.72 m³减少为10.84 m³,单位产品蓝色虚拟水含量减少了9.88 m³,相应地单位产品灰色虚拟水含量也由19.53 m³减少为9.65 m³。这表明:企业除了减少纸机脱水工序新鲜水的消耗外,还减少了各生产工艺段的中水回用量,从而减少了产品的蓝色虚拟水消耗量,而灰色虚拟水消耗量的减少表明企业在不断进行节能减排,这符合企业的发展要求。

7.2.2 纺织行业

纺织行业以河南 D 纺织印染有限公司为典型进行分析。

7.2.2.1 企业基本情况

河南 D 纺织印染有限公司是一家大型民营纺织印染企业,企业年主营业务收入达 46 800 万元,主要生产纱锭,年生产能力达到 23 万 t。该企业有棉纱厂和织布分厂,其中织布分厂主要生产坯布。D 纺织印染有限公司技改前的生产工艺水量平衡图如图 7-7 所示,技改后的生产工艺水量平衡图如图 7-8 所示。

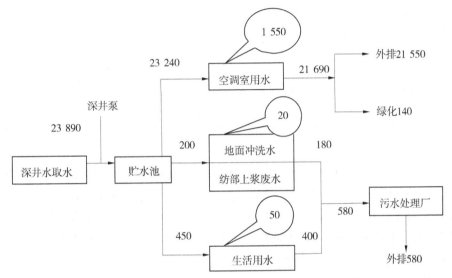

图 7-7 D 纺织印染公司技改前水量平衡图 (单位:m³/d)

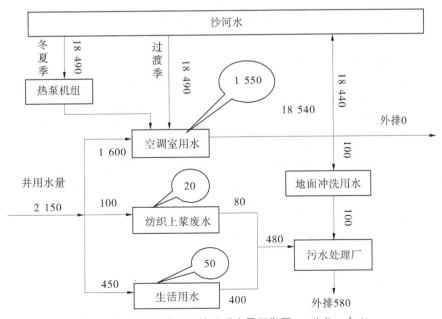

图 7-8 D 纺织印染公司技改后水量平衡图 (单位:m³/d)

该公司的节水技改报告中缺乏该厂生产的原材料资料,故无法对原材料虚拟水进行估算。因此将原材料虚拟水含量设定为零。

7.2.2.2 单位产品虚拟水分析

根据节水技改前后的生产工艺及用水水量平衡图,得 D 纺织公司技改前生产过程主要耗水为一次性新鲜用水,各工序耗水如表 7-12 所示。

表 7-12　D 纺织技改前后主要耗水工序及耗水量　　　　单位:m³/d

主要用水环节	阶段	空调室用水	纺部上浆用水	生活用水	小计
一次性新鲜水消耗量	技改前	23 240	200	450	23 890
中水回用量					0
小计		23 240	200	450	23 890
一次性新鲜水消耗量	技改后	1 600	100	450	2 150
中水回用量		18 490			18 490
小计		20 090	100	450	20 640

(1)新鲜水。

根据 D 纺织印染公司的生产工艺及用水水量平衡图可知,在技改前主要为新鲜水的消耗,主要消耗工序为空调室用水。该项技改工程节约大量新鲜水。D 纺织公司空调室用水工序新鲜水消耗量由技改前的 23 240 m³/d 减少为技改后的 1 600 m³/d。总的新鲜水量由技改前的 23 890 m³/d 减少到技改后的 2 150 m³/d,每天节约新鲜水量为 21 740 m³,年节约新鲜水量为 793.51 万 m³。

(2)中水。

根据该公司水量平衡图可知,在技改前未进行中水回用。通过技改,该公司增设了空调室的中水回用,并加大回用量到 18 490 m³/d,新鲜水的消耗量大大减少,提高了水的重复利用率。

(3)单位产品蓝色虚拟水消耗量。

节水技改前该公司总的蓝色虚拟水消耗量为 23 890 m³/d,年耗水量为 871.99 万 m³,单位产品生产过程中虚拟水消耗量 37.91 m³/t。节水技改后,总的蓝色虚拟水消耗量为 2 150 m³/d,年耗水量为 78.48 万 m³,单位产品生产过程中虚拟水消耗量为 3.41 m³/t。单位产品蓝色虚拟水计算结果见表 7-13。

表 7-13　D 纺织技改前后单位产品蓝色虚拟水含量及节水量

用水量	新鲜水量/(m³/d)	中水回用量/(m³/d)	单位产品蓝色虚拟水含量/(m³/t)
技改前	23 890	0	37.91
技改后	2 150	18 490	3.41
节水量	21 740	−18 490	34.5

注:表中−18 490 表示中水回用量每天增加了 18 490 m³,并没有减少。

（4）单位产品灰色虚拟水的消耗量。

该公司在节水技改前，企业达标排放量为 580 m³/d，节水技改后，企业达标排放量仍为 580 m³/d，说明该公司在技改后未能注重减少企业灰色虚拟水的排放。通过计算，单位产品生产过程中灰色虚拟水消耗量为 0.92 m³/t。

（5）节水效果。

该公司在技改前一次性新鲜用水量较大，达到 23 890 m³/d。节水技改后，新鲜水消耗量大大减少，减少到 2 150 m³/d。循环用水量大大增加，节约了一次性新鲜水用量，即蓝色虚拟水消耗量大大减少，但是单位产品生产过程中灰色虚拟水消耗量并没有减少，应加大空调室用水的中水回用的节水力度。

7.2.2.3 单位产品虚拟水分析结果

根据前述计算方法和假设条件，该公司在生产过程中，年生产生活用水 $V_{domestic}$ 为 16.43 万 m³，年生产过程中的添加水 V_{adding} 为 3.65 万 m³，年服务性用水 V_{public} 为 733.29 万 m³。D 纺织年生产能力 23 万 t，单位产品生产生活用水量 $V_{domestic}$ 为 0.71 m³/t，单位产品生产过程添加水 V_{adding} 耗水量为 0.16 m³/t，单位产品服务性用水 V_{public} 耗水量为 31.88 m³/t。该公司在生产过程中，单位产品虚拟水的消耗主要集中在服务性用水的消耗，其中主要为空调室用水的消耗，达到了 20 090 m³/d，而纺布上浆用水仅为 100 m³/d，相对耗水较少。

7.2.3 皮革行业

皮革行业以沁阳市 E 皮业有限公司为典型进行分析。

7.2.3.1 企业基本情况

该公司年主营业务收入达 13 000 万元。企业主要产品有鞋面革、沙发革、箱包革、少数民族礼拜垫、民族手工地毯。企业年可加工进口牛皮 120 万张，国产牛皮 80 万张，羊皮 80 万张（相当于 40 万张牛皮），生产加工能力属河南省前五名。沁阳 E 皮业有限公司技改前的生产工艺及用水水量平衡图如图 7-9 所示，技改后的生产工艺及用水水量平衡图如图 7-10 所示。E 皮业产品的主要原材料为牛皮，由于尚未有可依据的数据可查，故设定原材料虚拟水含量为零。

7.2.3.2 单位产品虚拟水分析

根据技改前后工艺用水的水量平衡图，牛皮加工过程中主要耗水工序为牛皮一次泡皮工序、二次泡皮工序和水洗工序，各工序耗水如表 7-14 所示。

（1）新鲜水。

根据该公司的生产工艺及用水水量平衡图可知，在制革过程中主要的工艺工序为泡皮、浸酸浸碱、水洗、初鞣复鞣及干燥。其中新鲜水的消耗主要集中在泡皮工序、浸酸浸碱工序、水洗工序、其他工序及干燥工序。通过分析，E 皮业公司的泡皮工序、浸酸浸碱工序、水洗工序的新鲜水消耗量由技改前的 5 162 m³/d 减少为技改后的 177 m³/d；总的新鲜水量由技改前的 7 500 m³/d 减少为技改后的 2 050 m³/d，每天节约新鲜水量为 5 450 m³，年节约新鲜水量为 198.93 万 m³。其中，泡皮、浸酸浸碱及水洗工序新鲜水节水力度较大。

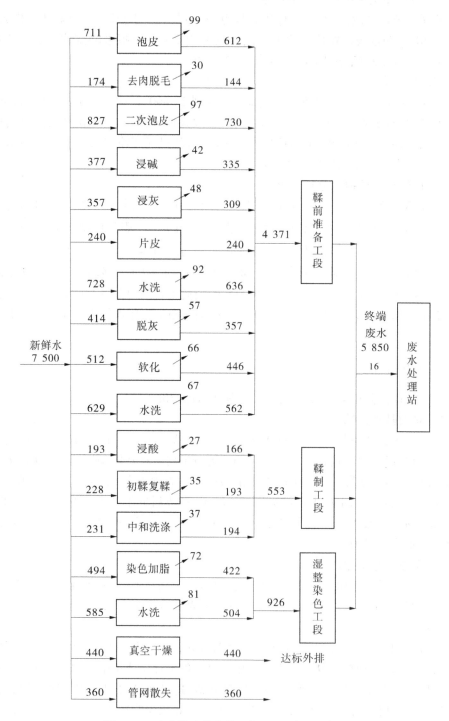

图 7-9　E皮业技改前水量平衡图 （单位:m³/d）

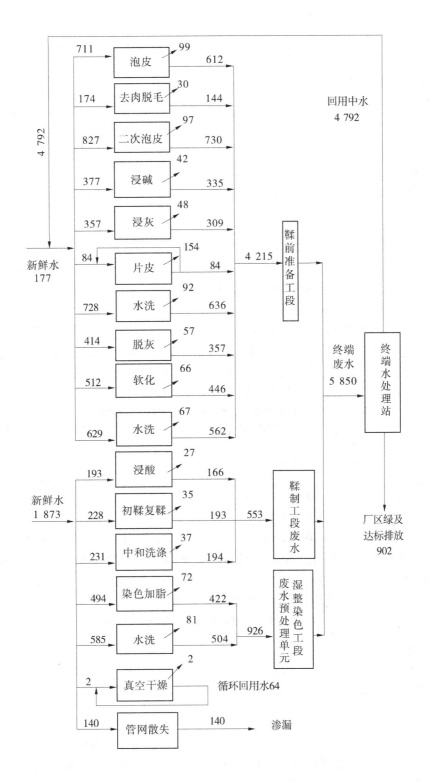

图 7-10 E 皮业技改后水量平衡图 （单位:m³/d）

表 7-14　E 皮业技改前后的主要耗水工序及耗水量　　　　　单位:m³/d

主要工艺工序	阶段	泡皮	脱毛及二次泡皮	浸碱及浸灰	片皮及水洗	二次水洗及浸酸	初鞣复鞣及深加工	干燥	小计
一次性新鲜水消耗量	技改前	711	1 001	734	968	1 748	953	1 385	7 500
中水回用量										0
小计		711	1 001	734	968	1 748	953	1 385	7 500
主要工序	阶段	泡皮	脱毛及二次泡皮	浸碱及浸灰	片皮及水洗	软化及二次水洗	浸酸及初鞣复鞣	其他工序	小计
一次性新鲜水消耗量	技改后	177					421	1 452	2 050
中水回用量		4 792						64	4 856
小计		4 969					421	1 516	6 906

（2）中水。

根据该公司的生产工艺及用水水量平衡图,在技改前未进行中水回用。技改后,除初鞣复鞣工序外该公司其余工序均进行了中水回用,且回用量较大,达到 4 856 m³/d,使新鲜水的消耗量大大减少,提高了水的重复利用率。

（3）单位产品蓝色虚拟水消耗量。

该公司在节水技改前,总的蓝色虚拟水消耗量为 7 500 m³/d,则年耗水量为 273.75万 m³,单位产品生产过程中蓝色虚拟水消耗量为 1.14 m³/t。节水技改后,蓝色虚拟水消耗量为 2 050 m³/d,则年耗水量为 74.83 万 m³,单位产品生产过程中蓝色虚拟水消耗量为 0.31 m³/t。单位产品蓝色虚拟水计算结果见表 7-15。

表 7-15　E 皮业技改前后单位产品蓝色虚拟水变化

用水量	新鲜水量/(m³/d)	中水回用量/(m³/d)	单位产品蓝色虚拟水含量/(m³/t)
技改前	7 500	0	1.14
技改后	2 050	4 856	0.31
节水量	5 450	-4 856	0.83

注:表中-4 856 表示中水回用量每天增加了 4 856 m³。

（4）单位产品灰色虚拟水的消耗量。

该公司节水技改前,企业达标排放量为 5 850 m³/d,则年达标排水量为 213.53 万m³,单位产品生产过程中灰色虚拟水消耗量为 0.89 m³/t。节水技改后,企业达标排放量为 902 m³/d,则年达标排水量为 32.92 万 m³,单位产品生产过程中灰色虚拟水消耗量为0.14 m³/t。单位产品灰色虚拟水计算结果见表 7-16。

表 7-16　E 皮业技改前后单位产品灰色虚拟水变化

用水量	达标排放量/(m³/d)	单位产品灰色虚拟水含量/(m³/t)
技改前	5 850	0.89
技改后	902	0.14
减少量	4 948	0.75

（5）节水效果。

通过节水技改工程,该公司一次性新鲜用水量由技改前的 7 500 m³/d 减少到技改后的 2 050 m³/d,年节约新鲜水用量达 198.93 万 m³。循环用水量大大增加,节约了一次性新鲜水用量,单位产品生产过程中蓝色虚拟水消耗量快速下降,一张牛皮约耗水 0.3 m³水,耗水量相对较小,但是生产过程中污染较为严重。由于在加工过程中,浸水、洗涤及干燥工序耗水量较大,所以企业应改进浸水、洗涤方法,减少用水量。

7.2.4 火力发电行业

火力发电行业以河南省 F 市热电厂为典型进行分析。

7.2.4.1 企业基本情况

火力发电行业以河南省 F 市热电厂为例,对该行业的工艺虚拟水含量的进行分析。F 市热电厂位于河南省 F 市,地处淮河流域,沙颍河南岸。该电厂年主营业务收入为 19 067.78 万元,属于国有大型二类企业。年发电量为 1.5 亿/(kW·h),年供热量 260 万 t。F 市热电厂技改前的生产工艺及用水水量平衡如图 7-11 所示,技改后的生产工艺及用水水量平衡图如图 7-12 所示。

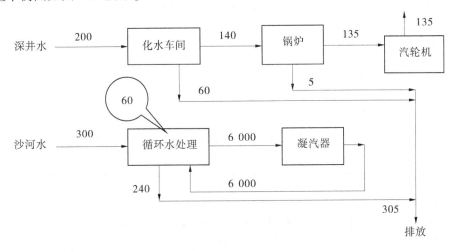

图 7-11 F 热电技改前水量平衡图 (单位:m^3/h)

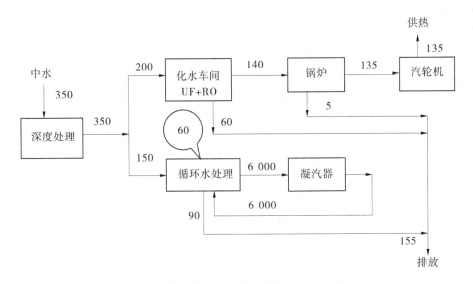

图 7-12 F 热电技改后水量平衡图 (单位:m^3/h)

热电是指烧煤或油或天然气,来供工业用电或取暖用气。因此,在发电过程中消耗了大量的煤炭、石油或天然气。所以,在计算过程中应该将各种资源的消耗考虑在内,即应考虑煤炭、油、天然气的虚拟水含量。煤炭、油、天然气的虚拟水含量可参照煤炭行业、石油行业及天然气的虚拟水计算,课题缺乏具体的资料,故未做计算。

7.2.4.2 单位产品虚拟水分析

根据技改前后的水量平衡图可知,在技改前,F市热电厂的新鲜水主要来自沙河水和深井水;技改后,F市热电厂放弃了利用沙河水和深井水作为原水,而是完全采用其他企业排出的中水采用UF超滤技术和RO反渗透系统进行处理后,作为原水,使该公司水源结构得到优化。该公司节水技改前后主要耗水工序耗水量见表7-17。

表7-17　F市热电厂技改前后的主要耗水工序耗水量　　　　　单位:m^3/d

主要环节	阶段	化水车间	循环水处理车间	小计
一次性新鲜水消耗量	技改前	4 800	7 200	12 000
中水回用量			144 000	144 000
小计		4 800	151 200	156 000
一次性新鲜水回用量	技改后			0
中水回用量		4 800	147 600	152 400
小计		4 800	147 600	152 400

(1)新鲜水。

该热电厂在发电过程中主要通过锅炉将燃料在炉膛中燃烧释放热,并将热量传给工质,以产生一定压力和温度的蒸汽,供汽轮发电机组发电或供热。通过分析,F市热电厂在电厂发电、供热过程中化水车间及循环水车间需要消耗大量新鲜水。其中,在化水车间新鲜水量的消耗由技改前的4 800 m^3/d减少为零,在循环车间新鲜水的消耗量由技改前的7 200 m^3/d减少为技改后的0,实现了新鲜水零消耗。总的新鲜水量由技改前的12 000 m^3/d减少零消耗,每天节约新鲜水量为12 000 m^3,年节约新鲜水量为425万 m^3。

(2)中水。

技改前该公司化水车间未进行中水回用。技改后,化水车间及循环水车间将所需的新鲜水补给转化为中水来代替,从而使新鲜水的消耗降为零。通过分析,F市热电厂在化水车间中水回用量由技改前的零增加到4 800 m^3/d,即正好弥补了新鲜水减少量;在循环车间中水回用量由技改前的14 400 m^3/d增加为技改后的147 600 m^3/d。总的中水回用量由技改前的144 000 m^3/d增加为技改后的152 400 m^3/d,增加了中水回用量。

(3)单位产品蓝色虚拟水消耗量。

由于F市热电厂在发电的同时也供热,故在计算过程中分别计算单位电蓝色虚拟水的消耗量和单位热蓝色虚拟水的消耗量。通过分析,F市热电厂在节水技改前蓝色虚拟水的消耗量为12 000 m^3/d,年蓝色虚拟水消耗量为325万 m^3,单位电生产过程中蓝色虚拟水消耗量为0.022 $m^3/($万kW·h$)$。节水技改后,蓝色虚拟水的消耗量为零,单位电生产过程中蓝色虚拟水的消耗量为0。同样,F市热电厂在节水技改前,总耗水量为12 000

m^3/d，则年耗水量为 325 万 m^3，单位热生产过程中虚拟水消耗量 1.25 m^3/t。节水技改后，总的耗水量为 0，单位热（蒸汽）生产过程中虚拟水消耗量为 0。单位产品蓝色虚拟水计算结果见表 7-18。

表 7-18　F 市热电厂技改前后单位产品蓝色虚拟水含量及节水量

用水量	新鲜水量/ （m^3/d）	中水回用量/ （m^3/d）	电蓝色虚拟水含量/ ［$m^3/(kW \cdot h)$］	热蓝色虚拟水含量/ （m^3/t）
技改前	12 000	144 000	0.022	1.25
技改后	0	152 400	0	0
节水量	12 000	−8 400	0.022	1.25

注：1. 表中−8 400 表示中水回用量每天增加了 8 400 m^3。
　　2. 年发电时数按 6 500 h。

（4）单位产品灰色虚拟水的消耗量。

F 市热电厂在节水技改前，企业达标排放量为 305 m^3/h，则年达标排水量为 198.25 万 m^3，单位产品生产过程中电灰色虚拟水消耗量为 0.017 $m^3/(kW \cdot h)$，单位产品生产过程中热灰色虚拟水消耗量为 0.76 m^3/t。节水技改后，企业达标排放量为 155 m^3/h，则年达标排水量为 100.75 万 m^3，单位产品生产过程中电灰色虚拟水消耗量为 0.006 7 $m^3/(kW \cdot h)$，单位产品生产过程中热灰色虚拟水消耗量为 0.39 m^3/t。单位产品灰色虚拟水计算结果见表 7-19。

表 7-19　F 市热电厂技改前后单位产品灰色虚拟水变化

用水量	达标排放量/ （m^3/h）	单位产品电灰色虚拟水消耗量/ ［$m^3/(kW \cdot h)$］	单位产品热灰色虚拟水消耗量/ （m^3/t）
技改前	305	0.017	0.76
技改后	155	0.006 7	0.39
减少量	150	0.006 3	0.37

（5）节水效果。

F 市热电厂按照国家政策要求，加大节水减污工作力度，直接放弃了利用新鲜水作为原水。通过节水技改工程一步到位地将原水调整为中水，为河南省热电企业调整水源结构，加大节水减污力度起到了示范作用。该电厂节水技改前年新鲜水达 325 万 m^3，通过将中水置换新鲜水，在高效节水的同时也实现高效的减污，通过减排有效降低对环境生态的污染。利用处理后的中水作为原水，不仅提高了水的循环利用率，也有效解决了本厂的用水问题。但在技改前后电厂产电及供热过程中单位产品的耗水量下降较小。

7.2.5　医药行业

7.2.5.1　河南 G 制药有限公司

1. 企业基本情况

河南 G 制药有限公司位于焦作市，年主营业务收入为 3 亿元，属于大型企业。企业主要生产小容量注射剂、冻干粉针剂两大系列 40 多个品种规格的药品，年产小容量注射剂 24

亿支、冻干粉针剂2亿支,主要产品有补骨脂注射液、注射用阿奇霉素。该公司技改前生产工艺及用水水量平衡如图7-13所示,技改后生产工艺及用水水量平衡如图7-14所示。该公司产品种类较多,原材料种类、工艺也各不相同,所以在分析原材料的虚拟水含量时,无法统一定量原材料的具体种类及含水量。在该算例中,G的生产工艺及用水水量平衡图主要是针对冻干粉的生产需水量,所以原材料大致可以归为三类:西林瓶、原辅料、丁基胶塞。由于这三种材料的耗水量无法估量,将冻干粉生产的原材料虚拟水含量设定为零。

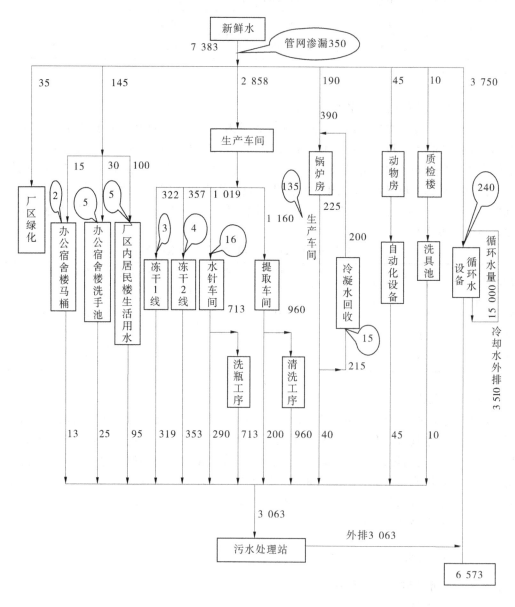

图7-13　G制药公司技改前水量平衡图　(单位:m³/d)

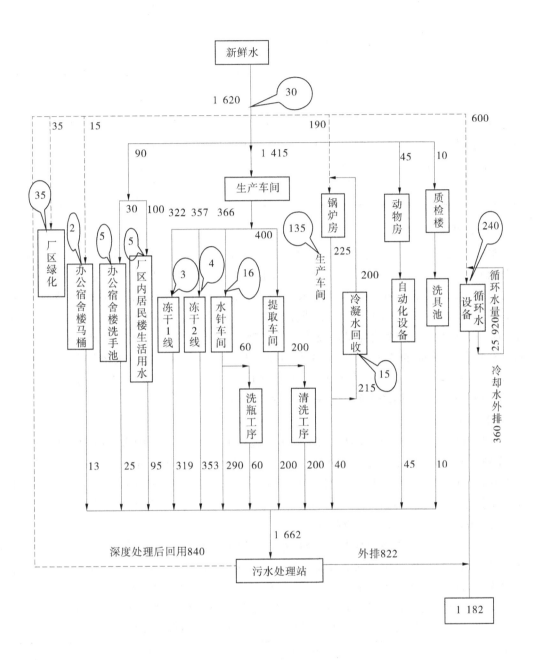

图 7-14　G 制药公司技改后水量平衡图 （单位:m³/d）

2.单位产品虚拟水分析

根据技改前的水量平衡图,得 G 制药公司用水的主要环节在中药清洗、浸泡和冷却循环补水等工序,各工序耗水如表 7-20 所示。

表 7-20 G 技改前后的主要耗水环节及耗水量 单位:m³/d

主要环节	阶段	冻干1线	冻干2线	水针车间	提取及清洗	锅炉房	动物房	质检楼	循环车间	厂区及办公	管网渗漏	小计
新鲜水消耗量	技改前	322	357	1 019	1 160	190	45	10	3 750	180	350	7 383
中水回用量						200			15 000			15 200
小计		322	357	1 019	1 160	390	45	10	18 750	180	350	22 583
新鲜水消耗量	技改后	322	357	366	400	190	45	10	600	90	30	2 410
中水回用量						200			25 920	50		26 170
小计		322	357	366	400	390	45	10	26 520	140	30	28 580

（1）新鲜水。

根据该公司的生产工艺及用水水量平衡图可知,冻干粉为生产线主要耗水环节或主要车间的耗水量。其中,新鲜水主要消耗车间为水针车间、提取及清洗车间、循环车间。

由表 7-20 可知,水针车间的新鲜水消耗量由技改前的 1 019 m³/d 减少为技改后的 366 m³/d;提取及清洗车间的新鲜水消耗量由技改前的 1 160 m³/d 减少为技改后的 400 m³/d;循环车间的新鲜水消耗量由技改前的 3 750 m³/d 减少为技改后的 600 m³/d. 总的新鲜水量由技改前的 7 383 m³/d 减少为技改后的 2 410 m³/d,每天节约新鲜水量为 7 383-2 410=4 973(m³),年节约新鲜水量为 181.51 万 m³。根据表 7-20 可知,水针车间、提取及清洗车间、循环车间的新鲜水节水空间较大。

（2）中水。

在技改前,该公司只有锅炉房和循环车间进行了中水回用,且中水回用量较少。技改后,企业针对循环车间加大了中水回用量,由技改前的 15 000 m³/d 增加为技改后的 25 920 m³/d,并对厂区绿化、办公环节也进行了中水回用。该公司技改前后总的中水回用量由技改前的 15 200 m³/d 增加为技改后的 26 170 m³/d,极大地减少了新鲜水的消耗。

（3）单位产品蓝色虚拟水消耗量。

该公司在节水技改前,总的蓝色虚拟水消耗量为 7 383 m³/d,年蓝色虚拟水消耗量为 269.84 万 m³,单位产品生产过程中蓝色虚拟水消耗量 0.01 m³/支。节水技改后,该公司总的蓝色虚拟水消耗量为 2 410 m³/d,年蓝色虚拟水消耗量为 87.97 万 m³,单位产品生产过程中蓝色虚拟水消耗量为 0.004 m³/支。单位产品蓝色虚拟水计算结果见表 7-21。

表 7-21 G 公司技改前后单位产品蓝色虚拟水含量及节水量

用水量	新鲜水量/(m³/d)	中水回用量/(m³/d)	单位产品蓝色虚拟水含量/(m³/支)
技改前	7 383	15 200	0.01
技改后	2 410	26 170	0.004
节水量	4 973	-10 970	0.096

注:表中-10 970 表示中水回用量每天增加量为 10 970 m³。

（4）单位产品灰色虚拟水的消耗量。

该公司节水技改前，企业达标排放量为 3 510 m³/d，年达标排水量为 128.12 万 m³，单位产品生产过程中灰色虚拟水消耗量为 0.006 m³/t。节水技改后，该公司达标排放量为 360 m³/d，年达标排水量为 13.14 万 m³，单位产品生产过程中灰色虚拟水消耗量为 0.000 7 m³/t。单位产品灰色虚拟水计算结果见表 7-22。

表 7-22　G 公司技改前后单位产品灰色虚拟水变化

用水量	达标排放量/(m³/d)	单位产品灰色虚拟水含量/(m³/t)
技改前	3 510	0.006
技改后	360	0.000 7
减少量	3 150	0.005 3

（5）节水效果。

该公司在技改前后的新鲜水耗用量大幅度下降，节约了大量的新鲜水。通过计算分析，生产一支冻干粉针剂的虚拟水消耗量为 0.01 m³，可见耗水量较大，企业在生产过程中不能单单强调节约新鲜水的消耗，更应重视在整个生产过程单位产品的水耗。其次，该公司在技改后的灰色虚拟水的排放量大大减少，说明企业重视可持续发展。

3. 单位产品虚拟水分析结果

根据前述计算方法和假设条件，计算的年生产生活用水 $V_{domestic}$ 为 5.11 万 m³，年生产过程中的添加水 V_{adding} 为 52.74 万 m³，年服务性用水 V_{public} 为 985.32 万 m³。该公司年生产能力 20 000 万支的冻干粉针剂，单位产品生产生活用水量 $V_{domestic}$ 为 0.000 3 m³/支，单位产品生产过程添加水 V_{adding} 耗水量为 0.003 m³/支，单位产品服务性用水 V_{public} 耗水量为 0.05 m³/支。通过分析，该公司在生产过程中单位产品虚拟水的消耗主要集中在服务性用水的消耗，特别是循环车间循环水消耗量较大，锅炉耗水量也较大，而生产过程中添加水的消耗主要集中在提取及清洗环节，且消耗量较少。

7.2.5.2　河南 H 药业集团

1. 企业基本情况

河南 H 药业集团位于鹿邑县玄武经济开发区，是河南省 3 家重点支持发展的制药企业之一，集团主导产品有中药制剂小儿清热宁颗粒、齿痛消炎灵颗粒、糖尿乐胶囊、益心通脉颗粒等，西药制剂有强力霉素、氟罗沙星注射液等 70 多个产品，年主营业务收入达368 664.23 万元，年产水针、粉针、冻干共计 52 亿支，中药 60 万件，西药年产胶剂 1 000 t，属于大型企业。

H 药业集团技改前的生产工艺及用水平衡图如图 7-15 所示，技改后的生产工艺及用水水量平衡图如图 7-16 所示。原材料种类及数量缺乏原始资料，且无法估算，故原材料虚拟水含量设定为零。

2. 单位产品虚拟水分析

根据该公司节水技改前后的水量平衡图，得 H 药业集团的水量平衡图包含了主要产品的耗水工艺。各主要产品耗水量如表 7-23 所示。

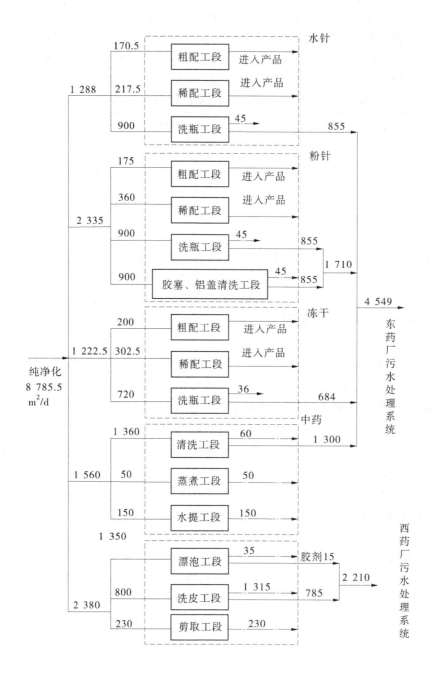

图7-15 H药业技改前水量平衡图 (单位:m³/d)

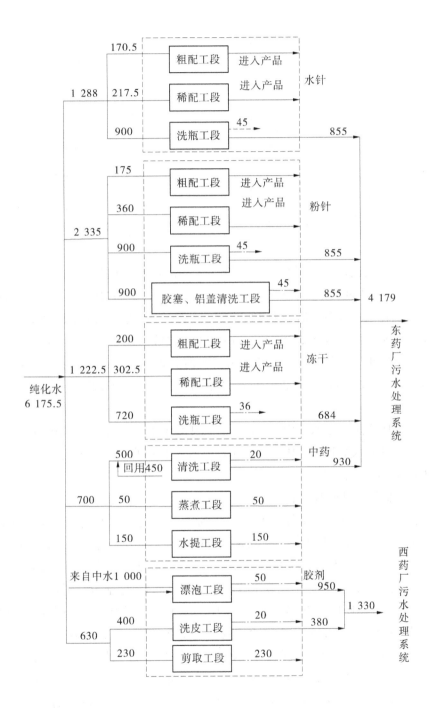

图 7-16 H 药业技改后水量平衡图 （单位:m³/d）

表 7-23 H 药业集团技改前后主要产品及耗水量   单位:m³/d

主要产品	阶段	水针	粉针	冻干粉	中药	胶剂	小计
一次性新鲜水消耗量	技改前	1 288	2 335	1 222.5	1 560	2 380	8 785.5
中水回用量							0
小计		1 288	2 335	1 222.5	1 560	2 380	8 785.5
一次性新鲜水消耗量	技改后	1 288	2 335	1 222.5	700	630	6 175.5
中水回用量					450	1 000	1 450
小计		1 288	2 335	1 222.5	1 150	1 630	7 625.5

(1)新鲜水。

该公司水量平衡图包括水针、粉针、冻干粉、中药、胶剂等主要产品的水耗过程。其中,粉针生产和胶剂生产过程中对新鲜水的需求量较大。通过分析,H 药业集团在粉针生产过程中新鲜水消耗量在技改前后均为 2 335 m³/d,完全没有变化;在胶剂生产过程新鲜水的消耗量的新鲜水量由技改前 2 380 m³/d 减少为技改后的 630 m³/d。中药和胶剂的新鲜水耗量均有所减少。总的新鲜水消耗量由技改前的 8 785.5 m³/d 减少为 6 175.5 m³/d,每天节约新鲜水量为 2 610 m³,年节约新鲜水量为 95.27 万 m³。

(2)中水。

在技改前该集团未进行中水回用。技改后针对中药和胶剂的生产过程进行整改,采取中水回用来减少新鲜水的耗用。H 药业集团技改前后中水回用量由技改前的 0 增加为技改后的 1 450 m³/d,回用量并不大。

(3)单位产品蓝色虚拟水消耗量。

H 药业集团在节水技改前,水针、粉针、冻干粉总的蓝色虚拟水消耗量为 4 845.5 m³/d,则年蓝色虚拟水消耗量耗水量为 176.86 万 m³,单位产品生产过程中蓝色虚拟水消耗量 0.000 3 m³/支。节水技改后,总的蓝色虚拟水消耗量为并没有发生变化,故单位产品的蓝色虚拟水消耗量也没有变化。节水技改前,中药总的蓝色虚拟水消耗量为 1 560 m³/d,则年蓝色虚拟水消耗量为 56.94 万 m³,单位产品生产过程中蓝色虚拟水消耗量为 0.95 m³/件。节水技改后,总的蓝色虚拟水消耗量为 700 m³/d,年蓝色虚拟水消耗量为 25.55 万 m³,单位产品生产过程中蓝色虚拟水消耗量为 0.43 m³/件。节水技改前,胶剂总的蓝色虚拟水消耗量为 2 380 m³/d,年蓝色虚拟水消耗量为 86.87 万 m³,单位产品生产过程中蓝色虚拟水消耗量为 868.7 m³/t。节水技改后总的蓝色虚拟水消耗量为 630 m³/d,年蓝色虚拟水消耗量为 23 万 m³,单位产品生产过程中蓝色虚拟水消耗量为 230 m³/t。结果如表 7-24 表示。

表 7-24　H 药业集团技改前后单位产品蓝色虚拟水含量及节水量

用水量	新鲜水量/(m^3/d)	中水回用量/(m^3/d)	单位水针、粉针、冻干粉蓝色虚拟水含量/(m^3/支)	单位中药蓝色虚拟水含量/(m^3/件)	单位胶剂蓝色虚拟水含量/(m^3/t)
技改前	8 785.5	0	0.000 3	0.95	868.7
技改后	6 175.5	1 450	0.000 3	0.43	230
节水量	2 610	−1 450	0	0.52	638.7

注:表中−1 450 表示中水回用量在节水措施后每天增加量为 1 450 m^3,0 表示在节水前后,单位水针、粉针、冻干粉的虚拟水含量没有发生变化。

(4)单位产品灰色虚拟水的消耗量。

H 药业集团在节水技改前达标排放量为 6 759 m^3/d,年达标排水量为 246.70 万 m^3,将企业三种主要产品产量按比例 520 000∶60∶0.1 对达标排放水量进行分配,可以看出,企业水针、粉针及冻干粉的生产量最大,这里认为达标排放水量主要为生产各种粉针所产生,因此单位产品生产过程中灰色虚拟水消耗量为 0.000 4 m^3/t。节水技改后,企业达标排放量为 5 509 m^3/d,则达标排水量为 201.08 万 m^3,单位产品生产过程中灰色虚拟水消耗量为 0.000 38 m^3/t。结果如表 7-25 所示。

表 7-25　H 药业集团技改前后单位产品灰色虚拟水变化

用水量	达标排放量/(m^3/d)	单位产品灰色虚拟水含量/(m^3/t)
技改前	6 759	0.000 4
技改后	5 509	0.000 38
减少量	7 108	0.000 02

(5)节水效果。

H 药业集团在节水技改前后,新鲜水量节水力度较小,且粉针生产过程中未进行中水回用。通过分析在各主要产品的单位产品虚拟水,西药胶剂的单位产品虚拟水含量明显高于其他产品,企业应加强改进胶剂的生产工艺,从而减少水耗;技改前后对废水排放的改革措施不太明显,以至于企业的达标排放量前后改变不大,即单位产品的灰色虚拟水含量技改前后变化不大。

7.2.6　食品行业

7.2.6.1　河南省 I 酒业股份有限公司

1.企业基本情况

该公司位于河南省周口市,主要生产白酒及其他饮料酒,年产原酒 2 万 t,成品酒 4.2 万 t,合计生产各种饮料酒 7 万余 t,公司年主营业务收入达 200 000 万元。该公司技改前的生产工艺及用水水量平衡如图 7-17 所示,技改后的生产工艺及用水水量平衡如图 7-18 所示。

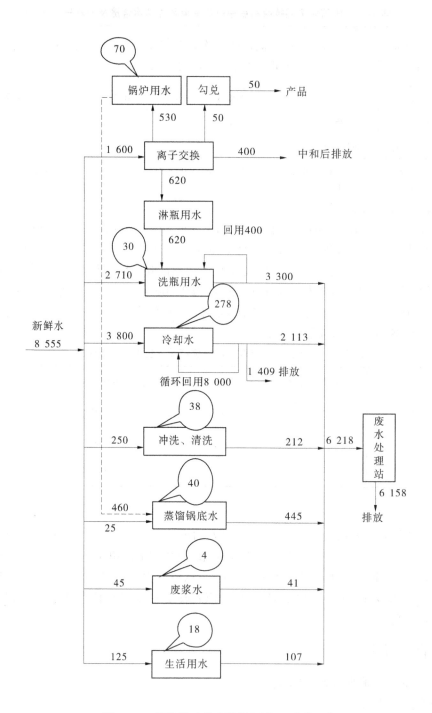

图 7-17 I 酒业技改前水量平衡图 （单位：m³/d）

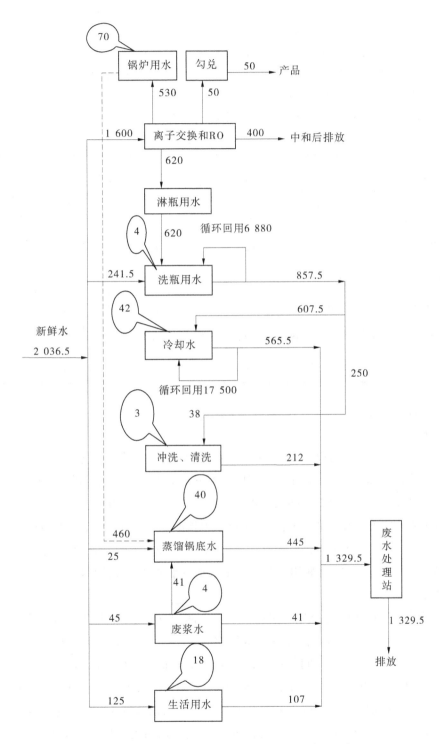

图7-18 Ⅰ酒业技改后水量平衡图 （单位：m³/d）

我国白酒一般以小麦、高粱、玉米等为原料经发酵、蒸馏、陈酿制成。不同酒原料也有差别，主要是谷类、薯类，如高粱、玉米、甘薯等，一般优质原料以高粱为主，适当搭配玉米、小麦、糯米、大米等粮食。所以要计算酒的原材料虚拟水含量，需根据 I 酒厂的不同酒的不同原材料数量配比进行统计，然后考虑各农作物的作物需水量，综合各种因素得出原材料的虚拟水含量。由于缺乏实际资料，故设定 I 酒业原材料虚拟水含量为零。根据 I 酒业技改前后的水量平衡图，得 I 酒业公司各工序耗水如表 7-26 所示。

表 7-26　I 酒业技改前后水量平衡图　　　　　　　　　单位：m^3/d

主要工序	阶段	离子交换	洗瓶用水	冷却水	冲洗、清洗	蒸馏	废浆	生活用水	小计
一次性新鲜水消耗	技改前	1 600	2 710	3 800	250	25	45	125	8 555
中水回用量			400	8 000		460			8 860
小计		1 600	3 110	11 800	250	485	45	125	17 415
一次性新鲜水消耗	技改后	1 600	241.5			25	45	125	2 036.5
中水回用量			6 880	17 500	250	460			25 090
小计		1 600	7 121.5	17 500	250	485	45	125	27 126.5

2. 单位产品虚拟水分析

(1) 新鲜水。

I 酒业的主要用水工序为离子交换、洗瓶用水及冷却用水。其中，技改前洗瓶工序和冷却工序新鲜水消耗量较大。I 酒业洗瓶工序的新鲜水消耗量由技改前的 2 710 m^3/d 减少为技改后的 241.5 m^3/d；冷却工序新鲜水消耗量由技改前的 3 800 m^3/d 减少为技改后的 0。总的新鲜水量由技改前的 8 555 m^3/d 减少为技改后的 2 036.5 m^3/d，每天节约新鲜水量为 6 518.5 m^3，年节约新鲜水量为 237.93 万 m^3。分析表明，离子交换车间新鲜水消耗量在技改前后保持不变，洗瓶用水和冷却用水新鲜水消耗在技改后明显下降。

(2) 中水。

虽然在技改前洗瓶车间与冷却车间进行了中水回用，但 I 酒业中水回用量较少。技改后，企业针对洗瓶车间、冷却车间及冲洗车间均加大了中水回用量，使冷却车间的新鲜水消耗降为零。I 酒业在洗瓶车间的中水回用量由技改前的 400 m^3/d 增加为技改后的 6 880 m^3/d；冷却车间的中水回用量由技改前的 8 000 m^3/d 增加为技改后的 17 500 m^3/d；冲洗车间的中水回用量由技改前的 0 增加为技改后的 250 m^3/d；总的中水回用量由技改前的 8 860 m^3/d 增加为技改后的 25 090 m^3/d，中水回用量几乎增加两倍。

(3) 单位产品蓝色虚拟水消耗量。

I 酒业在节水技改前，总的蓝色虚拟水消耗量为 8 555 m^3/d，年蓝色虚拟水消耗量为

312.26 万 m^3，单位产品生产过程中蓝色虚拟水消耗量 23.66 m^3/t(或 23.66 m^3/kL)。节水技改后，总蓝色虚拟水消耗量为 2 036.5 m^3/d，年蓝色虚拟水消耗量为 74.33 万 m^3，单位产品生产过程中蓝色虚拟水消耗量为 5.63 m^3/t(或 5.63 m^3/kL)。单位产品蓝色虚拟水计算结果见表 7-27。

表 7-27　I 酒业技改前后单位产品蓝色虚拟水含量及节水量

用水量	新鲜水量/(m^3/d)	中水回用量/(m^3/d)	单位产品蓝色虚拟水含量/(m^3/kL)
技改前	8 555	8 860	23.66
技改后	2 036.5	25 090	5.63
节水量	6 518.5	−16 230	18.03

注：表中−16 230 表示中水回用量每天增加量为 16 230 m^3。

(4)单位产品灰色虚拟水的消耗量。

节水技改前 I 酒业达标排放量为 6 158 m^3/d，年达标排水量为 224.77 万 m^3，单位产品生产过程中灰色虚拟水消耗量为 17.03 m^3/t。节水技改后，企业达标排放量为 1 329.5 m^3/d，年达标排水量为 48.53 万 m^3，单位产品生产过程中灰色虚拟水消耗量为 3.68 m^3/t。单位产品灰色虚拟水计算结果见表 7-28。

表 7-28　I 酒业技改前后单位产品灰色虚拟水变化

用水量	达标排放量/(m^3/d)	单位产品灰色虚拟水含量/(m^3/t)
技改前	6 158	17.03
技改后	1 329.5	3.68
减少量	4 828.5	13.35

(5)节水效果。

技改前后 I 酒业新鲜水耗用量大幅度下降，节约了大量的新鲜水。在技改后企业进一步推进中水回用，中水回用量大幅度增加，减少了新鲜水的消耗量，同时企业的达标排水量也大幅度减少。企业应改进工艺或采用先进设备，进一步减少生产过程中水的消耗。

3. 单位产品虚拟水分析结果

根据前述工业产品的计算方法和假设条件，计算得出生产过程中，生产人员年生产生活用水 $V_{domestic}$ 为 4.56 万 m^3，年生产过程中的添加水 V_{adding} 为 85.23 万 m^3，年服务性用水 V_{public} 为 900.33 万 m^3。I 酒业年生产能力 13.2 万 t，单位产品生产生活用水量 $V_{domestic}$ 为 0.35 m^3/kL，单位产品生产过程添加水 V_{adding} 耗水量为 6.46 m^3/kL，单位产品服务性用水 V_{public} 耗水量为 68.21 m^3/kL。I 酒业在生产过程中，单位产品虚拟水的消耗主要集中在服务性用水的消耗，其中冷却水的消耗达到了 17 500 m^3/d，生产生活用水及生产过程中添加水的消耗较少。

7.2.6.2 河南J糖业有限公司

1. 企业基本情况

J糖业有限公司位于周口市,主要生产结晶葡萄糖,葡萄糖浆,及麦芽糖浆。年产结晶葡萄糖 5 万 t,葡萄糖浆 5 万 t,麦芽糖浆 2 万 t,年主营业务收入 38 000 万元。J糖业公司技改前生产工艺及用水水量平衡图如图 7-19 所示,技改后的生产工艺及用水水量平衡图如图 7-20 所示。

一般葡萄糖的生产需要淀粉含量丰富的原材料,如大米、面粉、玉米、红薯、土豆、甘蔗等,生产时还要结合生产工艺,考虑成本的问题。现在企业一般采用全酶法工艺生产葡萄糖。所以J糖业原材料的虚拟水含量可参照河南省玉米淀粉的用水定额 28 m³/t,面粉淀粉的用水定额 15 m³/t,再根据具体情况,考虑各种因素,综合确定。

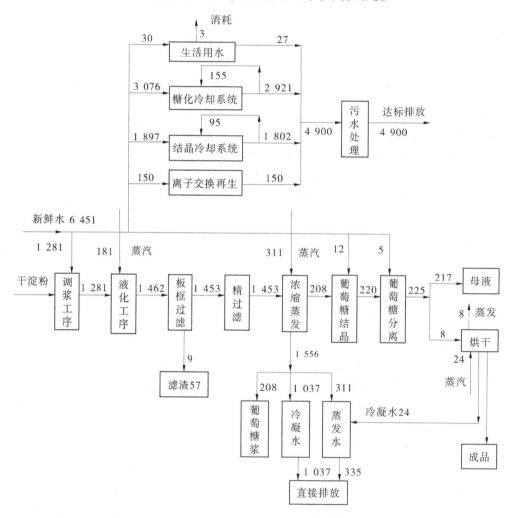

图 7-19　J糖业技改前水量平衡图　(单位:m³/d)

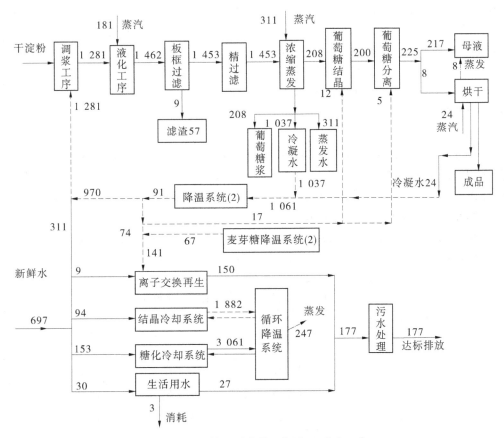

图 7-20　J糖业技改后水量平衡图　（单位：m³/d）

2. 单位产品虚拟水分析

根据技改前后的水量平衡图，得 J 糖业公司各工序耗水如表 7-29 所示。

表 7-29　J糖业公司技改前后主要工艺工序及耗水量　　单位：m³/d

主要工序	阶段	调浆	液化	离子交换	结晶冷却	糖化冷却	浓缩蒸发	结晶及分离	烘干	生活用水	小计
新鲜水消耗量	技改前	1 281		150	1 897	3 076		17		30	6 451
中水回用量			181		95	155	311		24		766
小计		1 281	181	150	1 992	3 231	311	17	24	30	7 217
新鲜水消耗量	技改后	311		9	94	153				30	597
中水回用量		970	181	141	1 882	3 061	311		24		6 570
小计		1 281	181	150	1 976	3 214	311		24	30	7 167

注：蒸汽量不计。

（1）新鲜水。

根据 J 糖业的生产水量平衡图，主要用水工序为调浆、离子交换、结晶、糖化、浓缩蒸发、烘干。其中，新鲜水的消耗主要集中在调浆工序、结晶冷却工序、糖化冷却工序。J 糖业在调浆工序的新鲜水消耗量由技改前的 1 281 m³/d 减少为技改后的 311 m³/d;结晶冷却工序的新鲜水消耗量由技改前的 1 897 m³/d 减少为技改后的 94 m³/d;糖化冷却工序的新鲜水消耗量由技改前的 3 076 m³/d 减少为技改后的 153 m³/d。总的新鲜水量由技改前的 6 451 m³/d 减少为技改后的 597 m³/d,每天节约新鲜水量为 5 854 m³,年节约新鲜水量为 213.67 万 m³。技改前后结晶冷却及糖化冷却工序的新鲜水量大量下降,但是相应的中水回用量却大幅度增加。

(2)中水。

J 糖业在结晶工序中水回用量由技改前的 95 m³/d 增加为技改后的 1 882 m³/d;糖化冷却工序中水回用量由技改前的 155 m³/d 增加为技改后的 3 061 m³/d。总的中水回用量由技改前的 766 m³/d 增加为技改后的 6 570 m³/d,中水回用量相对于技改前大幅度增加。

(3)单位产品蓝色虚拟水消耗量。

J 糖业的水量平衡图涵盖主要产品麦芽糖浆、葡萄糖浆及结晶葡萄糖等的具体耗水,在此根据需要将调浆工序、液化工序、浓缩蒸发及生活用水按产品数量比例进行分配,即麦芽糖浆:葡萄糖浆:结晶葡萄糖=2:5:5,单位产品蓝色虚拟水计算结果见表 7-30。

表 7-30 J 糖业技改前后各产品蓝色虚拟水消耗量

产品种类		麦芽糖浆		葡萄糖浆		结晶葡萄糖	
工序	调浆工序	213.5	调浆工序	533.75	调浆工序	533.75
	液化工序	0	液化工序	0	液化工序	0
	离子交换	150	浓缩蒸发	0	浓缩蒸发	0
	结晶冷却	316.17	葡萄糖浆	1 281.67	葡萄糖结晶	1 281.67
	糖化冷却	512.67		790.42	葡萄糖分离	790.42
	生活用水	5		12.5		12.5
小计		1 197.84		2 618.34		2 618.34
技改前年蓝色虚拟水消耗量/万 m³		43.70		95.57		95.57
技改前单位产品蓝色虚拟水含量/(m³/t)		43.7/2=21.85		19.11		19.11
工序	调浆工序	51.83	调浆工序	129.58	调浆工序	129.58
	液化工序	0	液化工序	0	液化工序	0
	离子交换	9	浓缩蒸发	0	浓缩蒸发	0
	结晶冷却	94	葡萄糖浆	0	葡萄糖结晶	0
	糖化冷却	153			葡萄糖分离	0
	生活用水	30			烘干	0
小计		337.83		129.58		129.58
技改后年蓝色虚拟水消耗量/万 m³		12.33		4.73		4.73
技改后单位产品蓝色虚拟水含量/(m³/t)		12.33/2=6.17		4.73/5=0.95		4.73/5=0.95

（4）单位产品灰色虚拟水的消耗量。

J糖业在节水技改前，企业达标排放量为 4 900 m^3/d，则年达标排水量为 178.85 万 m^3，三种产品产量总共为 12 t，因此单位产品生产过程中灰色虚拟水消耗量为 14.9 m^3/t。节水技改后，企业达标排放量为 177 m^3/d，则年达标排水量为 6.46 万 m^3，单位产品生产过程中灰色虚拟水消耗量为 2.14 m^3/t。单位产品灰色虚拟水计算结果见表7-31。

表 7-31　造前后单位产品灰色虚拟水变化

用水量	达标排放量/（m^3/d）	单位产品灰色虚拟水含量/（m^3/t）
技改前	4 900	14.90
技改后	177	0.54
减少量	4 723	14.36

（5）节水效果。

J糖业公司在技改前后，年节约新鲜水量 213.67 万 t。单位产品生产过程中蓝色虚拟水的含量均有所下降，其中以麦芽糖浆的下降量最大，灰色虚拟水的消耗量也下降较大，从技改前的 14.90 m^3/t 下降到 0.54 m^3/t。

3. 单位产品虚拟水分析结果

根据前述计算方法和假设条件，J糖业技改后生产人员年生产生活用水 $V_{domestic}$ 为 1.10 万 m^3，年生产过程中的添加水 V_{adding} 为 71.07 万 m^3，年服务性用水 V_{public} 为 189.44 万 m^3。J糖业年生产能力 12 万 t，单位产品生产生活用水量 $V_{domestic}$ 为 0.09 m^3/t，单位产品生产过程添加水 V_{adding} 耗水量为 5.92 m^3/t，单位产品服务性用水 V_{public} 耗水量为 15.79 m^3/t。通过分析，J糖业在生产过程中，单位产品虚拟水的消耗主要集中在服务性用水的消耗（主要为冷却水的消耗）及生产过程中添加水的消耗，生产生活用水较少。

7.2.6.3　K啤酒实业有限公司

1. 企业基本情况

K啤酒实业有限公司位于河南漯河市，是河南省生产系列啤酒和啤酒专用麦芽为主的大型啤酒生产企业之一。年啤酒生产能力为 28 万 t，麦芽生产能力为 10 万 t，年主营业务收入为 46 000 万元。K啤酒公司技改前的生产工艺及用水水量平衡如图7-21所示，技改后的生产工艺及用水水量平衡如图7-22所示。啤酒酿造需四大原料：麦芽、酒花、酵母、水。其中麦芽由大麦制成，一般需进口，且需要经过处理；酒花属于荨麻或大麻系的植物；酵母需人工培养。啤酒酿造所需要的水除需水质洁净外，还必须去除水中所含的矿物盐。所以在计算啤酒原料的虚拟水含量时，需要考虑着四种材料自身的虚拟水含量和必要的生产工艺耗水量，且应将原材料中水的消耗与啤酒生产过程中所消耗的水区分开来，以免重复计算。最后，折合材料产地、材料加工工序等一系列因素，综合考虑，得出生产啤酒的原材料的虚拟水含量。

2. 单位产品虚拟水分析

根据技改前后的水量平衡图，得K啤酒公司各工序耗水如表7-32所示。

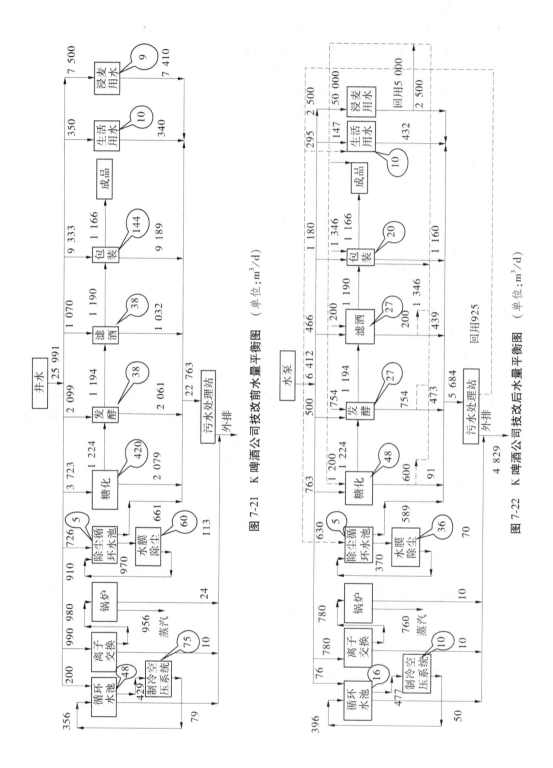

图 7-21 K 啤酒公司技改前水量平衡图 （单位：m³/d）

图 7-22 K 啤酒公司技改后水量平衡图 （单位：m³/d）

表 7-32　K 啤酒公司技改前后主要工艺工序及耗水量　　　　　　　单位:m³/d

主要环节	阶段	循环水池	离子交换	锅炉	除尘循环水池	糖化	发酵	滤酒	包装	浸麦	生活	小计
新鲜水消耗量	技改前	200	990		726	3 723	2 099	1 070	9 333	7 500	350	25 991
中水回用量		356		980	910							2 246
小计		556	990	980	1 636	3 723	2 099	1 070	9 333	7 500	350	28 237
新鲜水消耗量	技改后	76	780			763	500	466	1 180	2 500	147	6 412
中水回用量		396		770	630	1 200	754	200	1 346		295	5 591
小计		472	780	770	630	1 963	1 254	666	2 526	2 500	442	12 003

（1）新鲜水。

K 啤酒公司的生产工艺工序为浸麦、糖化、发酵、罐装等。其中,新鲜水的消耗主要集中在浸麦工序、糖化工序、发酵工序、滤酒工序及包装工序。K 啤酒公司在浸麦工序的新鲜水消耗量由技改前的 7 500 m³/d 减少为技改后的 2 500 m³/d;糖化工序的新鲜水消耗量由技改前的 3 723 m³/d 减少为技改后的 763 m³/d;发酵工序的新鲜水消耗量由技改前的 2 099 m³/d 减少为技改后的 500 m³/d;滤酒工序的新鲜水消耗量由技改前的 1 070 m³/d 减少为技改后的 466 m³/d;包装工序的新鲜水消耗量由技改前的 9 333 m³/d 减少为技改后的 1 180 m³/d。总的新鲜水量由技改前的 25 991 m³/d 减少为技改后的 6 412 m³/d,每天节约新鲜水量为 19 579 m³,年节约新鲜水量为 714.63 万 m³。该公司浸麦工序、包装工序、糖化工序、发酵工序新鲜水消耗量均下降较大,中水回用量未大幅度增加。

（2）中水。

该公司在技改前,只有循环水池、锅炉及除尘循环水池进行了中水回用。技改后,企业针对除浸麦环节外的各个环节进行了中水回用,且中水回用量较小,说明企业从整个生产过程中控制了水的用量。K 啤酒技改前后中水回用量由技改前的 2 246 m³/d 增加为技改后的 5 591 m³/d,中水回用量相对于技改前有所增加。

（3）单位产品蓝色虚拟水消耗量。

该公司在生产啤酒的过程中,要先将大麦浸水形成麦芽,年产麦芽 10 万 t,年产啤酒 28 万 t,将生活用水按 1:2.8 的比例分配。单位产品蓝色虚拟水计算结果见表 7-33。

表 7-33 K 啤酒技改前后产品的蓝色虚拟水消耗量

产品种类			麦芽		啤酒
工序		浸麦	7 500	循环水池	200
		生活用水	92.11	离子交换	990
				锅炉	0
				除尘循环	726
				糖化	3 723
				发酵	2 099
				滤酒	1 070
				包装	9 333
				生活用水	257.89
小计		7 592.11		18 308.89	
技改前年蓝色虚拟水消耗量/万 m³		277.11		668.27	
单位产品蓝色虚拟水消耗量/(m³/t,m³/kL)		277.11/10=27.71		668.27/28=23.87	
工序		浸麦	2 500	循环水池	76
		生活用水	38.68	离子交换	780
				锅炉	0
				除尘循环	0
				糖化	763
				发酵	500
				滤酒	466
				包装	1 180
				生活用水	108.32
小计		2 538.68		3 873.32	
技改后年蓝色虚拟水消耗量/万 m³		92.66		141.38	
单位产品蓝色虚拟水消耗量/(m³/t,m³/kL)		92.66﹨10=9.27		342.61/28=12.24	

（4）单位产品灰色虚拟水的消耗量。

节水技改前该企业达标排放量为 22 763 m³/d,年达标排水量为 830.85 万 m³,单位产品生产过程中灰色虚拟水消耗量为 21.86 m³/t。节水技改后,企业达标排放量为 4 829 m³/d,年达标排水量为 176.26 万 m³,单位产品生产过程中灰色虚拟水消耗量为 4.64 m³/t。单位产品灰色虚拟水计算结果见表 7-34。

表 7-34　K啤酒技改前后单位产品灰色虚拟水变化

用水量	达标排放量/（m³/d）	单位产品灰色虚拟水含量/（m³/t）
技改前	22 763	21.86
技改后	4 829	4.64
减少量	17 934	17.22

（5）节水效果。

该公司在技改后年节约新鲜水量714.63 万 m³。单位产品生产过程中虚拟水的含量均有所减少，从虚拟水的角度分析技改后的单位产品耗水量明显减少。

3. 单位产品虚拟水分析结果

根据前述计算方法和假设条件，该公司技改后生产人员年生产生活用水 $V_{domestic}$ 为 16.13 万 m³，年生产过程中的添加水 V_{adding} 为 262.40 万 m³，年服务性用水 V_{public} 为 68.33 万 m³。按年生产能力 28 万 t，单位产品生产生活用水量 $V_{domestic}$ 为 0.58 m³/kL，单位产品生产过程添加水 V_{adding} 耗水量为 9.37 m³/kL，单位产品服务性用水 V_{public} 耗水量为 2.44 m³/kL。该公司在生产过程中，单位产品虚拟水的消耗主要集中在生产过程中添加水的消耗，其中包装工序耗水量较大，为 2 526 m³/d，其次糖化工序耗水量也较大，达到了 1 963 m³/d，服务性用水主要为锅炉和循环水池的耗水量较大，生产人员生活用水相对较少。

7.2.7　化工行业

7.2.7.1　L碱业有限责任公司

1. 企业基本情况

L碱业有限责任公司位于河南省南阳市，年主营业务收入为 31 101 万元，主要产品为纯碱和食用小苏打，年产量为 30 万 t。L碱业技改前的生产工艺及用水水量平衡图如图 7-23 所示，技改后的生产工艺及用水水量平衡图如图 7-24 所示。制碱原料为食盐、氨、二氧化碳等，难以计算其虚拟水含量，故设定为零。

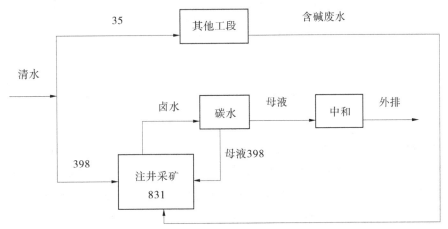

图 7-23　L碱业技改前水量平衡图　（单位：m³/d）

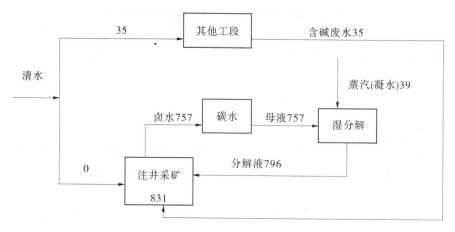

图 7-24　L 碱业技改后水量平衡图　（单位:m³/d）

2. 单位产品虚拟水分析

根据技改前后的水量平衡图,得 L 碱业公司主要耗水为注井采矿工序,各工序耗水如表 7-35 所示。

表 7-35　L 公司技改前后主要工艺工序及耗水量　　　　　　单位:m³/d

主要工序		注井采矿	其他工序	小计
一次性新鲜水消耗量	技改前	9 552	840	10 392
中水回用量		9 552		10 392
		840		
小计		19 944	840	20 784
一次性新鲜水消耗量	技改后	0	840	840
中水回用量		840		19 944
		19 104		
小计		19 944	840	20 784

（1）新鲜水。

根据技改前后的生产水量平衡图,该公司在生产过程中注井采矿工序存在大量的新鲜水消耗,技改后注井采矿工序停止了使用新鲜水。注井采矿工序的新鲜水消耗量由技改前的 9 552 m³/d 减少为技改后的 0。总的新鲜水量由技改前的 10 392 m³/d 减少为技改后的 840 m³/d,每天节约新鲜水量为 9 552 m³,年节约新鲜水量为 348.65 万 m³。

（2）中水。

在技改前,该公司已经对注井采矿工序进行了中水回用,但为了节约新鲜水,在技改后,采矿工序所需用水全部由中水来代替。该公司技改前后中水回用量由技改前的10 392 m³/d 增加为技改后的 19 944 m³/d,中水回用量相对于技改前有所增加。

(3)单位产品蓝色虚拟水消耗量。

该公司在节水技改前总的蓝色虚拟水消耗量为 10 392 m³/d,年蓝色虚拟水消耗量为 379.31 万 m³,技改前单位产品生产过程中蓝色虚拟水消耗量 12.64 m³/t;节水技改后总的蓝色虚拟水消耗量为 840 m³/d,年蓝色虚拟水消耗量为 30.66 万 m³,单位产品生产过程中蓝色虚拟水消耗量 1.02 m³/t。单位产品蓝色虚拟水计算结果见表 7-36。

表 7-36　L 技改前后单位产品蓝色虚拟水含量及节水量

用水量	新鲜水量/(m³/d)	中水回用量/(m³/d)	单位产品蓝色虚拟水含量/(m³/t)
技改前	10 392	10 392	12.64
技改后	840	19 944	1.02
节水量	9 552	−9 552	11.62

注:表中−9 552 表示在节水实施后中水回用量每天增加量为 9 552 m³。

(4)单位产品灰色虚拟水的消耗量。

节水技改前后该公司生产工序用水几乎为一个封闭环路,废水又被注井采矿工序回用,故可认为企业单位产品生产过程中灰色虚拟水消耗量为 0。

(5)节水效果。

该公司在技改后年节约新鲜水 348.65 万 m³,单位产品蓝色虚拟水消耗量大幅度减少,虽然企业在生产过程中几乎没有外排水,但是企业在生产过程中也应当注重生产工艺的改进及生产水平的提高,从而减少生产过程中的水的消耗,特别是注井工序的水耗。

7.2.7.2　河南 M 股份有限公司

1. 企业基本情况

河南 M 股份有限公司位于驻马店市,公司年主营业务收入为 110 000 万元,主要生产尿素、甲醇、三聚氰胺、DMF,其中年生产尿素 45 万 t,甲醇 20 万 t,三聚氰胺 3 万 t,DMF 2 万 t。河南 M 公司技改前的生产工艺及用水水量平衡图如图 7-25 所示,技改后生产工艺及用水水量平衡图如图 7-26 所示。尿素、甲醇等的生产原材料一般为煤、石油、天然气等,所以产品原材料的虚拟水消耗量应包括生产过程中消耗的煤、石油、天然气及其他添加物的虚拟水消耗量。综合各种因素,得出原材料的虚拟水消耗量。

2. 单位产品虚拟水分析

根据技改前后的水量平衡图,得各部分耗水如表 7-37 所示。

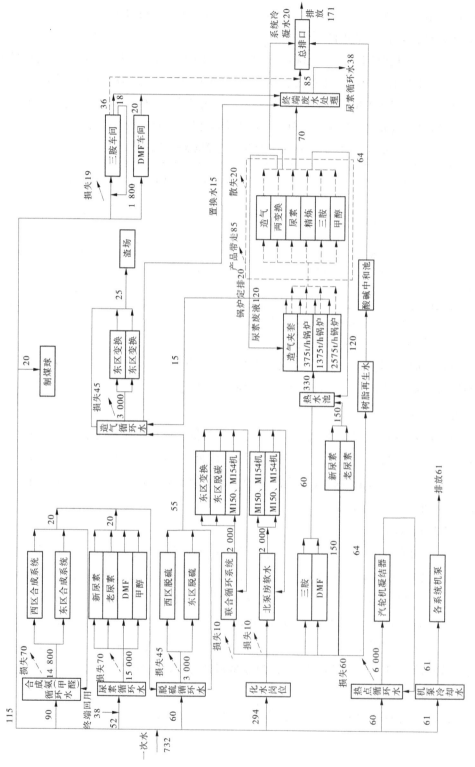

图 7-25　M 公司技改前水量平衡图　（单位：m³/h）

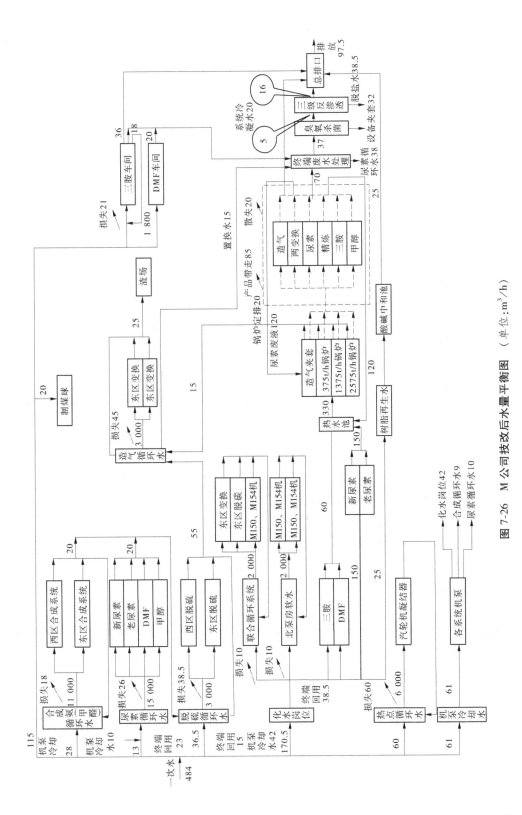

图 7-26　M 公司技改后水量平衡图　（单位：m³/h）

表 7-37 河南 M 公司技改前后的工艺工序及耗水量　　　　　　单位:m³/d

主要车间	阶段	三胺及DMF	合成氨系统	尿素循环水	脱硫循环水	造气循环水	化水		热电循环水	机泵冷却	小计
新鲜水消耗	技改前	2 760	2 160	1 248	1 440		7 056		1 440	1 464	17 568
中水回用	技改前	1 800	14 800	终端 912 / 循环 15 000	3 040	3 000	联合循环 2 000 / 热水池 450 / 北泵房 2 000		6 000		49 002
小计	技改前	4 560	16 960	17 160	4 480	3 000	11 506		7 440	1 464	66 570
新鲜水消耗	技改后	2 760	672	312	876		4 092		1 440	1 464	11 616
中水回用	技改后	1 800	机泵 216 / 中水 11 000	机泵 240 / 终端 552 / 循环 13 700	终端 360 / 循环 2 240	3 000	联合系统 3 008 / 北泵房 2 000 / 热水池 450		6 000		44 566
小计	技改后	4 560	11 888	14 804	3 476	3 000	9 550		7 440	1 464	56 182

（1）新鲜水。

根据该公司的生产水量平衡图可知,主要生产工序为合成氨系统、尿素循环水车间、化水车间、热电循环水车间。其中新鲜水的消耗主要集中在三胺及 DMF 车间、化水车间。该公司三胺及 DMF 车间的新鲜水消耗量在技改前后没有发生变化,仍然为 115 m³/h;化水车间的新鲜水消耗量由技改前的 294 m³/h 减少为技改后的 170.5 m³/h。总的新鲜水量由技改前的 732 m³/h 减少为技改后的 484 m³/h,每小时节约新鲜水量为 248 m³,每天节约新鲜水 5 952 m³,年节约新鲜水量 217.248 万 m³。技改前后合成氨系统、尿素循环水车间及化水车间新鲜用水量均有所减少。

（2）中水。

根据该公司生产水量平衡图,技改前除机泵冷却车间未进行中水回用外,其余车间均进行了中水回用,且中水回用量较大。该公司技改前后中水回用量由技改前的 48 128 m³/h 增加为技改后的 42 289 m³/h,中水回用量相对于技改前有所增加。

（3）单位产品虚拟水消耗量。

将服务性用水 Vpublic 部分按产品产量 45:30:3:2的比例进行分配,根据该公司水量平衡图,计算得出尿素、甲醇、三聚氰胺、DMF 的蓝色虚拟水消耗量见表 7-38。

表 7-38　河南 M 各产品技改前后的蓝色虚拟水消耗量

产品种类	尿素		甲醇		三聚氰胺		DMF	
工序	合成氨循环水	0	甲醇循环水	2 160	三胺车间	1 656	合成氨循环水	0
	尿素循环水	838.2	尿素循环水	372	化水	302.4	尿素循环水	35.7
	脱硫循环水	925.7	化水	2 016	热电循环水	318.9	DMF 车间	1 104
	化水	4 536	热电循环水	411.4	机泵冷却水	62.7	化水	201.6
	热电循环水	925.7	机泵冷却水	418.3			热电循环水	41.1
	机泵冷却水	941.1					机泵冷却水	41.8
小计	8 166.8		5 378.3		2 340		1 424.2	
技改前年虚拟水消耗量/万 m³	298.1		196.3		85.4		52.0	
单位产品虚拟水消耗量/(m³/t)	298.09/45＝6.6		196.31/20＝9.8		85.41/3＝28.5		51.98/2＝26.0	
工序	合成氨循环水	0	甲醇循环水	672	三胺车间	1 656	合成氨循环水	0
	尿素循环水	209.6	尿素循环水	93.1	化水	175.4	尿素循环水	9.31
	脱硫循环水	876	化水	1 169.1	热电循环水	318.9	DMF 车间	1 104
	化水	2 630.6	热电循环水	411.4	机泵冷却水	62.7	化水	116.9
	热电循环水	925.71	机泵冷却水	418.29			热电循环水	41.14
	机泵冷却水	941.14					机泵冷却水	41.83
小计	5 582.97		2 763.99		2 212.97		1 313.19	
技改后年虚拟水消耗量/万 m³	203.78		100.89		80.77		47.93	
单位产品虚拟水消耗量/(m³/t)	203.78/45＝4.53		100.89/20＝5.04		80.77/3＝26.92		47.93/2＝23.97	

（4）单位产品灰色虚拟水的消耗量。

该公司在节水技改前达标排放量为 171 m³/d,年达标排水量为 6.24 万 m³,单位产品生产过程中灰色虚拟水消耗量为 0.09 m³/t。节水技改后达标排放量为 97.5 m³/d,年达标排水量为 3.56 万 m³,单位产品生产过程中灰色虚拟水消耗量为 0.05 m³/t。单位产品灰色虚拟水计算结果见表 7-39 所示。

表 7-39　河南 M 技改前后单位产品灰色虚拟水变化

用水量	达标排放量/(m³/d)	单位产品灰色虚拟水含量/(m³/t)
技改前	171	0.09
技改后	97.5	0.05
减少量	73.5	0.04

(5)节水效果。

通过技改工程,该公司年节约新鲜水量 217.248 万 t,单位产品生产过程中虚拟水的含量均有所下降。由于该公司生产过程中同时不止生产一种产品,且各产品都属于高耗水产品,企业在生产过程中应加强各个生产系统之间的循环水的利用,根据企业的生产水量平衡图,可以看出合成氨系统、尿素循环水车间及化水车间都是高耗水车间,其中耗水量较大的产品为三聚氰胺及 DMF。因此,企业应采取措施,在清洁生产的同时,尽量减少生产过程中的水耗。

3. 单位产品虚拟水分析结果

根据前述计算方法和假设条件,通过分析该公司技改后生产人员年生产生活用水 $V_{domestic}$ 为 0,年生产过程中的添加水 V_{adding} 为 779.77 万 m³,年服务性用水 V_{public} 为 444.13 万 m³。该公司年生产能力 45 万 t,单位产品生产生活用水量 $V_{domestic}$ 为 0,单位产品生产过程添加水 V_{adding} 耗水量为 17.33 m³/t,单位产品服务性用水 V_{public} 耗水量为 9.87 m³/t。由计算结果可以看出,河南 M 企业在尿素生产过程中,单位产品虚拟水的消耗主要集中在生产过程中添加水的消耗,尤其是尿素循环水的消耗,服务性用水的消耗主要为化水、热电循环水及机泵冷却水。

7.2.8　冶金行业

7.2.8.1　企业基本情况

河南省 N 铝业有限公司位于河南省平顶山市,年主营业务收入为 70 086 万元。公司主导产品为氧化铝,年产氧化铝 36 万 t,广泛应用于铝业、石油化工、制药等行业。产品主要销售地为河南省及周边的山东、湖南、甘肃等省份。河南 N 铝业有限公司技改前的生产工艺及用水水量平衡图如图 7-27 所示,技改后的生产工艺及用水水量平衡图如图 7-28 所示。氧化铝一般从铝矿石或其他含铝原料中提取。由于矿石资源是一种基础能源,矿石属于基础产品,所以在计算过程中,原材料部分的虚拟水含量设定为 0。

7.2.8.2　单位产品虚拟水分析

根据技改前后的水量平衡图,计算得出 N 铝业公司的各工序耗水如表 7-40 所示。

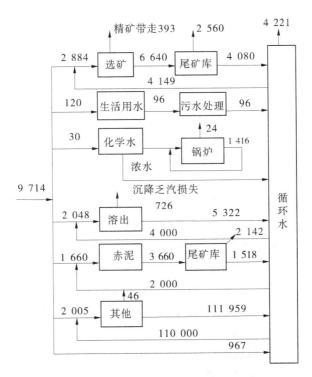

图 7-27　N 公司技改前水平衡图　（单位:m³/d）

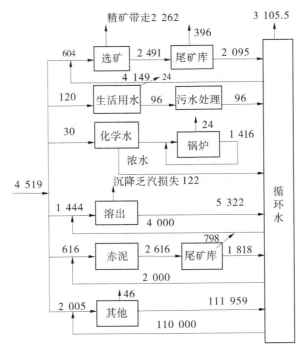

图 7-28　N 公司技改后水平衡图　（单位:m³/d）

表 7-40　N 铝业公司技改前后主要工艺工序及耗水量　　　　　　　单位:m³/d

主要工序	阶段	选矿	化学水车间	溶出	赤泥车间	其他工序	生活用水	小计
新鲜水消耗量	技改前	2 884	30	2 048	1 660	2 005	120	8 747
中水回用量		4 149	1 416	4 000	2 000	110 000		121 565
小计		7 033	1 446	6 048	3 660	112 005	120	130 312
新鲜水消耗量	技改后	604	30	1 444	616	2 005	120	4 819
中水回用量		4 149	1 416	4 000	2 000	110 000		121 565
小计		4 753	1 446	5 444	2 616	112 005	120	126 384

（1）新鲜水。

根据水量平衡图,N 铝业的主要生产工序为选矿、化学水车间、溶出、赤泥车间及其他工序。其中新鲜水的消耗主要集中在选矿工序、溶出工序、赤泥车间及其他工序。通过分析,N 铝业在选矿工序的新鲜水量消耗量由技改前的 2 884 m³/d 减少为技改后的 604 m³/d;溶出工序的新鲜水量消耗量由技改前的 2 048 m³/d 减少为技改后的 1 444 m³/d;赤泥车间的新鲜水量消耗量由技改前的 1 660 m³/d 减少为技改后的 616 m³/d;其他工序的新鲜水量消耗量在技改前后并没有发生变化,保持 2 005 m³/d。总的新鲜水量消耗量由技改前的 8 747 m³/d 减少为技改后的 4 819 m³/d,,每天节约新鲜水量为 3 928 m³,年节约新鲜水量为143.372 万 m³。可以看出,该公司技改后的选矿工序、溶出工序、赤泥工序的新鲜水消耗量均有所减少。

（2）中水。

该企业虽进行了中水回用,但是在技改前后中水回用量并没有变化,说明企业只是减少了新鲜水的耗用量,而没有对中水回用系统进行改进,仍为 121 565 m³/d。

（3）单位产品蓝色虚拟水消耗量。

N 铝业在节水技改前,总的蓝色虚拟水消耗量为 8 747 m³/d,年蓝色虚拟水消耗量为319.27 万 m³,单位产品蓝色虚拟水消耗量 8.87 m³/t。节水技改后总的蓝色虚拟水消耗量为 4 819 m³/d,年蓝色虚拟水消耗量为 175.89 万 t,单位产品生产过程中蓝色虚拟水消耗量为 4.89 m³/t。单位产品蓝色虚拟水计算结果见表 7-41。

表 7-41　N 铝业技改前后单位产品蓝色虚拟水含量及节水量

用水量	新鲜水量/(m³/d)	中水回用量/(m³/d)	单位产品蓝色虚拟水含量/(m³/t)
技改前	8 747	121 565	8.87
技改后	4 819	121 565	4.89
节水量	3 928	0	3.98

注:表中 0 表示在节水实施前后中水回用量没有发生变化。

（4）单位产品灰色虚拟水的消耗量。

节水技改前该企业达标排放量为 4 221 m³/d,年达标排水量为 154.07 万 m³,单位产品生产过程中灰色虚拟水消耗量为 4.28 m³/t。节水技改后该企业达标排放量为 3 105.5

m^3/d，年达标排水量为 113.35 万 m^3，单位产品生产过程中灰色虚拟水消耗量为 3.15 m^3/t。单位产品灰色虚拟水计算结果见表 7-42。

表 7-42　N 铝业技改前后单位产品灰色虚拟水变化

用水量	达标排放量/(m^3/d)	单位产品灰色虚拟水含量/(m^3/t)
技改前	4 221	4.28
技改后	3 105.5	3.15
减少量	1 115.5	1.13

（5）节水效果。

该公司在技改后年节约新鲜水量为 143.372 万 t。单位产品生产过程中虚拟水的含量由技改前的 8.87 m^3 减少到 4.89 m^3，可以看出，氧化铝的制造过程消耗了大量的水，企业在生产过程中应减少主要工序外的其他工序的耗水量。

7.2.8.3　单位产品虚拟水分析结果

根据前述的计算方法和假设条件，N 铝业技改后年生产生活用水 $V_{domestic}$ 为 4.38 万 m^3，年生产过程中添加水 V_{adding} 为 520.45 万 m^3，年服务性用水 V_{public} 为 4 088.18 万 m^3。N 铝业氧化铝年生产能力 36 万 t，单位产品的生产生活用水量 $V_{domestic}$ 为 0.12 m^3/t、生产过程添加水 V_{adding} 耗水量 14.46 m^3/t、服务性用水 V_{public} 耗水量为 113.56 m^3/t。可以看出，N 铝业在氧化铝的生产过程中，单位产品虚拟水的消耗主要集中在服务性用水（其他工序），生产过程中添加水的消耗较少，溶出工序耗水量较多，为 5 444 m^3/d。

7.3　工业产品虚拟水综合分析

从工业典型产品的生产环节入手，从消耗的新鲜水用量、中水回用量及达标排放量三个方面，分别计算了造纸、纺织、制革、电力、医药、食品、化工、冶金八个行业的产品的蓝色虚拟水含量及灰色虚拟水含量，即单位产品的虚拟水含量。各行业产品蓝色虚拟水及灰色虚拟水的消耗量综合分析结果见表 7-43，各行业产品虚拟水消耗途径综合分析结果见表 7-44。

7.3.1　行业单位产品蓝色虚拟水消耗量分析

通过对典型工业产品新鲜水消耗量统计分析，七个行业的新鲜水消耗量在各企业的节水措施实施后均呈下降趋势，且下降趋势明显。从单位产品新鲜水消耗量的计算结果可以看出，B 纸业在生产特种浆及脱墨浆的过程中，消耗了大量的新鲜水，属于单位产品新鲜水耗量较大的企业。在节水措施实施前，单位特种浆耗新鲜水量达 77.47 m^3/t，节水后由于企业实施了中水回用，使新鲜水的消耗量大幅下降，达 25.92 m^3/t。在节水前后单位产品的新鲜水消耗量减少了 51.55 m^3/t，单位产品生产过程中有 33.76 m^3/t 的中水回用量。单位产品新鲜水消耗量还有脱墨浆的生产，在技改前单位产品新鲜水消耗量达

42.44 m^3。该企业技改前脱墨浆生产过程中中水回用量为 0,技改后单位产品的中水回用量达 $18.62 \text{ m}^3/\text{t}$,从而使单位产品的新鲜水消耗量大幅度减少,技改后单位产品新鲜水的消耗量达 $3.75 \text{ m}^3/\text{t}$。D 纺织印染公司单位纱锭的新鲜水消耗量达到了 $37.91 \text{ m}^3/\text{t}$,同样属于高耗水企业,但在技改后,单位耗水量减少到了 $3.41 \text{ m}^3/\text{t}$,使新鲜水消耗量降到了较低的水平。在计算中可以发现,河南 M 企业在生产三聚氰胺及 DMF 两种产品时,单位产品蓝色虚拟水的消耗量较大,技改后分别为 $28.47 \text{ m}^3/\text{t}$ 和 $25.99 \text{ m}^3/\text{t}$;除此之外,啤酒也属于高耗水产品,技改后单位产品的蓝色虚拟水含量达到了 $12.24 \text{ m}^3/\text{t}$。

7.3.2　行业单位产品灰色虚拟水消耗量分析

通过对典型工业产品虚拟水消耗量统计分析,七个行业的灰色虚拟水消耗量在各企业的节水措施实施后也均呈下降趋势,且下降趋势明显。但从单位产品灰色虚拟水消耗量的计算结果来看,C 纸业在生产 A 级高强瓦楞纸的过程中,污水排放量较多,其中达标排放量也较多,单位产品灰色虚拟水含量约 $9.65 \text{ m}^3/\text{t}$;B 纸业在生产特种浆及脱墨浆的过程中,不仅消耗大量的新鲜水,达标排放水量也较多,其灰色虚拟水含量达到了 $8.36 \text{ m}^3/\text{t}$;其次在计算中可以发现,K 啤酒在生产过程中,同样存在新鲜水耗量大,污水达标排放量也大的问题,单位产品灰色虚拟水含量为 $4.64 \text{ m}^3/\text{t}$。

7.3.3　行业单位产品虚拟水消耗途径综述

根据工业产品的虚拟水计算方法,工业产品生产过程中的虚拟水主要包括原材料和燃料生产用水 V_{product}、原材料和燃料运输用水 $V_{\text{transport}}$、生产过程中机械损耗折合生产用水 V_{machine}、生产人员生产生活用水 V_{domestic}、生产过程中的添加水 V_{adding}、服务性用水 V_{public} 六个途径消耗。囿于目前工业产品虚拟水研究所限,设定了计算假设条件:假定 $V_{\text{product}} = 0$;$V_{\text{transport}} = 0$;$V_{\text{machine}} = 0$,主要分析工业产品生产中的生产生活用水 V_{domestic};生产过程中的添加水 V_{adding} 及服务性用水 V_{public} 的消耗量。根据各行业典型产品虚拟水计算结果,即生产生活用水 V_{domestic}、生产过程添加水 V_{adding}、服务性用水 V_{public} 的虚拟水消耗量可以看出,各行业生产过程中产品虚拟水的消耗主要集中在添加水的消耗上,特别是造纸行业,在造纸过程中,服务性用水的消耗几乎为 0,产品生产过程中添加水的消耗即为产品的虚拟水含量。而在纱锭、冻干粉剂、酒及氧化铝的生产过程中,服务性用水占主要部分。其中在纱锭的生产过程中,空调室用水对纱锭的生产影响较大,用水量也较大;在冻干粉剂的生产过程中,锅炉房用水及循环水的消耗量较大;在酒的生产过程中,冷却水、洗瓶用水及洗浆用水等服务性用水量较大;在氧化铝的生产过程中,其他工序的用水量较多。

虚拟水的量化是工业产品虚拟水研究的一个重要方面,它能为虚拟水的实践提供指导,会影响相关政策的制定。对于缺水地区,需要减少对于水密集型产品的生产,将有限的水资源投入到耗水量少、可产生经济价值高的产品生产中,最大化的发挥水资源的利用价值。这就需要对生产格局和结构进行调整和优化,将基于虚拟水导向制定的政策联系起来,根据当地的实体水与虚拟水情况,制定出相应的贸易和生产政策,缓解实体水资源压力,保证食品安全和水安全,解决地缘资源争议。由于缺乏各行业产品的具体出口数量,所以无法根据各行业具体的出口贸易水资源量来进行产业结构调整分析。在此,仅根据各行业的节水报告及虚拟水含量计算报告得出的单位产品虚拟水含量进行粗略分析。

根据各行业产品的虚拟水含量可知,在七大行业中,造纸行业各种纸及纸浆的生产需消耗大量的虚拟水,其中,每生产 1 t 脱墨文化纸,新鲜水消耗量达 12.47 m³,每生产 1 t 特种浆蓝色虚拟水含量为 25.92 m³。食品业为第二虚拟水消耗量较大的行业。酒类中啤酒的蓝色虚拟水含量最高,达 12.24 m³/t,其他酒的蓝色虚拟水含量约为 5.63 m³/t。其余行业中化工行业及冶金行业的新鲜水消耗量也都较大,但相对于造纸及食品行业耗水量较少,所以在产业结构调整中应在保证经济增长及供需平衡的前提下,适当缩减造纸、食品、化工、冶金行业的产业规模,优化产业结构,最大限度地节约水资源。

各行业新鲜水的消耗量统计见表 7-43,各行业生产中单位产品的虚拟水消耗量统计见表 7-44。

表 7-43 各行业新鲜水的消耗量统计

行业分类	公司名称	产品	产品单位	单位产品蓝色虚拟水量/m³			单位产品灰色虚拟含量/m³		
				技改前	技改后	减少量	技改前	技改后	减少量
造纸	A 纸业	高强度 B 级纱管纸	t	21.96	4.62	17.34	19.44	2.14	17.30
	B 纸业	特种浆	t	77.47	25.92	51.55	33.46	8.36	25.1
		特种纸	t	20.53	10.59	9.94			
		脱墨浆	t	42.44	3.75	38.69			
		脱墨文化纸	t	21.50	12.47	9.03			
	C 纸业	A 级高强瓦楞纸	t	20.72	10.84	9.88	19.53	9.65	9.88
纺织制革	D 纺织	纱锭	t	37.91	3.41	34.5	0.92	0.92	0
	E 皮业	革	t	1.14	0.31	0.83	0.89	0.14	0.75
电力行业	F 市热电厂	电	kW·h	0.022	0	0.022	0.76	0.39	0.37
		热	t	1.25	0	1.25			
医药行业	G	冻干粉针剂	支	0.01	0.004	0.096	0.006	0.000 7	0.005 3
	H 药业	水针、粉针、冻干粉针	支	0.000 3	0.000 3	0	0.000 4	0.000 38	0.000 02
		中药	剂	0.95	0.43	0.52			
		西药胶剂	t	868.7	230	638.7			

行业分类	公司名称	产品	产品单位	单位产品蓝色虚拟水量/(m³)			单位产品灰色虚拟含量/(m³)		
				技改前	技改后	减少量	技改前	技改后	减少量
食品行业	I 酒业	原酒、成品酒及饮料酒	kJ	23.66	5.63	18.03	17.03	3.68	13.35
	J 糖业	麦芽糖浆	t	21.85	6.17	15.68	14.9	0.54	14.36
		葡萄糖浆	t	19.11	0.95	18.16			
		结晶葡萄糖	t	19.11	0.95	18.16			
	K 啤酒	麦芽	t	27.71	9.27	18.44	21.86	4.64	17.22
		啤酒	kL	23.87	12.24	11.63			
化工行业	L 碱业	纯碱、食用小苏打	t	12.64	1.02	11.62	0	0	0
	河南 M	尿素	t	6.62	4.53	2.09	0.09	0.05	0.04
		甲醇	t	9.82	5.04	4.78			
		三聚氰胺	t	28.47	26.92	1.55			
		DMF	t	25.99	23.97	2.02			
冶金行业	N 铝业	氧化铝	t	8.87	4.89	3.98	4.28	3.15	1.13
	O 钢铁	钢及钢板	t	2.37	1.45	0.92	0.17	0	0.17

表 7-44　各行业生产中单位产品的虚拟水消耗量统计

行业分类	公司名称	产品	生产生活用水 $V_{domestic}$	生产过程添加水 V_{adding}	服务性用水 V_{public}
造纸业	A 纸业	高强度 B 级纱管纸	0.06	66.71	1.56
	B 纸业	特种浆	0.18	59.59	0
		特种纸	0.18	20.53	0
		脱墨浆	0.91	21.50	0
		脱墨文化纸	0.91	22.27	0
	C 纸业	A 级高强瓦楞纸	0	221.45	0
纺织制革	D 纺织	纱锭	0.71	0.16	31.88
	E 皮业	革	0	1.05	0

行业分类	公司名称	产品	生产生活用水 $V_{domestic}$	生产过程添加水 V_{adding}	服务性用水 V_{public}
电力行业	F市热电厂	电	0	0.015	0
		热	0	0.875	0
医药行业	G	冻干粉针剂	0.000 3 m^3/支	0.003 m^3/支	0.05 m^3/支
	H药业	水针、粉针、冻干粉针	0	0.000 3 m^3/支	0
		中药	0	0.70 m^3/件	0
		西药胶剂	0	595	0
食品行业	I酒业	原酒、成品酒及饮料酒	0.35 m^3/kL	6.46 m^3/kL	68.21 m^3/kL
	J糖业	麦芽糖浆、葡萄糖浆、结晶葡萄糖	0.09	5.92	15.79
	K啤酒	啤酒	0.58 m^3/kL	9.37 m^3/kL	2.44 m^3/kL
化工行业	L碱业	纯碱、食用小苏打	0	25.29	0
	河南M	尿素	0	17.33	9.87
冶金行业	N铝业	氧化铝	0.12	14.46	113.56
	O钢铁	板	0.80	101.85	0.73

小　结

(1)根据收集的骨干企业节水技改工程报告,基于技改前后企业用水水量平衡图,从生产环节入手,分析了生产过程消耗的新鲜水用量、中水回用量及达标排放量,分别计算了造纸、纺织、制革、电力、医药、食品、化工、冶金八个行业的14个典型企业20种主要工业产品的单位产品虚拟水含量,包括蓝色虚拟水及灰色虚拟水。通过分析虚拟水在技改工程前后的变化,评估了这些骨干企业实施技改工程取得节水减排的效果。

(2)这些行业典型企业主要产品中,受限于传统用水工艺,技改前医药行业的西药胶剂、造纸行业的特种浆、脱墨浆、纺织行业的纱锭、食品行业的原酒、麦芽啤酒和化工行业的三聚氰胺、DMF等单位产品蓝色虚拟水含量较高(均高于20 m^3)。但在技改后,这些企业的蓝色虚拟水含量均明显降低,表明一次新鲜水消耗量快速降低,其中电力行业降低100%(采用中水完全取代新鲜水),脱墨浆降低79%,纱锭降低91%,葡萄糖浆降低95%、原酒降低77%、麦芽降低66%、啤酒降低48.7%、甲醇降低4.68%,氧化铝降低45.0%。

(3)书中列举的造纸等八个高耗水行业典型企业的节水工程前后水量平衡图,代表河南省这些高耗水行业的实际用水工艺与用水水平的现状。通过分析与学习,可以加深对不同行业用水工艺的了解,提高对工业节水的整体认识。

第8章 区域工业及其行业用水效率变化与驱动效应

本章以河南省为例,以万元工业增加值取水量为工业用水效率的代表指标,分别以河南工业、全省全部 37 个工业行业(个别行业合并)以及主要工业集群为研究对象,通过建立基于 Kaya 恒等式的万元工业增加值取水量对数均值迪氏指数分解模型(简称 LMDI 指数模型,下同),量化分析了河南省工业及其全部工业行业的工业用水效率变化驱动效应与特征。

8.1 工业用水效率变化驱动模型

8.1.1 驱动效应模型提出与建立

综合国内外工业节水的研究文献,可以明确技术进步与产业结构调整等因素对工业节水具有重要影响,但是由于这种影响难以直接量化,在实际管理中经常会受到质疑,迫切需要提出节水技术进步或者结构调整对工业用水效率提高的数量化分析方法。通过总结学习有关文献,提出了基于 Kaya 恒等式的万元工业增加值取水量对数均值迪氏指数分解模型,实现对区域工业及其行业的工业用水效率变化驱动效应与特征的数量化分析。LMDI 指数模型及其研究成果的提出,科学地解决了上述问题,填补了国内外该项研究领域的空白。该方法理论严谨,方法简明,实用性强。

8.1.1.1 区域万元工业增加值取水量

区域万元工业增加值取水量(Q)定义为一定时间内,某区域工业行业的全部取水量(V)和工业增加值总量(G)的比值,工业行业的万元工业增加值取水量定义与区域万元工业增加值取水量定义相同,即:

$$Q_i = \frac{V_i}{G_i} \tag{8-1}$$

式中:Q_i 为第 i 个工业行业万元工业增加值取水量;V_i 第 i 个工业行业取水量;G_i 为第 i 个工业行业工业增加值(GDP)。

8.1.1.2 因素分解方法

日本学者 Yoichi Kaya 于 1990 年提出了 Kaya 恒等式,建立了 CO_2 排放量与能源消费、经济发展和人口之间的联系。由于结构简单,便于求解,在环境、能源领域得到了广泛应用。

课题采用 Kaya 恒等式方法进行扩展,来确定万元工业增加值取水量的变化的影响因素。第 t 年万元工业增加值取水量可表示为:

$$Q^t = \frac{V^t}{G^t} = \sum_i \left(G^t \frac{G_i^t}{G^t} \frac{V_i^t}{G_i^t} \right) \frac{1}{G^t} = \sum_i (1 - Pr_i^t) \frac{G_i^t}{G^t} \frac{W_i^t}{G_i^t} = \sum_i P_i^t S_i^t I_i^t \tag{8-2}$$

式中：Q^t 为第 t 年万元工业增加值取水量；V^t 为第 t 年工业取水量；V_i^t 第 t 年第 i 工业行业取水量；G^t 为第 t 年工业增加值（GDP）；G_i^t 为第 t 年第 i 工业行业的工业增加值；Pr_i^t 为第 t 年第 i 工业行业工业用水重复利用率；W_i^t 为第 t 年第 i 工业行业的总用水量；$P_i^t = (1 - Pr_i^t)$，为第 t 年第 i 工业行业工业非重复用水量占总用水量的比率；S_i^t 为第 t 年第 i 行业部门的增加值占当年工业增加值的比重；I_i^t 为第 t 年第 i 工业行业的万元增加值用水量。

8.1.1.3 LMDI 分解模型

在明确了区域工业万元增加值取水量的影响因素的基础上，采用因素分解方法对其变化进行分解，确定驱动作用及其作用值。常用的分解方法包括指数分解方法 IDA（Index Decomposition Analysis）和结构分解方法 SDA（Structure Decomposition Analysis）。结构分解方法是以投入产出表为基础，指数分解方法是以解聚为基础。指数分解方法相对于结构分解方法的好处是数据要求较小，可以适用于时间序列或者截面数据分析，数学方法上严密可行，易于操作。常用指数分解方法包括拉氏（Laspeyres）指数法和迪氏指数法（LMDI）等。其中，LMDI 法以其能够完全分解、无残差项并且较好地解决了零值问题等优点，在国内外能源经济和环保领域取得众多研究成果。

根据式（8-2），万元工业增加值取水量在基期（第 0 年）至第 t 年之间变化的 LMDI 乘法模型和加法模型如下：

$$\frac{Q^t}{Q^0} = D_{\text{total}} = D_P D_S D_I \tag{8-3}$$

$$Q^t - Q^0 = \Delta Q_{\text{total}} = \Delta Q_P + \Delta Q_S + \Delta Q_I \tag{8-4}$$

式中：D_{total} 定义为乘法模型的总变动；ΔQ_{total} 定义为加法模型的总变动；$D_P(\Delta Q_P)$ 代表 P_{it} 的驱动作用，由于 P_{it} 只与工业用水重复利用率密切相关，故定义 $D_P(\Delta Q_P)$ 为乘法（加法）模型中的工业节水效率作用；$D_S(\Delta Q_S)$ 代表 S_{it} 的驱动作用，定义 $D_S(\Delta Q_S)$ 为乘法（加法）模型中的结构作用；$D_I(\Delta Q_I)$ 代表 I_{it} 的驱动作用，定义 $D_I(\Delta Q_I)$ 为乘法（加法）模型中的用水效益作用。

令

$$Qr_i^t = \frac{V_i^t}{G^t}; Qr_i^0 = \frac{V_i^0}{G^0}; Qr^t = \frac{V^t}{G^t}; Qr^0 = \frac{V^0}{G^0}$$

基于 LMDI 分解方法，区域万元工业增加值取水量的加法因素分解模型如下。

节水效率作用：

$$\Delta Q_P = \sum_i \frac{Qr_i^t - Qr_i^0}{\ln Qr_i^t - \ln Qr_i^0} \ln\left(\frac{P_i^t}{P_i^0}\right) \tag{8-5}$$

工业结构作用：

$$\Delta Q_S = \sum_i \frac{Qr_i^t - Qr_i^0}{\ln Qr_i^t - \ln Qr_i^0} \ln\left(\frac{S_i^t}{S_i^0}\right) \tag{8-6}$$

用水效益作用：

$$\Delta Q_I = \sum_i \frac{Qr_i^t - Qr_i^0}{\ln Qr_i^t - \ln Qr_i^0} \ln\left(\frac{I_i^t}{I_i^0}\right) \tag{8-7}$$

相应的因素分解乘法模型如下式。

节水效率作用：

$$D_P = \exp \sum_i \frac{(Qr_i^t - Qr_i^0)(\ln Qr^t - \ln Qr^0)}{(Qr^t - Qr^0)(\ln Qr_i^t - \ln Qr_i^0)} \ln\left(\frac{P_i^t}{P_i^0}\right) \tag{8-8}$$

工业结构作用：

$$D_S = \exp \sum_i \frac{(Qr_i^t - Qr_i^0)(\ln Qr^t - \ln Qr^0)}{(Qr^t - Qr^0)(\ln Qr_i^t - \ln Qr_i^0)} \ln\left(\frac{S_i^t}{S_i^0}\right) \tag{8-9}$$

用水效益作用：

$$D_I = \exp \sum_i \frac{(Qr_i^t - Qr_i^0)(\ln Qr^t - \ln Qr^0)}{(Qr^t - Qr^0)(\ln Qr_i^t - \ln Qr_i^0)} \ln\left(\frac{I_i^t}{I_i^0}\right) \tag{8-10}$$

8.1.2 分析步骤与数据

分析的主要步骤：

(1)根据基于 kaya 恒等式的万元工业增加值取水量扩展变换[式(8-1)和式(8-2)]，计算分析期第 t 年万元工业增加值取水量 Q^t 第 t 年工业取水量 V^t；第 t 年第 i 工业行业取水量 V_i^t；第 t 年工业增加值(GDP) G^t；第 t 年第 i 工业行业的工业增加值 G_i^t；第 t 年第 i 工业行业工业用水重复利用率 Pr_i^t；第 t 年第 i 个工业行业的总用水量 W_i^t；第 t 年第 i 工业行业工业非重复用水量占总用水量的比率 P_i^t；第 t 年第 i 行业部门的增加值占当年工业增加值的比重 S_i^t；第 t 年第 i 工业行业的万元增加值用水量 I_i^t。

(2)采用提出的基于行业尺度的万元工业增加值取水量变化驱动模型[式(8-3)、式(8-4)]。计算万元工业增加值取水量变化的区域工业结构 S_{it}、行业节水效率 P_{it} 和行业用水效益 I_{it} 三个驱动因子。

(3)根据上述三个驱动因子，首先分析区域(河南省)万元工业增加值取水量变化总体驱动效应。

(4)通过将区域工业用水数据下钻到区域全部工业行业，分析行业驱动效应对区域万元工业增加值取水量变化的影响。

(5)进一步分析各个行业的万元工业增加值万元工业增加值取水量变化驱动效应，识别其驱动特征。

(6)最后将河南省传统支柱产业等主要工业集群下钻到所属的各个行业，分析相应行业驱动变化对主要工业集群万元工业增加值取水量变化的影响。

分析期为 2010—2016 年，用水数据采用《河南省统计年鉴(2011—2017)》中规模以上分行业工业用水数据[2]，增加值数据采用《中国工业经济统计年鉴(2011—2017)》中河南省分行业增加值数据。为消除物价影响，不同年份增加值按 2010 年为基准年进行了平减。

8.2 河南省工业用水效率变化驱动效应分析

8.2.1 河南万元工业增加值取水量变化总体驱动效应

通过建立基于 LMDI 的行业万元工业增加值取水量变化驱动模型,分析期河南省万元工业增加值取水量正向变化(取水量降低)-19.934 m³,用水效益、工业结构调整和节水进步三个驱动因子均发挥正向驱动效应,驱动效应分别为-8.311 m³、-7.167 m³ 和 -4.457 m³,占正向驱动效应总和的41.69%、35.95%和22.36%。研究结果表明用水效益、产业结构、节水进步均对河南省万元工业增加值取水量变化发挥正向驱动作用,效应值顺序递减。说明河南省工业用水效益的提高、产业结构的优化和节水技术进步,均对抑制万元工业增加值取水量增长(降低取水量)发挥较为显著驱动作用。

分析结果表明,在分析期内:①用水效益对河南省万元工业增加值取水量变化的总贡献达到-8.311 m³,是三个正向驱动因子中最大的。分析期该驱动因子发挥持续稳定的正向驱动效应,呈现正向波动变化,与分析期河南省万元工业增加值取水量变化特征相似,年际不均,呈现衰减态势。其中 2010—2011 年达到分析期节水贡献最大值-3.337 m³,2014—2015 年为最小值-0.227 m³。②结构调整对河南省万元工业增加值取水量变化的总贡献达到-7.167 m³,但是年际不均,呈现衰减态势,其中 2010—2011 年的节水贡献最大,达到-2.729 m³,2014—2015 年的减少到-0.569 m³。然而 2015—2016 年的结构调整的贡献由正向逆转为负向,而且推动万元工业增加值取水量增加 0.132 m³。③节水进步对河南省工业节水的总贡献达到-4.457 m³。其中 2011—2012 年节水进步对河南省万元工业增加值取水量变化贡献由 2010—2011 年负向逆转为正向,并达到分析期最大值贡献-2.627 m³,以后呈现正向波动变化,变化趋同于分析期年际取水量变化特征,年际不均,呈现衰减态势。总之,从年际变动来看,用水效益和节水进步发挥稳定正向驱动作用,但是工业结构驱动作用在 2015—2016 年发生了逆转,由 2010—2015 年的持续正向驱动转变为 2015—2016 年负向驱动。可以看出,上述变化规律与第 9 章的万元工业增加值取水量变化驱动相似,由于取水量与用水效率(万元工业增加值取水量)有着内在的密切联系,两者具有相似的特征也是合理的。

河南省工业取用水指标变化态势见图 8-1,河南省万元工业增加值取水量变化驱动效应见图 8-2。

8.2.2 区域工业用水变化的行业驱动效应分析

为提高研究成果对区域工业节水考核管理的应用价值,有必要对区域工业行业用水变化与驱动效应进行分析。下面通过将区域工业用水的数据下钻到全部工业行业,分析河南省全部 37 个工业行业对全省万元工业增加值取水量变化的驱动效应与驱动特征,从而探讨分析河南省万元工业增加值取水量变化内在的行业驱动规律。

8.2.2.1 行业驱动的总变动分析

通过总变动分析可以得出不同行业的综合驱动特征,包括驱动性质及作用程度。采

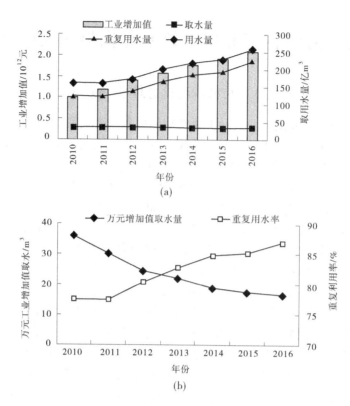

(a)

(b)

图 8-1 河南省工业取用水指标变化态势

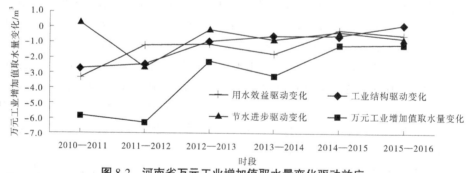

图 8-2 河南省万元工业增加值取水量变化驱动效应

用 LMDI 的加法模型[公式(8-5)、公式(8-6)和公式(8-7)]的总变动值对不同行业综合驱动作用的逐年变动特征进行分析,其总变动值是各分项驱动因子效应值的代数和。设定从分析期末(2016 年)向前推,若某个行业对全省万元工业增加值取水量变化具有一致(均为正向或负向)的驱动特征的年数连续超过 3 年(至少包括 2016 年、2015 年和 2014年三年),则认为该行业具备持续稳定的驱动特征。根据分析结果,全省有 20 个工业行业对全省万元工业增加值取水量变化发挥持续的正向驱动作用,抑制全省万元工业增加值取水量的增长,主要行业包括电力、热力的生产和供应业、造纸及纸制品业、化学原料及化学制品制造业、有色金属冶炼及压延加工业、黑色金属冶炼及压延加工业、农副食品加工业、煤炭开采和洗选业等。可以看出,以上这些行业基本都是典型的高耗水行业,其总变动的正向驱动表明,这些行业的工业节水管理和节水建设取得明显成效。其他行业呈现为正向和负向效应相间的波动特征。不同工业行业对河南省万元工业增加值取水量变化驱动的逐年总变动值计算结果见表8-1。

表8-1 不同工业行业对万元工业增加值取水量变化驱动的逐年总变动值

序号	工业行业	2010—2011年	2011—2012年	2012—2013年	2013—2014年	2014—2015年	2015—2016年
1	煤炭开采和洗选业	0.632	−0.168	−0.401	−0.318	−0.116	−0.161
2	石油和天然气开采业	−0.109	−0.128	−0.033	−0.074	−0.024	−0.027
3	黑色金属矿采选业	−0.033	−0.024	−0.015	−0.029	−0.013	−0.003
4	有色金属矿采选业	−0.096	−0.155	−0.056	−0.021	−0.019	−0.018
5	非金属矿采选业	−0.013	0.060	0.018	−0.060	−0.013	−0.015
6	农副食品加工业	−0.097	−0.114	−0.130	−0.059	−0.068	−0.055
7	食品制造业	−0.093	−0.025	−0.015	−0.004	0.023	−0.019
8	饮料制造业	−0.050	−0.081	−0.082	−0.021	−0.057	−0.036
9	烟草制品业	0.004	−0.004	−0.001	−0.001	−0.001	−0.002
10	纺织业	−0.031	−0.062	−0.037	−0.015	−0.025	0.007
11	纺织服装、鞋、帽制造业	0.024	−0.019	−0.002	−0.004	−0.001	0.004
12	皮革、毛皮、羽毛（绒）及其制品业	−0.022	−0.008	−0.015	0.007	−0.004	−0.006
13	木材加工及木、竹、藤、棕、草制品业	−0.016	−0.006	−0.003	−0.005	−0.003	−0.003
14	家具制造业	0.002	0	−0.003	0.001	0	0.002
15	造纸及纸制品业	−0.332	−0.364	−0.237	−0.136	−0.092	−0.058
16	印刷业和记录媒介复制业	−0.007	−0.001	−0.001	0.001	−0.001	0
17	文教体育用品制造业	0	0.226	−0.016	−0.008	−0.170	0
18	石油加工、炼焦业及核燃料加工业	−0.027	−0.067	−0.004	−0.041	−0.008	−0.005
19	化学原料及化学制品制造业	−0.938	−0.185	−0.155	−0.039	−0.091	−0.058
20	医药制造业	−0.024	−0.125	−0.055	−0.068	−0.059	−0.018
21	化学纤维制造业	−0.065	−0.060	−0.020	−0.029	−0.008	−0.006
22	橡胶制品业塑料制品业	0.124	−0.184	−0.010	−0.015	0.003	−0.012
23	非金属矿物制品业	0.398	−0.404	−0.225	−0.055	0.014	−0.094

序号	工业行业	2010—2011 年	2011—2012 年	2012—2013 年	2013—2014 年	2014—2015 年	2015—2016 年
24	黑色金属冶炼及压延加工业	−0.468	−0.034	−0.010	−0.028	−0.039	−0.054
25	有色金属冶炼及压延加工业	−0.262	−0.296	−0.017	−0.129	−0.092	−0.085
26	金属制品业	−0.014	0.198	−0.130	−0.081	−0.004	−0.002
27	通用设备制造业	−0.031	−0.048	−0.002	−0.002	−0.004	0.016
28	专用设备制造业	−0.017	−0.032	0.196	−0.224	−0.005	−0.009
29	交通运输设备制造业	−0.032	−0.010	−0.016	−0.018	0.002	−0.005
30	电气机械及器材制造业	−0.018	0.006	0.010	−0.010	0.002	−0.005
31	通信设备、计算机及其他电子设备制造业	−0.002	−0.007	0.070	0.014	0.009	−0.007
32	仪器仪表及文化、办公用机械制造业	−0.003	−0.007	−0.001	−0.003	0.001	−0.001
33	工艺品及其他制造业	−0.101	−0.236	−0.008	−0.016	0	0.009
34	废弃资源和废旧材料回收加工业	0	−0.001	−0.003	−0.001	−0.001	0.002
35	电力、热力的生产和供应业	−0.722	−2.913	−0.417	−0.453	−0.358	−0.190
36	煤气生产和供应业	−0.025	−0.042	−0.016	−0.031	0.002	−0.002
37	水生产和供应业	−3.337	−0.947	−0.433	−1.254	0.005	−0.232
	合计	−5.800	−6.267	−2.274	−3.230	−1.216	−1.147

8.2.2.2 行业分项驱动特征分析

采用 LMDI 加法模型,对分析期不同行业的万元工业增加值取水量变化的分项驱动特征进行分析。各分项的驱动值是其 6 个年度计算值的代数和,总驱动是四个驱动效应的代数和。具体计算结果见表 8-2。

表 8-2　2010—2016 年基于行业尺度的河南省年万元工业增加值取水量变化分项驱动值

序号	工业行业	总变动 ΔQ_{total}	用水效益 ΔQ_I	工业结构 ΔQ_S	节水效率 ΔQ_P
1	煤炭开采和洗选业	−0.531	−1.567	−0.837	1.873
2	石油和天然气开采业	−0.395	−0.100	−0.295	0
3	黑色金属矿采选业	−0.117	−0.068	−0.026	−0.023
4	有色金属矿采选业	−0.366	−0.250	−0.027	−0.089
5	非金属矿采选业	−0.023	−0.023	−0.004	0.004

続表 8-2

序号	工业行业	总变动 ΔQ_{total}	用水效益 ΔQ_I	工业结构 ΔQ_S	节水效率 ΔQ_P
6	农副食品加工业	−0.523	−0.488	−0.049	0.015
7	食品制造业	−0.134	−0.139	0.006	−0.001
8	饮料制造业	−0.326	−0.666	−0.010	0.349
9	烟草制品业	−0.005	0	−0.004	−0.001
10	纺织业	−0.163	−0.016	−0.030	−0.118
11	纺织服装、鞋、帽制造业	0.002	−0.009	0.012	−0.002
12	皮革、毛皮、羽毛(绒)及其制品业	−0.049	−0.040	−0.011	0.002
13	木材加工及木、竹、藤、棕、草制品业	−0.035	−0.025	−0.010	0
14	家具制造业	0.002	−0.043	0.001	0.044
15	造纸及纸制品业	−1.220	−0.557	−0.228	−0.435
16	印刷业和记录媒介复制业	−0.009	−0.010	0.001	0
17	文教体育用品制造业	0.032	0.007	0.024	0.001
18	石油加工、炼焦业及核燃料加工业	−0.151	0.347	−0.101	−0.397
19	化学原料及化学制品制造业	−1.466	−0.690	0.105	−0.882
20	医药制造业	−0.349	−0.311	0.056	−0.093
21	化学纤维制造业	−0.189	−0.165	−0.087	0.063
22	橡胶制品业塑料制品业	−0.094	0.023	−0.004	−0.114
23	非金属矿物制品业	−0.365	−0.377	−0.050	0.061
24	黑色金属冶炼及压延加工业	−0.633	−0.271	−0.137	−0.225
25	有色金属冶炼及压延加工业	−0.882	−0.293	−0.142	−0.446
26	金属制品业	−0.034	−0.122	0.018	0.071
27	通用设备制造业	−0.070	−0.141	0.026	0.045
28	专用设备制造业	−0.090	−0.202	0.001	0.111
29	交通运输设备制造业	−0.079	0.021	0.026	−0.126
30	电气机械及器材制造业	−0.015	−0.038	0.018	0.005
31	通信设备、计算机及其他电子设备制造业	0.078	−0.204	0.186	0.095

续表 8-2

序号	工业行业	总变动 ΔQ_{total}	用水效益 ΔQ_I	工业结构 ΔQ_S	节水效率 ΔQ_P
32	仪器仪表及文化、办公用机械制造业	−0.014	−0.047	0.004	0.028
33	工艺品及其他制造业	−0.352	−0.358	0.007	−0.001
34	废弃资源和废旧材料回收加工业	−0.004	−0.005	0.001	0
35	电力、热力的生产和供应业	−5.053	1.844	−2.633	−4.265
36	煤气生产和供应业	−0.114	−0.132	0.022	−0.005
37	水生产和供应业	−6.198	−3.196	−2.997	−0.004
	合计	−19.934	−8.311	−7.167	−4.457
	贡献率/%	100.0	41.7	36.0	22.4

1. 用水效益作用（ΔQ_I）

在全部 37 个行业中,有 31 个行业用水效益为正向驱动作用,抑制了河南省的万元工业增加值取水量的增长。其中水的生产和供应业以 −3.196 m³ 位列首位,其正向作用接近全部正向作用 −10.553 m³ 的 30.3%;其次是煤炭开采及洗选业、化学原料及化学制品制造业、饮料制造业和造纸及纸制品业;其后是农副食品加工业、非金属矿物制品业、工艺品及其他制造业、医药制造业,其作用值在 −1.567~−0.311 m³。可以看出,以上这些行业都是典型的高耗水行业,其行业用水效益的正向驱动作用表明,这些行业或是通过产业升级使得规模效益增加,或者进行节水及工艺改造等措施使得取水量减低。

全省只有 6 个行业用水效益呈现负向驱动作用,推动全省的万元工业增加值取水量的上升。其中电力热力的生产和供应业以 1.844 m³ 位列首位,其负向作用接近全部负向作用 2.242 m³ 的 82.3%。其他负向作用较大的行业有石油加工、炼焦业及核燃料加工业 0.347 m³、橡胶制品业塑料制品业 0.023 m³ 和交通运输设备制造业 0.021 m³。这些行业需要做具体分析,提出针对措施。比如电力热力的生产和供应业是由于电力生产水冷的生产工艺导致其水耗偏大,除非改变工艺(比如采用空冷工艺),否则其行业用水效益的负向驱动作用难以改变。

2. 工业结构作用（ΔQ_S）

在全部 37 个行业中有 20 个行业的工业结构调整为正向驱动作用,抑制了河南省的万元工业增加值取水量的增长。其中水生产和供应业以 −2.99 m³、电力、热力的生产和供应业以 −2.633 m³ 位列前两位,这两个行业的驱动作用接近全部正向作用 −7.681 m³ 的 73.3%,其他工业结构调整正作用明显的行业包括:煤炭开采及洗选业 −0.837 m³、石油和天然气开采业 −0.295 m³、造纸及纸制品业 −0.228 m³、有色金属冶炼及压延加工业 −0.142 m³、黑色金属冶炼及压延加工业 −0.137 m³、油加工、炼焦业及核燃料加工业 −0.101 m³,说明这些行业在全省工业结构调整中积极主动并取得明显成效。其余的 11 个行业低于的正向驱动作用低于 −0.10 m³。

在工业结构调整呈现负向驱动作用的 17 个行业中,通信设备、计算机及其他电子设备制造业以 0.186 m³ 排在首位,占全部负向作用值 0.514 m³ 的 36.2%。其他主要行业包括化学原料及化学制品制造业 0.105 m³、医药制造业 0.056 m³、通用设备制造业 0.026 m³、交通运输设备制造业 0.026 m³、文教体育用品制造业 0.024 m³。这些行业的节水要注重通过工业结构调整降低行业的万元工业增加值取水量。其他 11 个行业的负向驱动作用低于 0.024 m³。

3. 节水效率作用(ΔQ_P)

37 个工业行业中有 18 个行业节水效率为正向驱动作用,抑制了河南省的万元工业增加值取水量的增长。其中,电力、热力的生产和供应业以 -4.265 m³ 的作用值位列首位,占全部正向作用值 -7.226 m³ 的 58.0%,其次是化学原料及化学制品制造业 -0.882 m³、有色金属冶炼及压延加工业 -0.446 m³、造纸及纸制品业 -0.435 m³、石油加工、炼焦业及核燃料加工业 -0.397 m³、黑色金属冶炼及压延加工业 -0.225 m³、交通运输设备制造业 -0.126 m³、纺织业 -0.118 m³、橡胶制品业塑料制品业 -0.114 m³,说明这些行业的节水工程建设取得明显的成效或是行业工艺技术水平取得明显进步,或者兼而有之。其他 9 行业正向驱动值低于 -0.10 m³。节水效率呈现负向驱动作用的 19 个行业中,煤炭开采和洗选业以 1.873 m³ 位列首位,占全部负向作用 2.769 m³ 的 67.6%,其他负向作用较大的行业还包括饮料制造业 0.349 m³、专用设备制造业 0.111 m³、通信设备、计算机及其他电子设备制造业 0.095 m³、金属制品业 0.071 m³、化学纤维制造业 0.063 m³、非金属矿物制品业 0.061 m³、通用设备制造业 0.045 m³。这些行业需要进一步加强节水工程的建设及生产工艺更新改造,提高工业用水重复利用率。其他 11 个行业负向驱动值低于 0.045 m³。

8.2.2.3 区域万元工业增加值取水量变化的行业驱动类型

通过对各行业驱动特征的分析,将不同行业分为强抑制、弱抑制、弱推动和强推动四种类型。强抑制类型指行业总变动作用的正向驱动作用明显,或者三个分解驱动作用中存在较强的正向驱动作用,行业对抑制全省万元工业增加值取水量增长起到重要作用;第二类为弱抑制,其总变动为弱正向驱动,各分项驱动中不存在较大的正向驱动作用;第三类为弱推动行业,其总变动的负向驱动作用不明显,分解驱动作用中也不存在明显的负向驱动;第四类为强推动行业,其总变动的负向驱动作用较强,或者在分解驱动作用中存在较大的负向驱动值。

河南省 33 个正向驱动行业中,强抑制行业包括水生产和供应业、电力、热力的生产和供应业、化学原料及化学制品制造业、造纸及纸制品业、有色金属冶炼及压延加工业、黑色金属冶炼及压延加工业、煤炭开采和洗选业、农副食品加工业、石油和天然气开采业、有色金属矿采选业、非金属矿物制品业、工艺品及其他制造业、医药制造业、饮料制造业等 14 个行业,其总驱动作用值合计为 -18.659 m³,达到全省正向驱动作用值总和 -20.049 m³ 的 93.1%。河南省 4 个负向驱动的行业中,强推动行业包括通信设备、计算机及其他电子设备制造业和文教体育用品制造业 2 个行业,其总驱动作用值合计为 0.110 m³,达到全省负向驱动作用值总和 0.114 m³ 的 96.4%。因此,强抑制行业和强推动行业是决定区域万元工业增加值取水量变化的重点,也是区域水资源考核管理和节水建设的重点行业。对这些行业的节水效率、工业结构和用水效益驱动作用特征的分析,可以在明确不同行业的驱动性质前提下,识别主要的驱动因素和作用变化,进而采取有效对策措施,保障区域总体目标的实现。河南省万元工业增加值取水量变化强抑制行业及主要驱动作用见表8-3、强推动行业及主要驱动作用见表8-4。

表8-3　河南省万元工业增加值取水量变化强抑制行业及主要驱动作用

序号	强抑制行业	用水效益 ΔQ_I	工业结构 ΔQ_S	节水效率 ΔQ_P
1	水生产和供应业	√	√*	
2	电力、热力的生产和供应业		√	√
3	化学原料及化学制品制造业	√		√
4	造纸及纸制品业	√		√
5	有色金属冶炼及压延加工业	√		√
6	黑色金属冶炼及压延加工业	√		√
7	煤炭开采和洗选业	√		
8	农副食品加工业	√		
9	石油和天然气开采业		√	
10	有色金属矿采选业	√		
11	非金属矿物制品业	√		
12	工艺品及其他制造业	√		
13	医药制造业	√		
14	饮料制造业	√		√

注:"√"表示该行业主要的正向(起到抑制作用)的驱动作用。

表8-4　河南省万元工业增加值取水量变化强推动行业及主要驱动作用

序号	强推动行业	用水效益 ΔQ_I	工业结构 ΔQ_S	节水效率 ΔQ_P
1	通信设备、计算机及其他电子设备制造业		×*	×
2	文教体育用品制造业	×	×	

注:"×"表示该行业主要的负向(起到推动作用)的驱动作用。

根据以上分析成果,基于影响河南省万元工业增加值取水量变化的重点行业——强抑制行业和强推动行业,提出对策建议如下:

(1)河南省强抑制行业基本都是高耗水行业,它们是全省万元工业增加值取水量实现持续下降的基础。所以,对于强抑制行业而言,要以主要的正向驱动作用为重点,要通过增加投入,推广节水技术和设施以及强化节水管理等措施维持行业主要正向作用的稳定。比如对于造纸及纸制品业,要通过政策、管理、技术等各种措施,保持并努力提高工业结构和用水效益的正向驱动作用,其次是提升节水效率的驱动作用。

(2)对水生产和供应业、煤炭开采和洗选业、非金属矿物制品业等强推动行业而言,是要找出关键问题或最薄弱环节,即要针对这些行业的主要的负向(起到推动作用)的驱动作用制定对策措施,比如煤炭开采和洗选业、非金属矿物制品业要注重提高节水效率,食品制造业要提高节水效率和推进结构调整并重。除此之外,强推动行业还要注重通过提质增效,产业合并重组等措施优化产业规模,来进一步抑制行业万元增加值取水量的增长。

(3)由于区域经济社会发展和不同行业发展水平的差异,需要结合实际对三个驱动因子的驱动效应成因进行科学分析。按照我们对河南省工业节水工作的认识:工业结构涵盖对行业产品结构、原材料结构、行业规模和行业布局等四个方面,这四个方面既是影响工业节水的主要因素,也是工业结构调整的主要方向和重点内容;节水效率涵盖提高工业用水效率的各种工程技术措施,包括促进节水减污、中水回用等通过增加降低一次取水量和增加重复利用水量来提高重复利用率的各类节水工程建设和生产工艺的升级换代(包括节水工艺的应用)等的相关内容;用水效益(有的文献称之为用水强度或用水定额)则涵盖涉及行业技术进步、产品市场分布等产出效益相关的各类措施。另外,某些成因的影响可能是多方面的,比如行业规模的升级一般还伴随着行业技术的进步,它可能影响工业结构作用和用水效益作用两个方面,这些需要在具体工作中做进一步的研究。

8.3 区域工业行业的用水变化态势及其驱动效应分析

工业水资源精细化管理的最终目标是落实到具体的工业企业,尤其是规模以上重点企业。考虑到经济发展水平和管理能力,当前我国大多数的区域工业水资源管理还难以达到精细化的管理目标。当前条件下,工业行业与工业园区已成为区域工业用水与节水管理的重要抓手,对区域工业行业的用水变化态势与驱动特征进行分析是实施好区域工业水资源管理的重要技术基础。

区域工业行业用水指标主要包括取水量、用水量、重复用水率、万元工业增加值取水量等。按照高耗水高排污、高耗水低排污、低耗水高排污、低耗水低排污(第3章行业分类成果)分组对区域工业行业用水变化态势进行分类分析,同时结合河南省工业经济发展特点,对河南省传统支柱产业、六大高载能行业、高成长性制造业和能源及原材料工业用水变化态势进行讨论。

8.3.1 高耗水高排污行业用水变化态势

高耗水高排污行业包括化学纤维制造业,电力、热力生产和供应业,造纸和纸制品业,石油和天然气开采业、文教、工美、体育和娱乐用品制造业,煤炭开采和洗选业,化学原料和化学制品制造业,酒、饮料和精制茶制造业,黑色金属冶炼和压延加工业,黑色金属矿采选业。

8.3.1.1 化学纤维制造

根据 LMDI 分解模型,将行业万元增加值取水量变化的驱动因子全要素分解为用水效益、工业结构、节水进步等三个组成部分。通过建立基于 LMDI 的行业万元工业增加值取水量变化驱动模型,该行业 2010—2016 年取水量正向变化(取水量降低)-0.189 m³,主要正向驱动因子为用水效益和工业结构调整,相应的驱动效应为-0.165 m³ 和-0.087

m^3。负向驱动为节水进步,驱动效应分别为 0.063 m^3。该行业万元增加值取水量降低的主要驱动作用为用水效益的提高和产业结构的优化。

化学纤维制造业取用水指标变化态势见图 8-3,化学纤维制造业万元工业增加值取水量变化驱动效应见图 8-4。

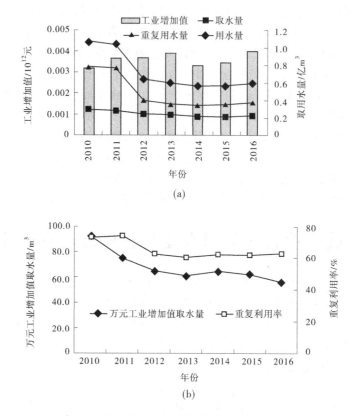

(a)

(b)

表 8-3　化学纤维制造业取用水指标变化态势

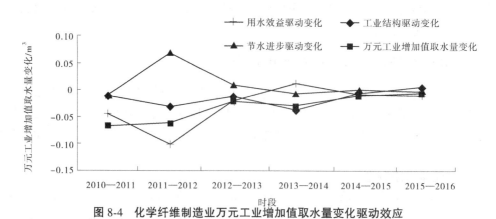

图 8-4　化学纤维制造业万元工业增加值取水量变化驱动效应

8.3.1.2　电力、热力生产和供应业

根据 LMDI 分解模型,将行业万元增加值取水量变化的驱动因子全要素分解为用水

效益、工业结构、节水进步等三个组成部分。通过建立基于 LMDI 的行业万元工业增加值取水量变化驱动模型,该行业 2010—2016 年取水量正向变化(取水量降低)-5.053 m^3,主要正向驱动因子为节水进步和工业结构调整,相应的驱动效应为-4.265 m^3 和-2.633 m^3。负向驱动为用水效益,驱动效应为 1.844 m^3。该行业万元增加值取水量降低的主要驱动作用为节水技术进步和工业结构的优化。电力、热力生产和供应业取水指标变化态势见图 8-5,电力、热力生产和供应业万元工业增加值取水量变化驱动效应见图 8-6。

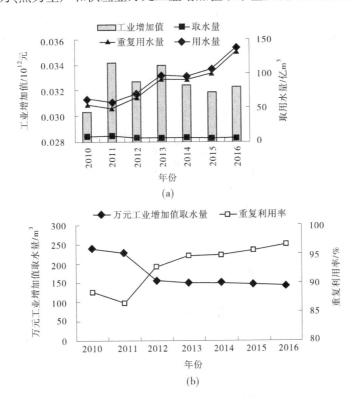

图 8-5 电力、热力生产和供应业取水指标变化态势

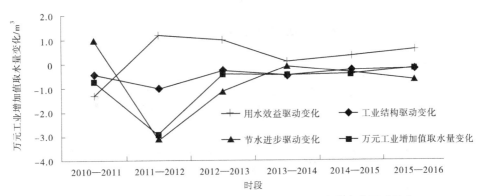

图 8-6 电力、热力生产和供应业万元工业增加值取水量变化驱动效应

8.3.1.3 造纸和纸制品业

根据 LMDI 分解模型,将行业万元增加值取水量变化的驱动因子全要素分解为用水效益、工业结构、节水进步等三个组成部分。通过建立基于 LMDI 的行业万元工业增加值取水量变化驱动模型,该行业 2010—2016 年取水量正向变化(取水量降低)-1.220 m^3,主要正向驱动因子为用水效益、节水进步和工业结构调整,相应的驱动效应为-0.557 m^3、-0.435 m^3 和-0.228 m^3。该行业三个驱动因子均为正向驱动。该行业万元增加值取水量降低的主要驱动作用为用水效益的提高、节水技术进步和产业结构的优化。造纸和纸制品业取用水指标变化态势见图 8-7,造纸和纸制品业万元工业增加值取水量变化驱动效应见图 8-8。

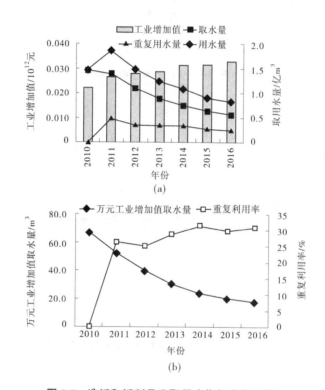

图 8-7 造纸和纸制品业取用水指标变化态势

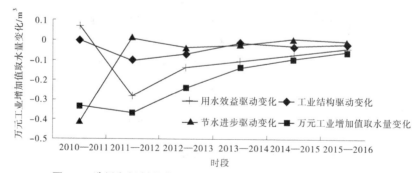

图 8-8 造纸和纸制品业万元工业增加值取水量变化驱动效应

8.3.1.4 石油和天然气开采业

根据 LMDI 分解模型,将行业万元增加值取水量变化的驱动因子全要素分解为用水效益、工业结构、节水进步等三个组成部分。通过建立基于 LMDI 的行业万元工业增加值取水量变化驱动模型,该行业 2010—2016 年取水量正向变化(取水量降低)-0.395 m³,主要正向驱动因子为工业结构调整和用水效益,相应的驱动效应为-0.295 m³ 和-0.100 m³。节水进步的驱动效应为 0。该行业万元增加值取水量降低的主要驱动作用为产业结构的优化和用水效益的提高。石油和天然气开采业取用水指标变化态势见图 8-9,石油和天然气开采业万元工业增加值取水量变化驱动效应见图 8-10。

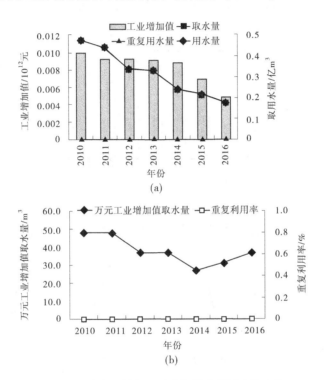

图 8-9 石油和天然气开采业取用水指标变化态势

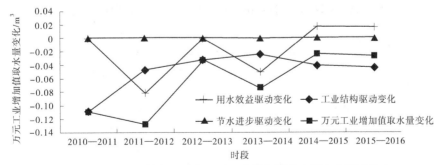

图 8-10 石油和天然气开采业万元工业增加值取水量变化驱动效应

8.3.1.5　文教、工美、体育和娱乐用品制造业

　　根据 LMDI 分解模型,将行业万元增加值取水量变化的驱动因子全要素分解为用水效益、工业结构、节水进步等三个组成部分。通过建立基于 LMDI 的行业万元工业增加值取水量变化驱动模型,该行业 2010—2016 年取水量负向变化(取水量增加)0.032 m³,三个驱动因子均为负向驱动,按照驱动效应的大小,依次为工业结构、用水效益和节水进步。相应的驱动效应分别为 0.024 m³、0.007 m³ 和 0.001 m³。该行业万元增加值取水量增加的主要驱动作用为用水效益的提高和工业结构的驱动,其次是用水效益的变化驱动。文教、工美、体育和娱乐用品制造业取用水指标变化态势见图 8-11,文教、工美、体育和娱乐用品制造业万元工业增加值取水量变化驱动效应见图 8-12。

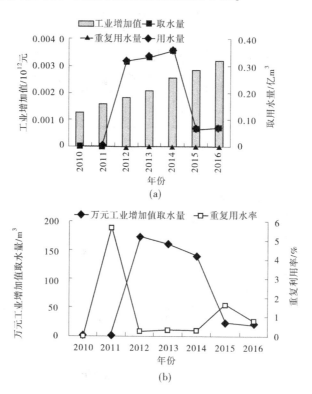

图 8-11　文教、工美、体育和娱乐用品制造业取用水指标变化态势

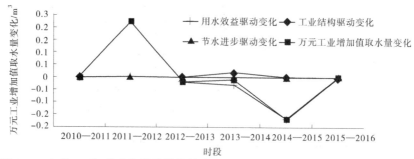

图 8-12　文教、工美、体育和娱乐用品制造业万元工业增加值取水量变化驱动效应

8.3.1.6 煤炭开采和洗选业

根据 LMDI 分解模型,将行业万元增加值取水量变化的驱动因子全要素分解为用水效益、工业结构、节水进步等三个组成部分。通过建立基于 LMDI 的行业万元工业增加值取水量变化驱动模型,该行业 2010—2016 年取水量负向变化(取水量增加)5 538.8 万 m³,主要正向驱动因子为用水效益和工业结构调整,相应的驱动效应为 -20 338.7 万 m³ 和 -12 467.3 万 m³。负向驱动为节水进步驱动效应分别为 20 982.2 万 m³ 和 17 364.5 万 m³。该行业万元增加值取水量降低的主要驱动作用为用水效益的提高和工业结构的优化。煤炭开采和洗选业取用水指标变化态势见图 8-13,煤炭开采和洗选业万元工业增加值取水量变化驱动效应见图 8-14。

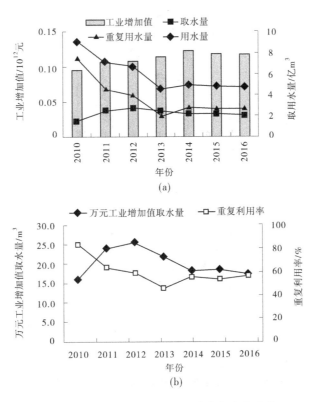

图 8-13   煤炭开采和洗选业取用水指标变化态势

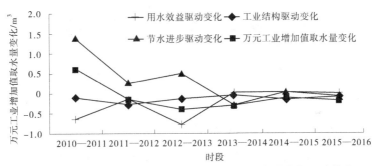

图 8-14   煤炭开采和洗选业万元工业增加值取水量变化驱动效应

8.3.1.7 化学原料和化学制品制造业

根据 LMDI 分解模型,将行业万元增加值取水量变化的驱动因子全要素分解为用水效益、工业结构、节水进步等三个组成部分。通过建立基于 LMDI 的行业万元工业增加值取水量变化驱动模型,该行业 2010—2016 年取水量正向变化(取水量降低) -2 591.7 万 m^3,主要正向驱动因子为节水进步和用水效益,相应的驱动效应为 -10 844.7 万 m^3 和 -9 735.9 万 m^3。负向驱动为工业结构调整,驱动效应分别为 15 678.5 万 m^3 和 2 310.5 万 m^3。该行业万元增加值取水量降低的主要驱动作用为节水进步和用水效益的提高。化学原料和化学制品制造业取用水指标变化态势见图 8-15,化学原料和化学制品制造业万元工业增加值取水量变化驱动效应见图 8-16。

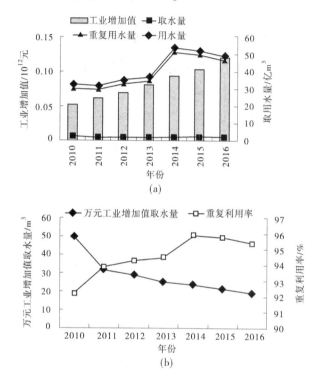

图 8-15　化学原料和化学制品制造业取用水指标变化态势

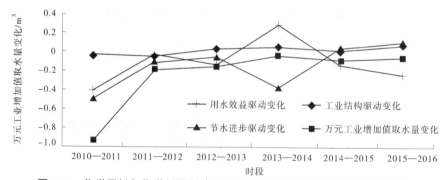

图 8-16　化学原料和化学制品制造业万元工业增加值取水量变化驱动效应

8.3.1.8 酒、饮料和精制茶制造业

根据 LMDI 分解模型,将行业万元增加值取水量变化的驱动因子全要素分解为用水效益、工业结构和节水进步等三个组成部分。通过建立基于 LMDI 的行业工业用水效率变化驱动模型,该行业 2010—2016 年万元工业增加值取水量正向变化(降低)-0.010 m^3,正向驱动因子为用水效益和工业结构调整,相应的驱动效应为 $-0.666\ m^3$ 和 -110.9 万 m^3。负向驱动为节水进步,驱动效应为 $0.349\ m^3$。该行业万元增加值取水量增加的主要驱动作用为用水效益的提高,其次工业结构的驱动。酒、饮料和精制茶制造业取用水指标变化态势见图 8-17,酒、饮料和精制茶制造业工业用水效率变化驱动效应见图 8-18。

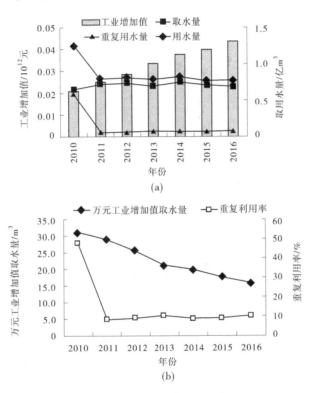

图 8-17 酒、饮料和精制茶制造业取用水指标变化态势

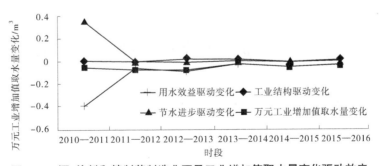

图 8-18 酒、饮料和精制茶制造业万元工业增加值取水量变化驱动效应

8.3.1.9 黑色金属冶炼和压延加工业

根据 LMDI 分解模型,将行业万元增加值取水量变化的驱动因子全要素分解为用水效益、工业结构和节水进步等三个组成部分。通过建立基于 LMDI 的行业工业用水效率变化驱动模型,该行业 2010—2016 年万元工业增加值取水量正向变化(降低)－0.633 m³,用水效益、节水进步和工业结构调整均呈现正向驱动,相应的驱动效应为－0.271 m³、－0.225 m³ 和－0.137 m³。该行业万元增加值取水量降低的主要驱动作用为用水效益的提高、节水技术进步和产业结构的优化。黑色金属冶炼和压延加工业取用水指标变化态势见图 8-19、黑色金属冶炼和压延加工业工业用水效率变化驱动效应见图 8-20。

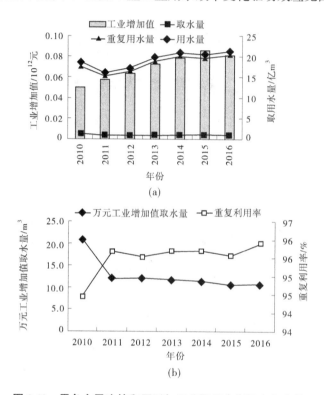

图 8-19 黑色金属冶炼和压延加工业取用水指标变化态势

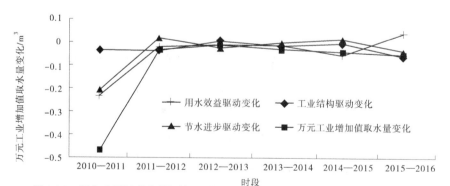

图 8-20 黑色金属冶炼和压延加工业万元工业增加值取水量变化驱动效应

8.3.1.10 黑色金属矿采选业

根据 LMDI 分解模型,将行业万元增加值取水量变化的驱动因子全要素分解为用水效益、工业结构和节水进步等三个组成部分。通过建立基于 LMDI 的行业工业用水效率变化驱动模型,该行业 2010—2016 年万元工业增加值取水量正向变化(降低)−0.117 m^3,用水效益、工业结构调整和节水进步均呈现正向驱动,相应的驱动效应为 0.068 m^3、−0.026 m^3 和−0.023 m^3。该行业万元增加值取水量降低的主要驱动作用为用水效益的提高,其次为产业结构的优化和节水技术的进步。黑色金属矿采选业取用水指标变化态势见图 8-21、黑色金属矿采选业工业用水效率变化驱动效应见图 8-22。

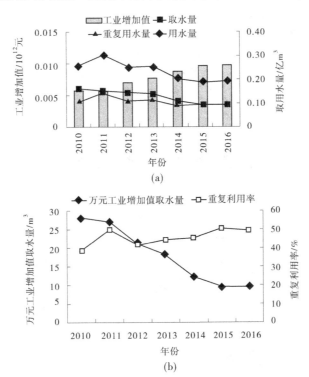

(a)

(b)

图 8-21 黑色金属矿采选业取用水指标变化态势

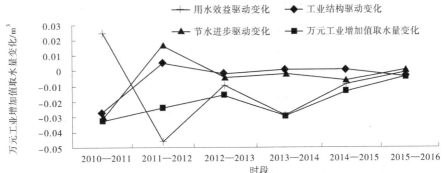

图 8-22 黑色金属矿采选业万元工业增加值取水量变化驱动效应

8.3.2　高耗水低排污行业用水变化态势

有色金属冶炼和压延加工业:根据 LMDI 分解模型,将行业万元增加值取水量变化的驱动因子全要素分解为用水效益、工业结构和节水进步等三个组成部分。通过建立基于 LMDI 的行业工业用水效率变化驱动模型,该行业 2010—2016 年万元工业增加值取水量正向变化(降低)$-0.882\ m^3$,正向驱动因子为节水进步、用水效益和工业结构调整,相应的驱动效应为$-0.446\ m^3$、$-0.293\ m^3$ 和$-0.142\ m^3$。该行业万元增加值取水量降低的主要驱动作用为节水技术进步,其次为用水效益的提高和产业结构的优化。有色金属冶炼和压延加工业取用水指标变化态势见图 8-23、有色金属冶炼和压延加工业工业用水效率变化驱动效应见图 8-24。

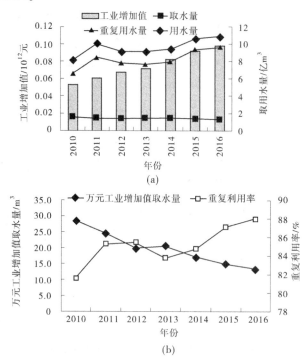

(a)

(b)

图 8-23　有色金属冶炼和压延加工业取用水指标变化态势

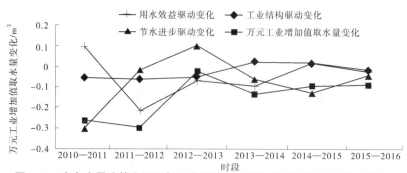

图 8-24　有色金属冶炼和压延加工业万元工业增加值取水量变化驱动效应

8.3.3 低耗水高排污行业用水变化态势

8.3.3.1 医药制造业

根据 LMDI 分解模型,将行业万元增加值取水量变化的驱动因子全要素分解为用水效益、工业结构和节水进步等三个组成部分。通过建立基于 LMDI 的行业工业用水效率变化驱动模型,该行业 2010—2016 年万元工业增加值取水量正向变化(降低)-0.349 m^3,正向驱动因子为用水效益和节水进步,相应的驱动效应为 -0.311 m^3 和 -0.093 m^3。负向驱动为工业结构调整,驱动效应为 0.056 m^3。该行业万元增加值取水量降低的主要驱动作用为用水效益的提高,其次为产业结构的优化。医药制造业取用水指标变化态势见图 8-25、医药制造业工业用水效率变化驱动效应见图 8-26。

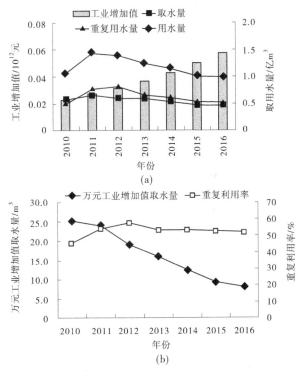

图 8-25　医药制造业取用水指标变化态势

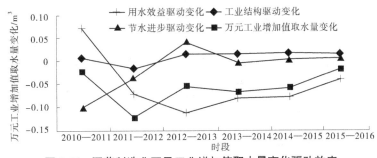

图 8-26　医药制造业万元工业增加值取水量变化驱动效应

8.3.3.2 皮革、毛皮、羽毛及其制品和制鞋业

根据 LMDI 分解模型,将行业万元增加值取水量变化的驱动因子全要素分解为用水效益、工业结构和节水进步等三个组成部分。通过建立基于 LMDI 的行业工业用水效率变化驱动模型,该行业 2010—2016 年万元工业增加值取水量正向变化(增加)−0.049 m³,正向驱动因子为用水效益和工业结构调整,相应的驱动效应为−0.040 m³ 和−0.011 m³。负向驱动为节水进步,驱动效应为 0.002 m³。该行业万元增加值取水量降低的主要驱动作用为用水效益的提高,其次是产业结构的优化。皮革、毛皮、羽毛及其制品和制鞋业取用水指标变化态势见图 8-27、皮革、毛皮、羽毛及其制品和制鞋业工业用水效率变化驱动效应见图 8-28。

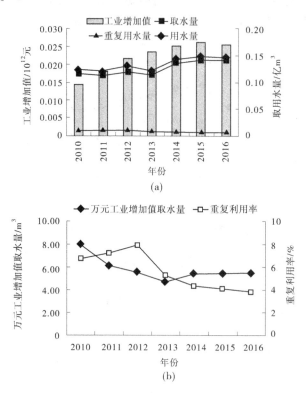

图 8-27 皮革、毛皮、羽毛及其制品和制鞋业取用水指标变化态势

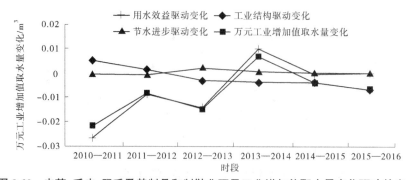

图 8-28 皮革、毛皮、羽毛及其制品和制鞋业万元工业增加值取水量变化驱动效应

8.3.3.3 农副食品加工业

根据 LMDI 分解模型,将行业万元增加值取水量变化的驱动因子全要素分解为用水效益、工业结构和节水进步等三个组成部分。通过建立基于 LMDI 的行业工业用水效率变化驱动模型,该行业 2010—2016 年万元工业增加值取水量正向变化(降低)-0.523 m³,正向驱动因子为用水效益和工业结构调整,相应的驱动效应为-0.488 m³ 和-0.049 m³。负向驱动为节水进步,驱动效应为 0.015 m³。该行业万元增加值取水量降低的主要驱动作用为用水效益的提高,其次是产业结构的优化。农副食品加工业取用水指标变化态势见图 8-29、农副食品加万元工业增加值工业用水效率变化驱动效应见图 8-30。

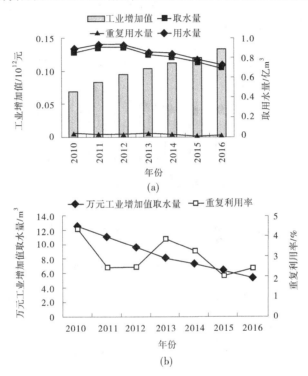

图 8-29 农副食品加工业万元工业取用水指标变化态势

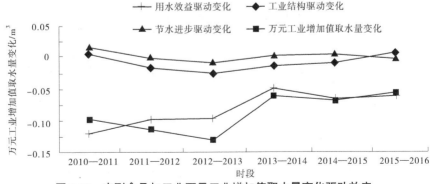

图 8-30 农副食品加工业万元工业增加值取水量变化驱动效应

8.3.4 低耗水低排污行业用水变化态势

8.3.4.1 食品制造业

根据 LMDI 分解模型,将行业万元增加值取水量变化的驱动因子全要素分解为用水效益、工业结构和节水进步等三个组成部分。通过建立基于 LMDI 的行业工业用水效率变化驱动模型,该行业 2010—2016 年万元工业增加值取水量正向变化(降低)-0.134 m³,正向驱动因子为用水效益和节水进步,相应的驱动效应为-0.139 m³ 和-0.001 m³。负向驱动为工业结构调整,驱动效应为 0.006 m³。该行业万元增加值取水量降低的主要驱动作用为用水效益的提高。食品制造业取用水指标变化态势见图 8-31、食品制造业工业用水效率变化驱动效应见图 8-32。

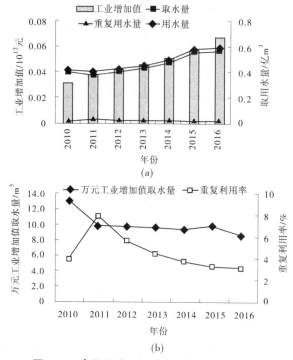

(a)

(b)

图 8-31 食品制造业取用水指标变化态势

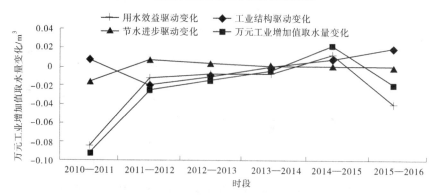

图 8-32 食品制造业万元工业增加值取水量变化驱动效应

8.3.4.2 石油加工、炼焦和核燃料加工业

根据 LMDI 分解模型,将行业万元增加值取水量变化的驱动因子全要素分解为用水效益、工业结构和节水进步等三个组成部分。通过建立基于 LMDI 的行业工业用水效率变化驱动模型,该行业 2010—2016 年万元工业增加值取水量正向变化(降低)−0.151 m³,正向驱动因子为节水进步和工业结构调整,相应的驱动效应为−0.397 m³ 和−0.101 m³。负向驱动为用水效益,驱动效应为 0.347 m³。该行业万元增加值取水量降低的主要驱动作用为节水技术进步,其次为产业结构的优化。石油加工、炼焦和核燃料加工业取用水指标变化态势见图 8-33,石油加工、炼焦和核燃料加工业用水效率变化驱动效应见图 8-34。

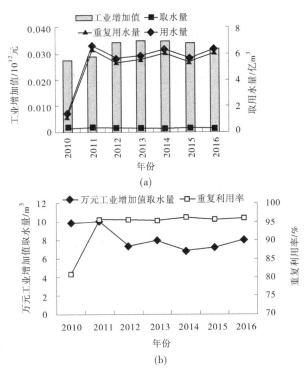

(a)

(b)

图 8-33　石油加工、炼焦和核燃料加工业取用水指标变化态势

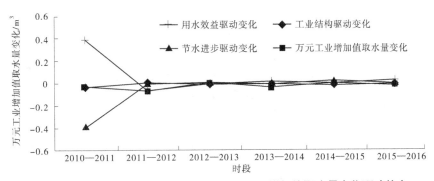

图 8-34　石油加工、炼焦和核燃料加工业万元工业增加值取水量变化驱动效应

8.3.4.3 纺织业

根据 LMDI 分解模型,将行业万元增加值取水量变化的驱动因子全要素分解为用水效益、工业结构和节水进步等三个组成部分。通过建立基于 LMDI 的行业工业用水效率变化驱动模型,该行业 2010—2016 年万元工业增加值取水量正向变化(降低)-0.163 m^3,正向驱动因子为节水进步、工业结构调整和用水效益,相应驱动效应为-0.118 m^3、-0.030 m^3 和-0.016 m^3。该行业万元增加值取水量降低的主要驱动作用为给水技术进步,其次为用水效益的提高和产业结构的优化。纺织业取用水指标变化态势见图 8-35,纺织业工业用水效率变化驱动效应见图 8-36。

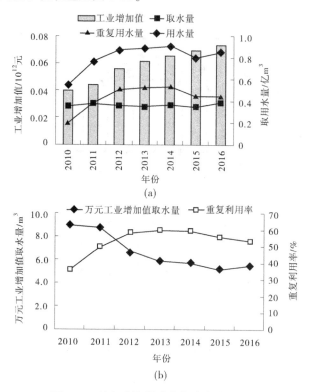

图 8-35 纺织业取用水指标变化态势

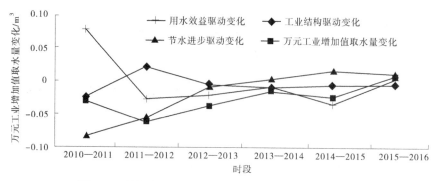

图 8-36 纺织业万元工业增加值取水量变化驱动效应

8.3.4.4　有色金属矿采选业

根据 LMDI 分解模型,将行业万元增加值取水量变化的驱动因子全要素分解为用水效益、工业结构和节水进步等三个组成部分。通过建立基于 LMDI 的行业工业用水效率变化驱动模型,该行业 2010—2016 年万元工业增加值取水量正向变化(降低)-0.366 m³,正向驱动因子为用水效益、节水进步和工业结构调整,相应的驱动效应为-0.250 m³、-0.089 m³ 和-0.027 m³。该行业万元增加值取水量降低的主要驱动作用为用水效益的提高,其次为节水技术进步和产业结构的优化。有色金属矿采选业取用水指标变化态势见图 8-37,有色金属矿采选业工业用水效率变化驱动效应见图 8-38。

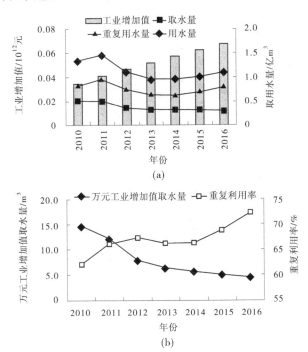

图 8-37　有色金属矿采选业取用水指标变化态势

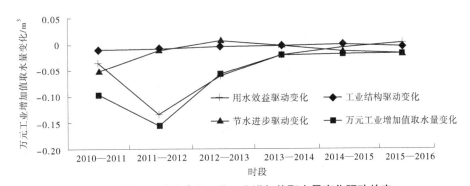

图 8-38　有色金属矿采选业万元工业增加值取水量变化驱动效应

8.3.4.5　废弃资源和废旧材料回收加工修理业

根据 LMDI 分解模型,将行业万元增加值取水量变化的驱动因子全要素分解为用水效益、工业结构和节水进步等三个组成部分。通过建立基于 LMDI 的行业工业用水效率变化驱动模型,该行业 2010—2016 年万元工业增加值取水量正向变化(降低)−0.004 m^3,正向驱动因子为用水效益,相应的驱动效应为−0.005 m^3。负向驱动为工业结构调整,驱动效应分别为 0.001 m^3。该行业万元增加值取水量降低的主要驱动作用为用水效益的提高。废弃资源和废旧材料回收加工修理业取用水指标变化态势见图 8-39、废弃资源和废旧材料回收加工修理业工业用水效率变化驱动效应见图 8-40。

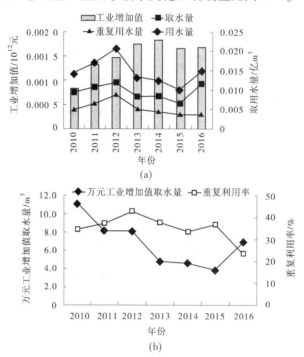

图 8-39　废弃资源和废旧材料回收加工修理业取用水指标变化态势

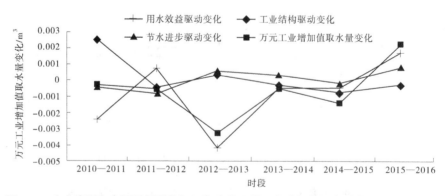

图 8-40　废弃资源和废旧材料回收加工修理业万元工业增加值取水量变化驱动效应

8.3.4.6 非金属矿采选业

根据 LMDI 分解模型,将行业万元增加值取水量变化的驱动因子全要素分解为用水效益、工业结构和节水进步等三个组成部分。通过建立基于 LMDI 的行业工业用水效率变化驱动模型,该行业 2010—2016 年万元工业增加值取水量正向变化(降低)-0.023 m³,正向驱动因子为用水效益和工业结构调整,相应的驱动效应为-0.023 m³ 和-0.004 m³。负向驱动为节水进步,驱动效应为 0.004 m³。该行业万元增加值取水量降低的主要驱动作用为用水效益的提高,其次产业结构的优化。非金属矿采选业取用水指标变化态势见图 8-41、非金属矿采选业工业用水效率变化驱动效应见图 8-42。

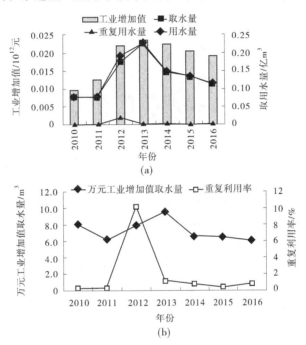

图 8-41 非金属矿采选业取用水指标变化态势

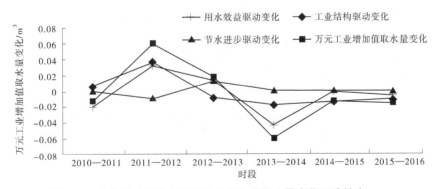

图 8-42 非金属矿采选业万元工业增加值取水量变化驱动效应

8.3.4.7 非金属矿物制品业

根据 LMDI 分解模型,将行业万元增加值取水量变化的驱动因子全要素分解为用水效益、工业结构和节水进步等三个组成部分。通过建立基于 LMDI 的行业工业用水效率变化驱动模型,该行业 2010—2016 年万元工业增加值取水量正向变化(降低)−0.365 m³,正向驱动因子为用水效益和工业结构调整,相应的驱动效应为−0.377 m³ 和−0.050 m³。负向驱动为节水进步,驱动效应为 0.061 m³。该行业万元增加值取水量降低的主要驱动作用为用水效益的提高,其次为产业结构的优化。非金属矿物制品业取用水指标变化态势见图 8-43、非金属矿物制品业工业用水效率变化驱动效应见图 8-44。

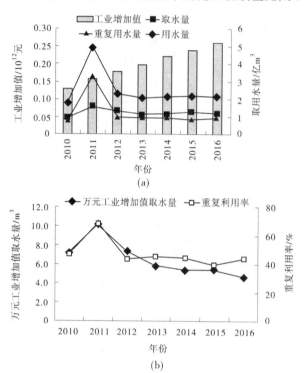

(a)

(b)

图 8-43　非金属矿物制品业取用水指标变化态势

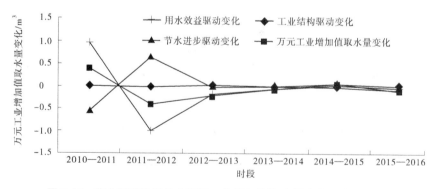

图 8-44　非金属矿物制品业万元工业增加值取水量变化驱动效应

8.3.4.8 橡胶和塑料制品业

根据 LMDI 分解模型,将行业万元增加值取水量变化的驱动因子全要素分解为用水效益、工业结构和节水进步等三个组成部分。通过建立基于 LMDI 的行业工业用水效率变化驱动模型,该行业 2010—2016 年万元工业增加值取水量正向变化(降低)-0.094 m³,正向驱动因子为节水进步和工业结构调整,相应的驱动效应为-0.114 m³ 和-0.004 m³。负向驱动为用水效益,驱动效应为 0.023 m³。该行业万元增加值取水量降低的主要驱动作用为给水技术进步。橡胶和塑料制品业取用水指标变化态势见图 8-45,橡胶和塑料制品业工业用水效率变化驱动效应见图 8-46。

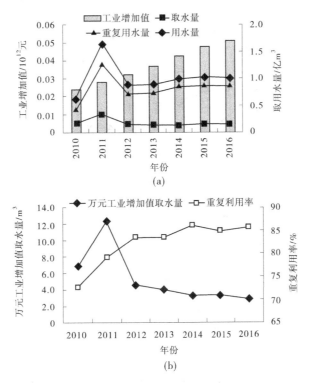

(a)

(b)

图 8-45 橡胶和塑料制品业取用水指标变化态势

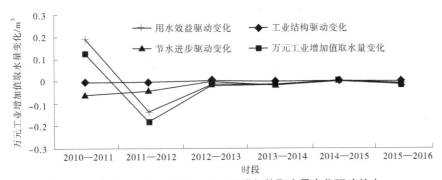

图 8-46 橡胶和塑料制品业万元工业增加值取水量变化驱动效应

8.3.4.9 燃气生产和供应业

根据 LMDI 分解模型,将行业万元增加值取水量变化的驱动因子全要素分解为用水效益、工业结构和节水进步等三个组成部分。通过建立基于 LMDI 的行业工业用水效率变化驱动模型,该行业 2010—2016 年万元工业增加值取水量正向变化(降低)-0.114 m³,正向驱动因子为用水效益和节水进步,相应的驱动效应为-0.132 m³ 和-0.005 m³。负向驱动为工业结构调整,驱动效应为 0.022 m³。该行业万元增加值取水量降低的主要驱动作用为用水效益的提高。燃气生产和供应业取用水指标变化态势见图 8-47,燃气生产和供应业工业用水效率变化驱动效应见图 8-48。

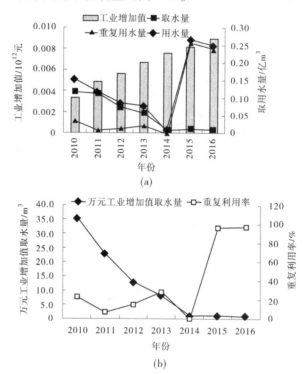

(a)

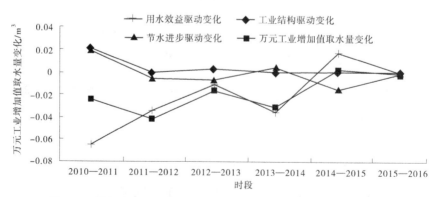

(b)

图 8-47 燃气生产和供应业取用水指标变化态势

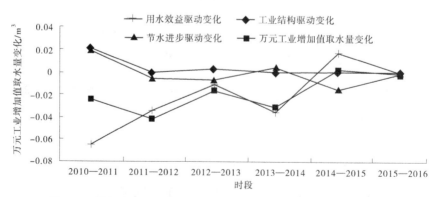

图 8-48 燃气生产和供应业万元工业增加值取水量变化驱动效应

8.3.4.10 交通运输设备制造业

根据 LMDI 分解模型,将行业万元增加值取水量变化的驱动因子全要素分解为用水效益、工业结构和节水进步等三个组成部分。通过建立基于 LMDI 的行业工业用水效率变化驱动模型,该行业 2010—2016 年万元工业增加值取水量正向变化(降低) -0.079 m³,正向驱动因子为节水进步,相应的驱动效应为 -0.126 m³。负向驱动为工业结构调整和用水效益,驱动效应分别为 0.026 m³ 和 0.021 m³。该行业万元增加值取水量降低的主要驱动作用为节水技术进步。交通运输设备制造业取用水指标变化态势见图 8-49、交通运输设备制造业工业用水效率变化驱动效应见图 8-50。

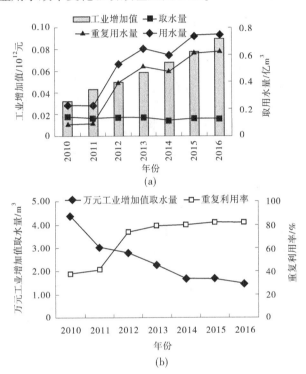

图 8-49　交通运输设备制造业取用水指标变化态势

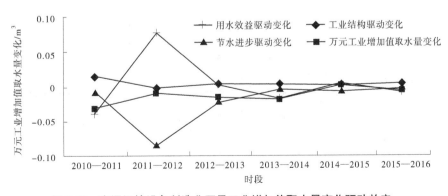

图 8-50　交通运输设备制造业万元工业增加值取水量变化驱动效应

8.3.4.11 金属制品业

根据 LMDI 分解模型,将行业万元增加值取水量变化的驱动因子全要素分解为用水效益、工业结构和节水进步等三个组成部分。通过建立基于 LMDI 的行业工业用水效率变化驱动模型,该行业 2010—2016 年万元工业增加值取水量正向变化(降低) -0.034 m³,正向驱动因子为用水效益,相应的驱动效应为 0.122 m³。负向驱动为节水进步和工业结构调整,驱动效应分别为 0.071 m³ 和 0.018 m³。该行业万元增加值取水量降低的主要驱动作用为用水效益的提高。金属制品业取用水指标变化态势见图 8-51、金属制品业工业用水效率变化驱动效应见图 8-52。

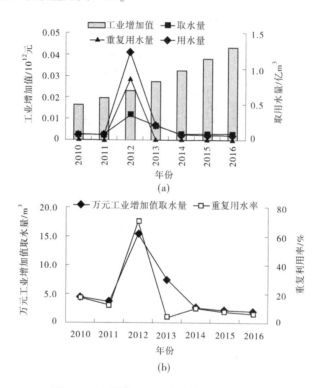

(a)

(b)

图 8-51 金属制品业取用水指标变化态势

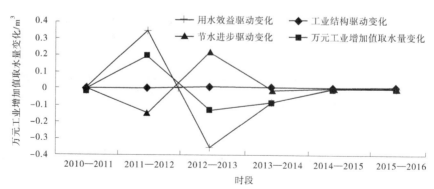

图 8-52 金属制品业万元工业增加值取水量变化驱动效应

8.3.4.12　木材加工和木、竹、藤、棕、草制品业

根据 LMDI 分解模型,将行业万元增加值取水量变化的驱动因子全要素分解为用水效益、工业结构和节水进步等三个组成部分。通过建立基于 LMDI 的行业工业用水效率变化驱动模型,该行业 2010—2016 年万元工业增加值取水量正向变化(降低)-0.035 m³,正向驱动因子为用水效益和工业结构调整,相应的驱动效应为-0.025 m³ 和-0.010 m³。该行业万元增加值取水量降低的主要驱动作用为用水效益的提高,其次为产业结构的优化。木材加工和木、竹、藤、棕、草制品业取用水指标变化态势见图 8-53、木材加工和木、竹、藤、棕、草制品业工业用水效率变化驱动效应见图 8-54。

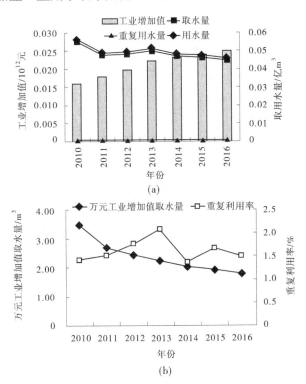

(a)

(b)

图 8-53　木材加工和木、竹、藤、棕、草制品业取用水指标变化态势

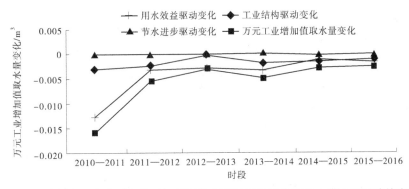

图 8-54　木材加工和木、竹、藤、棕、草制品业万元工业增加值取水量变化驱动效应

8.3.4.13　纺织服装、服饰业

根据 LMDI 分解模型,将行业万元增加值取水量变化的驱动因子全要素分解为用水效益、工业结构和节水进步等三个组成部分。通过建立基于 LMDI 的行业工业用水效率变化驱动模型,该行业 2010—2016 年万元工业增加值取水量负向变化(增加)0.002 m³,正向驱动因子为用水效益和节水进步,相应的驱动效应为-0.009 m³ 和-0.002 m³。负向驱动为工业结构调整,驱动效应分别为 0.012 m³。该行业万元增加值取水量降低的主要驱动作用为用水效益的提高和节水技术进步。纺织服装、服饰业取用水指标变化态势见图 8-55、纺织服装、服饰业工业用水效率变化驱动效应见图 8-56。

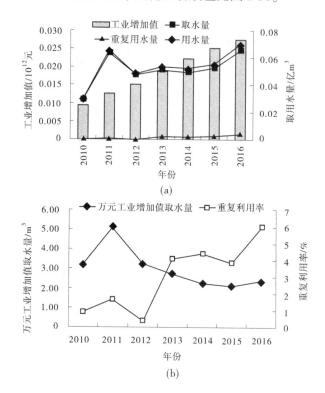

(a)

(b)

图 8-55　纺织服装、服饰业取用水指标变化态势

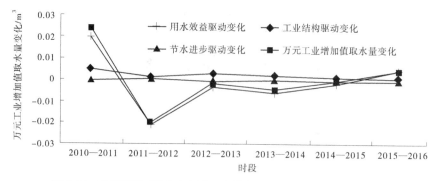

图 8-56　纺织服装、服饰业万元工业增加值取水量变化驱动效应

8.3.4.14 通用设备制造业

根据 LMDI 分解模型,将行业万元增加值取水量变化的驱动因子全要素分解为用水效益、工业结构和节水进步等三个组成部分。通过建立基于 LMDI 的行业工业用水效率变化驱动模型,该行业 2010—2016 年万元工业增加值取水量正向变化(降低)-0.070 m^3,正向驱动因子为用水效益,相应的驱动效应为-0.141 m^3。负向驱动为节水进步和工业结构调整,驱动效应分别为 0.045 m^3 和 0.026 m^3。该行业万元增加值取水量降低的主要驱动作用为用水效益的提高。通用设备制造业取用水指标变化态势见图 8-57、通用设备制造业工业用水效率变化驱动效应见图 8-58。

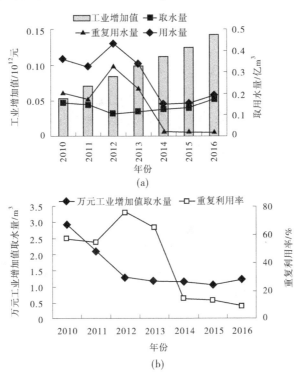

图 8-57 通用设备制造业取用水指标变化态势

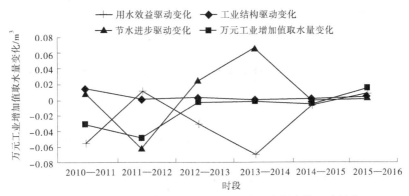

图 8-58 通用设备制造业万元工业增加值取水量变化驱动效应

8.3.4.15 仪器仪表制造业

根据 LMDI 分解模型,将行业万元增加值取水量变化的驱动因子全要素分解为用水效益、工业结构和节水进步等三个组成部分。通过建立基于 LMDI 的行业工业用水效率变化驱动模型,该行业 2010—2016 年万元工业增加值取水量正向变化(降低)−0.014 m^3,正向驱动因子为用水效益,相应的驱动效应为−0.047 m^3。负向驱动为节水进步和工业结构调整,驱动效应分别为 0.028 m^3 和 0.004 m^3。该行业万元增加值取水量降低的主要驱动作用为用水效益的提高。仪器仪表制造业取用水指标变化态势见图 8-59、仪器仪表制造业工业用水效率变化驱动效应见图 8-60。

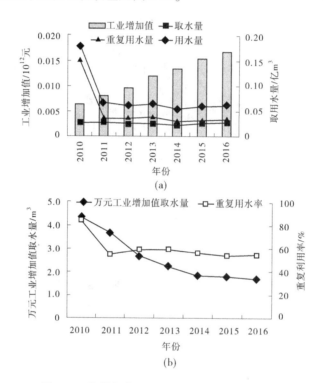

图 8-59 仪器仪表制造业取用水指标变化态势

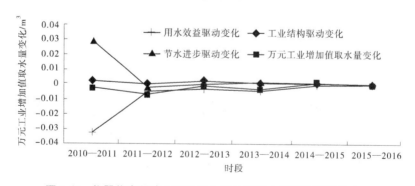

图 8-60 仪器仪表制造业万元工业增加值取水量变化驱动效应

8.3.4.16 计算机、通信和其他电子设备制造业

根据 LMDI 分解模型,将行业万元增加值取水量变化的驱动因子全要素分解为用水效益、工业结构和节水进步等三个组成部分。通过建立基于 LMDI 的行业工业用水效率变化驱动模型,该行业 2010—2016 年万元工业增加值取水量负向变化(增加)0.078 m³,主要正向驱动因子为用水效益,相应的驱动效应为-0.204 m³。负向驱动为工业结构调整和节水进步,驱动效应分别为 0.186 m³ 和 0.095 m³。该行业万元增加值取水量降低的主要驱动作用为用水效益的提高。计算机、通信和其他电子设备制造业取用水指标变化态势见图 8-61、计算机、通信和其他电子设备制造业工业用水效率变化驱动效应见图 8-62。

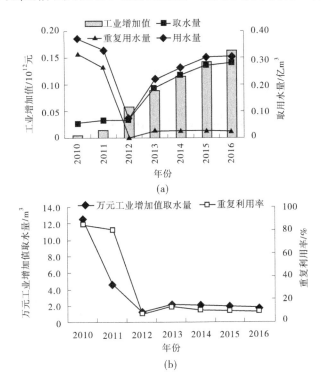

图 8-61 计算机、通信和其他电子设备制造业取用水指标变化态势

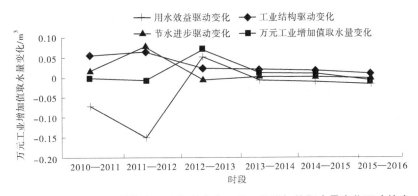

图 8-62 计算机、通信和其他电子设备制造业万元工业增加值取水量变化驱动效应

8.3.4.17 专用设备制造业

根据 LMDI 分解模型,将行业万元增加值取水量变化的驱动因子全要素分解为用水效益、工业结构和节水进步等三个组成部分。通过建立基于 LMDI 的行业工业用水效率变化驱动模型,该行业 2010—2016 年万元工业增加值取水量正向变化(降低)−0.090 m^3,主要正向驱动因子为用水效益,相应的驱动效应为−0.202 m^3。负向驱动为节水进步和工业结构调整,驱动效应分别为 0.111 m^3 和 0.001 m^3。该行业万元增加值取水量降低的主要驱动作用为用水效益的提高。专用设备制造业取用水指标变化态势见图 8-63、专用设备制造业工业用水效率变化驱动效应见图 8-64。

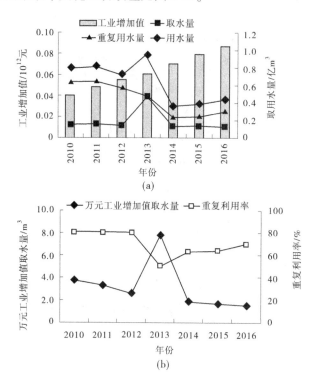

图 8-63 专用设备制造业取用水指标变化态势

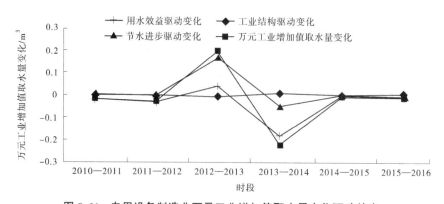

图 8-64 专用设备制造业万元工业增加值取水量变化驱动效应

8.3.4.18 电气机械和器材制造业

根据 LMDI 分解模型,将行业万元增加值取水量变化的驱动因子全要素分解为用水效益、工业结构和节水进步等三个组成部分。通过建立基于 LMDI 的行业工业用水效率变化驱动模型,该行业 2010—2016 年万元工业增加值取水量正向变化(降低)-0.015 m³,正向驱动因子为用水效益,相应的驱动效应为-0.038 m³。负向驱动为工业结构调整和节水进步,驱动效应分别为 0.018 m³ 和 0.005 m³。该行业万元增加值取水量降低的主要驱动作用为用水效益的提高。电气机械和器材制造业取水量变化态势见图 8-65、电气机械和器材制造业工业用水效率变化驱动效应见图 8-66。

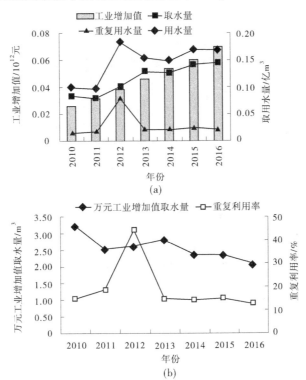

图 8-65 电气机械和器材制造业取用水指标变化态势

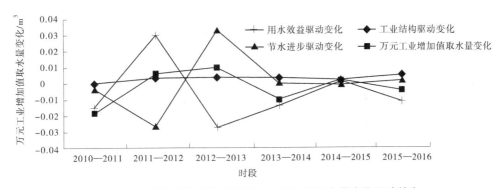

图 8-66 电气机械和器材制造业万元工业增加值取水量变化驱动效应

8.3.4.19 烟草制品业

根据 LMDI 分解模型,将行业万元增加值取水量变化的驱动因子全要素分解为用水效益、工业结构和节水进步等三个组成部分。通过建立基于 LMDI 的行业工业用水效率变化驱动模型,该行业 2010—2016 年万元工业增加值取水量正向变化(降低)-0.005 m³,正向驱动因子为工业结构调整和节水进步,相应的驱动效应为-0.004 m³ 和-0.001 m³。该行业万元增加值取水量降低的主要驱动作用为产业结构的优化,其次是节水技术进步。烟草制品业取用水指标变化态势见图 8-67、烟草制品业工业用水效率变化驱动效应见图 8-68。

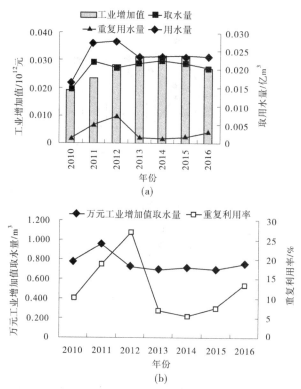

图 8-67　烟草制品业取用水指标变化态势

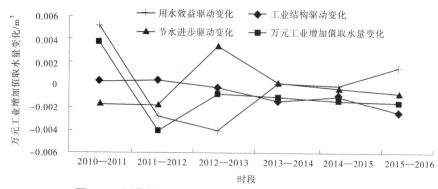

图 8-68　烟草制品业万元工业增加值取水量变化驱动效应

8.3.4.20　印刷和记录媒介复制业

根据 LMDI 分解模型,将行业万元增加值取水量变化的驱动因子全要素分解为用水效益、工业结构和节水进步等三个组成部分。通过建立基于 LMDI 的行业工业用水效率变化驱动模型,该行业 2010—2016 年万元工业增加值取水量正向变化(降低)−0.009 m³,正向驱动因子为用水效益,相应的驱动效应为−0.010 m³。负向驱动为工业结构调整,驱动效应分别为 0.001 m³。该行业万元增加值取水量降低的主要驱动作用为用水效益的提高。印刷和记录媒介复制业取用水指标变化态势见图 8-69、印刷和记录媒介复制业工业用水效率变化驱动效应见图 8-70。

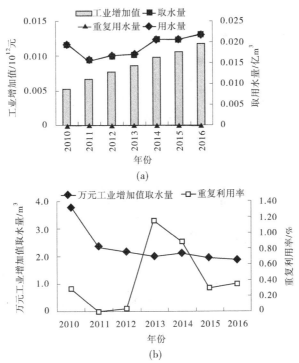

图 8-69　印刷和记录媒介复制业取用水指标变化态势

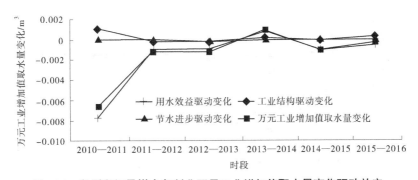

图 8-70　印刷和记录媒介复制业万元工业增加值取水量变化驱动效应

8.3.4.21　工艺品及其他制造业

根据 LMDI 分解模型,将行业万元增加值取水量变化的驱动因子全要素分解为用水效益、工业结构和节水进步等三个组成部分。通过建立基于 LMDI 的行业工业用水效率变化驱动模型,该行业 2010—2016 年万元工业增加值取水量正向变化(降低) -0.352 m³,正向驱动因子为用水效益和节水进步,相应的驱动效应为 -0.358 m³ 和 -0.001 m³。负向驱动为工业结构调整,驱动效应为 0.007 m³。该行业万元增加值取水量降低的主要驱动作用为用水效益的提高。工艺品及其他制造业取用水指标变化态势见图 8-71、工艺品及其他制造业工业用水效率变化驱动效应见图 8-72。

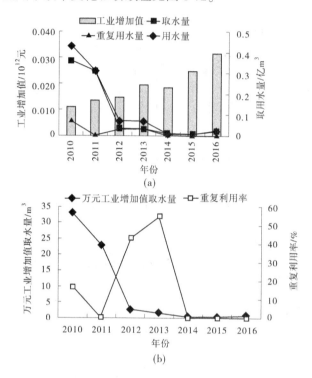

(a)

(b)

图 8-71　工艺品及其他制造业取用水指标变化态势

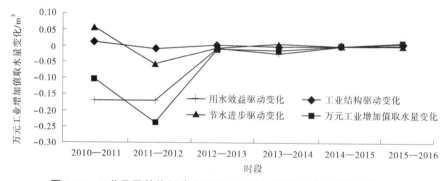

图 8-72　工艺品及其他制造业万元工业增加取水量变化驱动效应

8.3.4.22 家具制造业

根据 LMDI 分解模型,将行业万元增加值取水量变化的驱动因子全要素分解为用水效益、工业结构和节水进步等三个组成部分。通过建立基于 LMDI 的行业工业用水效率变化驱动模型,该行业 2010—2016 年万元工业增加值取水量负向变化(增加)0.002 m³,正向驱动因子为用水效益,相应的驱动效应为-0.043 m³。负向驱动为节水进步和工业结构调整,驱动效应分别为 0.044 m³ 和 0.001 m³。该行业万元增加值取水量降低的主要驱动作用为用水效益的提高。家具制造业取用水指标变化态势见图 8-73、家具制造业工业用水效率变化驱动效应见图 8-74。

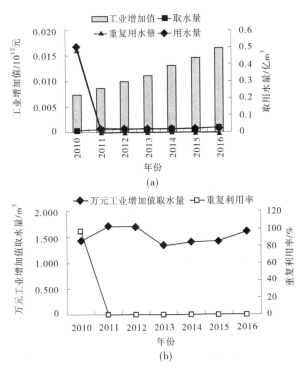

图 8-73　家具制造业取用水指标变化态势

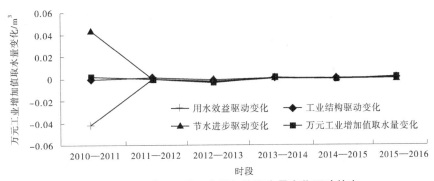

图 8-74　家具制造业万元工业增加值取水量变化驱动效应

8.3.4.23　水的生产和供应业

根据 LMDI 分解模型,将行业万元增加值取水量变化的驱动因子全要素分解为用水效益、工业结构和节水进步等三个组成部分。通过建立基于 LMDI 的行业工业用水效率变化驱动模型,该行业 2010—2016 年万元工业增加值取水量正向变化(降低)−6.198 m^3。正向驱动因子为用水效益、工业结构调整和节水进步,相应的驱动效应分别为 −3.196 m^3、−2.997 m^3 和 −0.004 m^3。该行业万元增加值取水量降低的主要驱动作用为用水效益的提高和产业结构的优化。水的生产和供应业取用水指标变化态势见图 8-75、水的生产和供应业工业用水效率变化驱动效应见图 8-76。

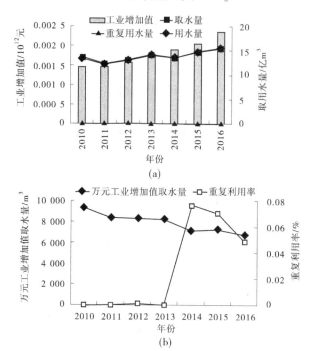

图 8-75　水的生产和供应业取用水指标变化态势

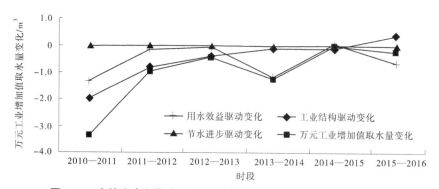

图 8-76　水的生产和供应业万元工业增加值取水量变化驱动效应

8.4 河南省经济发展主要工业集群用水效率变化驱动效应分析

凭借交通与区位优势、能源矿产资源禀赋,依托自身条件和国家承接国内产业转移的政策导向,河南省在工业经济发展中逐步形成具有河南特色的主要产业集群,包括传统支柱产业、六大高载能行业、高成长性制造业和能源及原材料工业等。这些产业集群各具特点,体现了河南省工业经济发展的不同属性和特征,集群的发展壮大也是河南工业由全国工业大省到工业强省嬗变和产业的优化升级。河南省主要产业集群及其对应的行业见表8-5。

表 8-5 河南省主要产业集群及其对应的行业

序号	产业集群	集群定义	对应的行业
1	传统支柱产业	冶金行业、建材行业、化学行业、轻纺行业和能源行业	黑色金属冶炼和压延加工业,有色金属冶炼和压延加工业,非金属矿物制品业,化学原料和化学制品制造业,纺织业,石油加工、炼焦和核燃料加工业,燃气生产和供应业,电力、热力生产和供应业。煤炭开采、石油天然气开采、黑色矿采、有色矿采
2	六大高载能行业		煤炭开采和洗选业,化学原料和化学制品制造业,非金属矿物制品业,黑色金属冶炼和压延加工业,有色金属冶炼和压延加工业,电力、热力生产和供应业
3	高成长性制造业	电子信息产业、装备制造产业、汽车及零部件产业、食品产业、现代家居产业和服装服饰产业	计算机、通信和其他电子设备制造业,专用设备制造业,电气机械和器材制造业,通用设备制造业,交通运输设备制造业,食品制造业、酒、饮料和精制茶制造业,农副食品加工业,烟草制品业,纺织服装、服饰业、家具制造业
4	能源及原材料工业		煤炭开采和洗选业,石油和天然气开采业,黑色金属矿采选业,有色金属矿采选业,非金属矿物制品业,石油加工、炼焦和核燃料加工业,化学原料和化学制品制造业,橡胶和塑料制品业,非金属矿物制品业,黑色金属冶炼和压延加工业,有色金属冶炼和压延加工业,废弃资源综合利用业,电力、热力生产和供应业与水的生产与供应业

8.4.1 传统支柱产业用水变化态势及其驱动效应

河南省传统支柱产业包括冶金行业、建材行业、化学行业、轻纺行业和能源行业。根据 LMDI 分解模型,将该产业万元工业增加值取水量变化的驱动因子全要素分解为用水效益、工业结构和节水进步等三个组成部分。通过建立基于 LMDI 的产业工业用水效率变化驱动模型,该产业 2010—2016 年用水效率正向变化(降低) -10.236 m³,主要正向驱动因子为节水进步、工业结构调整和用水效益,相应的驱动效应为 -6.935 m³、-2.281 m³ 和 -1.020 m³。该产业取水量降低的主要驱动作用为节水技术进步,其次为产业结构优化及用水效益的提高。传统支柱产业取用水指标与驱动效应分析成果见表 8-6、传统支柱产业工业用水效率变化驱动效应见图 8-77。

表 8-6 传统支柱产业取用水指标与驱动效应分析成果

年份		2010	2011	2012	2013	2014	2015	2016
工业增加值/亿元 (2010 年价)		5 262.5	6 061.6	6 733.4	7 375.7	8 082.5	8 562.2	8 969.5
取水量/万 m³		166 168.9	179 209.9	147 936.0	145 767.3	140 949.7	139 038.8	136 295.8
重复用水量/万 m³		1 198 054.5	1 191 776.2	1 338 802.3	1 632 599.5	1 810.871.2	1 911 911.1	2 219 813.9
用水量/万 m³		1 364 223.4	1 370 986.1	1 486 738.3	1 778 366.8	1 951 820.9	2 050 949.9	2 356 109.7
万元增加值取水量/ (m³/万元)		16.78	15.10	10.62	9.24	8.00	7.24	6.546
重复用水率/%		0.878	0.869	0.900	0.918	0.928	0.932	0.942
用水效率驱动变化/ (m³/万元)		-2.173	-0.306	0.873	0.013	-0.062	0.635	-1.020
工业结构驱动变化/ (m³/万元)		-0.631	-0.698	-0.336	-0.157	-0.226	-0.233	-2.281
节水进步驱动变化/ (m³/万元)		1.125	-3.474	-1.922	-1.090	-0.481	-1.092	-6.935
万元工业增加值取水 量变化/(m³/万元)		-1.680	-4.478	-1.386	-1.234	-0.769	-0.690	-10.236
变化 范围	增加(+)	1.125	0.000	0.873	0.013	0.000	0.635	2.646
	减少(-)	-2.804	-4.478	-2.258	-1.248	-0.769	-1.325	-12.882

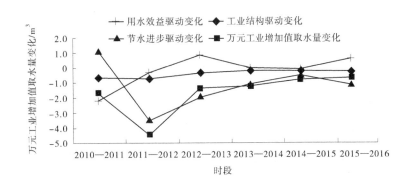

图 8-77 传统支柱产业万元工业增加值取水量变化驱动效应

8.4.2 六大高载能行业用水变化态势

河南省六大高载能行业包括冶金行业、建材行业、化学行业、轻纺行业和能源行业。根据 LMDI 分解模型,将该产业万元工业增加值取水量变化的驱动因子全要素分解为用水效益、工业结构和节水进步等三个组成部分。通过建立基于 LMDI 的产业工业用水效率变化驱动模型,该产业 2010—2016 年用水效率正向变化(降低)−8.930 m³,正向驱动因子为节水进步、工业结构调整和用水效益,相应的驱动效应为−5.718 m³、−1.940 m³ 和 −1.271 m³。该产业取水量降低的主要驱动作用为节水技术进步,其次为产业结构优化及用水效益的提高。六大高载能行业取用水指标与驱动效应分析成果见表 8-7、六大高载能行业工业用水效率变化驱动效应图见图 8-78。

表 8-7 六大高载能行业取用水指标与驱动效应分析成果

年份	2010	2011	2012	2013	2014	2015	2016
工业增加值/亿元 (2010 年价)	4 059.3	4 728.6	5 155.2	5 663.9	6 258.5	6 657.3	7 021.0
取水量/万 m³	147 314.5	160 407.1	132 528.3	130 852.9	128 039.3	126 627.8	123 849.9
重复用水量/万 m³	1 175 012.2	1 113 235.9	1 271 081.6	1 563 562.2	1 736 804.0	1 842 733.3	2 142 473.6
用水量/万 m³	1 322 326.7	1 273 643.0	1 403 609.9	1 694 415.0	1 864 843.3	1 969 361.0	2 266 323.6
万元增加值取水量/ (m³/万元)	14.88	13.52	9.52	8.29	7.27	6.59	5.948
重复用水率/%	0.889	0.874	0.906	0.923	0.931	0.936	0.945
用水效率驱动变化/ (m³/万元)	−2.697	0.123	0.837	−0.031	−0.050	0.547	−1.271
工业结构驱动变化/ (m³/万元)	−0.403	−0.838	−0.274	−0.077	−0.177	−0.170	−1.940

续表 8-7

年份	2010	2011	2012	2013	2014	2015	2016
节水进步驱动变化/ (m³/万元)	1.740	-3.285	-1.787	-0.914	-0.454	-1.019	-5.718
万元工业增加值取水 量变化/(m³/万元)	-1.360	-4.000	-1.224	-1.022	-0.682	-0.642	-8.930
变化 范围 增加(+)	1.740	0.123	0.837	0	0	0.547	3.247
变化 范围 减少(-)	-3.100	-4.123	-2.062	-1.022	-0.682	-1.188	-12.177

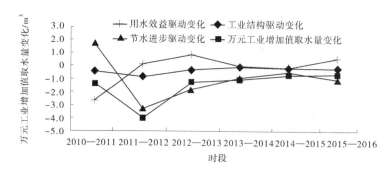

图 8-78　六大高载能行业万元工业增加值取水量变化驱动效应

8.4.3　高成长性制造业用水变化态势

河南省高成长性制造业包括冶金行业、建材行业、化学行业、轻纺行业和能源行业。根据 LMDI 分解模型,将该产业万元工业增加值取水量变化的驱动因子全要素分解为用水效益、工业结构和节水进步等三个组成部分。通过建立基于 LMDI 的产业工业用水效率变化驱动模型,该产业 2010—2016 年用水效率正向变化(降低)-1.161 m³,正向驱动因子为用水效益,相应的驱动效应为-2.498 m³。负向驱动为节水进步和工业结构调整,驱动效应分别为 0.790 m³ 和 0.547 m³。该产业取水量降低的主要驱动作用为用水效益的提高。高成长性制造业取用水指标与驱动效应分析成果见表 8-8、高成长性制造业工业用水效率变化驱动效应图见图 8-79。

表 8-8　高成长性制造业取用水指标与驱动效应分析成果

年份	2010	2011	2012	2013	2014	2015	2016
工业增加值/亿元 (2010 年价)	3 104.0	3 949.8	5 017.9	5 927.3	6 825.3	7 686.7	8 615.9
取水量/万 m³	25 486.0	26 867.0	26 866.1	30 863.9	28 670.2	29 375.1	29 423.4
重复用水量/万 m³	24 098.8	13 289.1	15 158.1	14 107.9	9 035.0	10 400.6	11 157.7
用水量/万 m³	49 584.8	40 156.1	42 024.2	44 971.8	37 705.2	39 775.7	40 581.1

年份	2010	2011	2012	2013	2014	2015	2016
万元增加值取水量/（m³/万元）	2.57	2.26	1.93	1.96	1.63	1.53	1.413
重复用水率/%	0.486	0.331	0.361	0.314	0.240	0.261	0.275
用水效率驱动变化/（m³/万元）	-1.092	-0.406	-0.192	-0.567	-0.103	-0.138	-2.498
工业结构驱动变化/（m³/万元）	0.145	0.166	0.081	0.056	0.050	0.050	0.547
节水进步驱动变化/（m³/万元）	0.637	-0.095	0.138	0.183	-0.046	-0.027	0.790
万元工业增加值取水量变化/（m³/万元）	-0.310	-0.335	0.027	-0.328	-0.100	-0.116	-1.161
变化范围 增加(+)	0.782	0.166	0.219	0.239	0.050	0.050	1.505
变化范围 减少(-)	-1.092	-0.501	-0.192	-0.567	-0.149	-0.165	-2.666

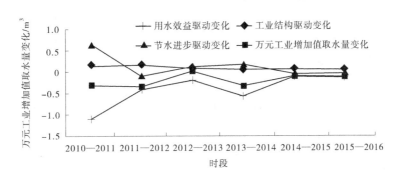

图 8-79　高成长性制造业万元工业增加值取水量变化驱动效应

8.4.4　能源及原材料工业用水变化态势

河南省能源及原材料工业包括冶金行业、建材行业、化学行业、轻纺行业和能源行业。根据 LMDI 分解模型，将该产业万元工业增加值取水量变化的驱动因子全要素分解为用水效益、工业结构和节水进步等三个组成部分。通过建立基于 LMDI 的产业工业用水效率变化驱动模型，该产业 2010—2016 年用水效率正向变化（降低）-16.278 m³，正向驱动因子为节水进步、工业结构调整和用水效益，相应的驱动效应为 -10.043 m³、-4.082 m³ 和 -2.153 m³。该产业取水量降低的主要驱动作用为节水技术进步，其次为产业结构优化及用水效益的提高。能源及原材料工业取用水指标与驱动效应分析成果见表 8-9、能源及原材料万元工业增加值工业用水效率变化驱动效应图见图 8-80。

表 8-9   能源及原材料工业取用水指标与驱动效应分析成果

年份	2010	2011	2012	2013	2014	2015	2016
工业增加值/亿元 （2010 年价）	5 189.2	6 001.9	6 690.4	7 333.9	8 037.2	8 501.9	8 883.0
取水量/万 m³	299 321.0	301 151.7	277 549.3	286 727.5	275 681.3	286 390.1	290 506.3
重复用水量/万 m³	1 200 086.3	1 200 907.8	1 341 100.9	1 634 599.0	1 814 205.3	1 913 763.0	2 221 597.4
用水量/万 m³	1 499 407.2	1 502 059.5	1 618 650.2	1 921 326.5	2 089 886.6	2 200 153.1	2 512 103.6
万元增加值取水量/ （m³/万元）	30.23	25.38	19.93	18.17	15.66	14.90	13.952
重复用水率/%	0.800	0.800	0.829	0.851	0.868	0.870	0.884
用水效率驱动变化/ （m³/万元）	−3.986	−0.763	1.515	−0.126	−0.073	1.280	−2.153
工业结构驱动变化/ （m³/万元）	−0.985	−1.157	−0.631	−0.307	−0.476	−0.525	−4.082
节水进步驱动变化/ （m³/万元）	0.120	−3.526	−2.644	−2.083	−0.203	−1.707	−10.043
万元工业增加值取水 量变化/（m³/万元）	−4.851	−5.445	−1.760	−2.517	−0.752	−0.952	−16.278
变化 范围	增加(+)	0.120	0	1.515	0	0	1.280	2.915
	减少(−)	−4.971	−5.445	−3.276	−2.517	−0.752	−2.232	−19.193

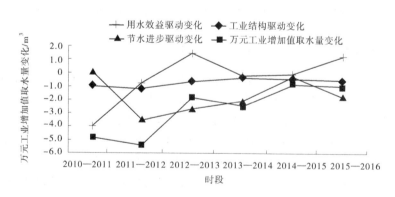

图 8-80   能源及原材料工业万元工业增加值取水量变化驱动效应

小　结

通过 kaya 恒等式扩展,将工业用水效率变化的驱动作用分解为工业结构、节水进步和用水效益三个方面;采用对数均值迪氏指标分解方法(LMDI),创新提出基于行业尺度的区域工业用水效率变化的驱动模型,采用河南省 2010—2016 年的面板数据,实现了各工业行业和主要工业集群的工业用水效率变化驱动的量化分析。

(1)对河南省整体的研究表明,分析其用水效益的正向驱动作用持续稳定,驱动效应占比 41.7%,是河南省工业用水效率下降的主要驱动因素。工业结构调整的驱动效应占比 36.0%,成效明显。节水进步驱动效应占比 22.4%,驱动作用有待加强。将全部工业行业分为强抑制、弱抑制、弱推动和强推动四种驱动类型,其中电力、热力的生产和供应业,化学原料及化学制品制造业,造纸及纸制品业,有色金属冶炼及压延加工业,黑色金属冶炼及压延加工业等行业为强抑制行业,通信设备、计算机及其他电子设备制造等为强推动行业。强抑制和强推动行业是决定区域工业用水效率变化的重点,并提出基于行业驱动特征的提升河南省工业用水效率的对策建议。

(2)工业行业的驱动效应分析在于揭示年度间各驱动效应的变化规律。行业的用水效率变化驱动效应特征各不相同,但是造纸及纸制品业等高耗水行业总体上呈现效率提升、三项驱动因子均为正向驱动效应。用水效率提高最大的是水的生产和供应业(降低 6.198 m^3),其次是电力、热力的生产和供应(降低 5.053 m^3),化学原料及化学制品制造业(降低 1.466 m^3),造纸及纸制品业(降低 1.220 m^3);三个驱动因子中,用水效益在绝大多数行业中呈现正向驱动效应,而在电力、热力的生产与供应业,石油加工,交通运输设备制造业等 5 个行业为负向驱动,认为与这些行业分析期的产出效益衰减有关。工业结构效应在高科技行业和高耗水行业呈现不同特征,高科技行业为负向驱动,高耗水行业一般为正向驱动。说明河南省高耗水行业结构调整总体上提升了水资源节约利用水平。其中,电力、热力的生产与供应业的工业结构效应占总正向驱动效应的 38.2%,水的生产和供应业占 48.3%,造纸及纸制品业占 18.7%,这些行业的结构调整效果明显。节水进步的行业驱动特征总体上与结构调整相似,但是个别高耗水行业比如煤炭开采与洗选业、饮料制造业等的节水进步效应为负向驱动,可能与这些行业的用水工艺或管理有关,造成水的重复利用率降低。河南一些高耗水行业中节水驱动效应显著,石油加工业占总正向驱动效应的 79.7%,电力热力的生产和供应业占 61.8%,有色金属冶炼及压延加工业占 50.6%,化学原料及化学制品业占 56.1%,黑色金属冶炼及压延加工业占 35.5%,造纸及纸制品业占 35.6%。这些行业的节水技术进步,有力地推动了行业的节水降耗与效率提升。

(3)对河南省四个工业集群的研究表明:用水效率提高最大的是能源及原材料工业(降低 16.278 m^3),其次是传统支柱产业(降低 10.236 8 m^3),六大高载能行业(降低 8.930 m^3),高成长性制造业(降低 1.161 m^3);除高成长性制造业,在三个驱动因子中,节水进步为主要驱动因子,驱动占比达 61.7%~67.8%,最大为传统支柱产业。其次是工业结构,驱动占比 21.7%~25.1%,最大为能源及原材料工业。用水效益驱动占比 9.9%~14.3%,最大为六大高载能行业。高成长性制造业的工业结构与节水进步为负向驱动,只有用水效益呈正向驱动态势。结果表明四个集群中,河南省能源及原材料工业节水成效更加明显,高成长性制造业具有一定的节水开发潜力。

第9章 区域工业及其行业取水量变化与驱动效应

本章以河南省为例,分别以河南工业、全部 37 个工业行业(个别行业合并)及主要工业集群为研究对象,首先分析提出不同研究对象工业取水量宏观层面变化态势,并通过建立 LMDI 分解模型,量化分析不同研究对象工业取水量变化的驱动效应与特征。

9.1 工业取水量变化驱动模型

9.1.1 驱动效应模型提出与建立

综合国内外工业节水的研究文献,可以明确技术进步与产业结构调整等因素对工业节水具有重要影响,但是由于这种影响难以直接量化,在实际管理中经常会受到质疑,所以迫切需要提出节水技术进步或者结构调整对工业取水量变化驱动的数量化分析方法。通过参考相关文献,采用基于 Kaya 恒等式的工业取水量对数均值迪氏指数分解模型(简称 LMDI 指数模型,下同),实现对区域工业及其行业的取水量变化驱动效应与特征进行数量化分析。

9.1.1.1 工业取水量的因素分解

日本学者 Yoichi Kaya 于 1990 年提出了 Kaya 恒等式,建立了 CO_2 排放量与能源消费、经济发展和人口之间的联系。由于结构简单,便于求解,在环境、能源领域得到广泛应用。采用 Kaya 恒等式方法进行扩展,来确定工业取水量的变化的影响因素。第 t 年工业取水量可表示为:

$$V^t = \sum V_i^t = \sum (1 - Pr_i^t) G^t \frac{G_i^t}{G^t} \frac{W_i^t}{G_i^t} = \sum P_i^t G^t S_i^t I_i^t \tag{9-1}$$

式中:V^t 为第 t 年工业取水量;V_i^t 第 t 年第 i 工业行业取水量;G^t 为第 t 年工业增加值(GDP);G_i^t 第 t 年第 i 工业行业的工业增加值;Pr_i^t 为第 t 年第 i 工业行业工业用水重复利用率;W_i^t 为第 t 年第 i 个工业行业的总用水量;P_i^t 为第 t 年第 i 工业行业工业非重复用水量占总用水量的比率,$P_i^t = 1 - Pr_i^t$;S_i^t 为第 t 年第 i 行业部门的增加值占当年工业增加值的比重;I_i^t 为第 t 年第 i 工业行业的万元增加值用水量。

9.1.1.2 LMDI 分解模型

在明确了区域工业取水量的影响因素的基础上,采用因素分解方法对其变化进行分解,确定驱动作用及其作用值。常用的分解方法包括指数分解方法 IDA(Index Decomposition Analysis)和结构分解方法 SDA(Structure Decomposition Analysis)。结构分解方法是以投入产出表为基础,指数分解方法是以解聚为基础。指数分解方法相对于结构分解方法的好处是数据要求较小,可以适用于时间序列或者截面数据分析,数学方法上严密可行,易于操作。常用指数分解方法包括拉氏(Laspeyres)指数法和迪氏指数法(LMDI)等。其中,LMDI法以其能够完全分解,无残差项并且较好地解决了零值问题等优点,在国内外能源经济和环保领域取得众多研究成果。

根据式(9-1),工业取水量在基期(第0年)至第 t 年之间变化的LMDI乘法模型和加法模型如下:

$$\frac{V^t}{V^0} = D_{\text{total}} = D_P D_G D_S D_I \tag{9-2}$$

$$V^t - V^0 = \Delta V_{\text{total}} = \Delta V_P + \Delta V_G + \Delta V_S + \Delta V_I \tag{9-3}$$

式中:D_{total} 定义为乘法模型的总变动;ΔV_{total} 定义为加法模型的总变动;$D_P(\Delta V_P)$ 代表 P_{it} 的驱动作用,由于 P_{it} 只与工业用水重复利用率密切相关,故定义 $D_P(\Delta V_P)$ 为乘法(加法)模型中的工业节水进步作用;$D_G(\Delta V_G)$ 代表 G_t 的驱动作用,定义 $D_G(\Delta V_G)$ 为乘法(加法)模型中的产业规模作用;$D_S(\Delta V_S)$ 代表 S_{it} 的驱动作用,定义 $D_S(\Delta V_S)$ 为乘法(加法)模型中的工业结构作用;$D_I(\Delta V_I)$ 代表 I_{it} 的驱动作用,定义 $D_I(\Delta V_I)$ 为乘法(加法)模型中的用水效益作用。基于LMDI分解方法,区域工业取水量的加法因素分解模型如下。

产业规模作用:

$$\Delta V_G = \sum_i \frac{(V_i^t - V_i^0)}{(\ln V_i^t - \ln V_i^0)} \ln\left(\frac{G^t}{G^0}\right) \tag{9-4}$$

节水进步作用:

$$\Delta V_P = \sum_i \frac{(V_i^t - V_i^0)}{(\ln V_i^t - \ln V_i^0)} \ln\left(\frac{P_i^t}{P_i^0}\right) \tag{9-5}$$

工业结构作用:

$$\Delta V_S = \sum_i \frac{(V_i^t - V_i^0)}{(\ln V_i^t - \ln V_i^0)} \ln\left(\frac{S_i^t}{S_i^0}\right) \tag{9-6}$$

用水效益作用:

$$\Delta V_I = \sum_i \frac{(V_i^t - V_i^0)}{(\ln V_i^t - \ln V_i^0)} \ln\left(\frac{I_i^t}{I_i^0}\right) \tag{9-7}$$

相应的因素分解乘法模型如下式。

产业规模作用:

$$D_G = \exp\sum_i \frac{(V_i^t - V_i^0)/(\ln V_i^t - \ln V_i^0)}{(V^t - V^0)/(\ln V^t - \ln V^0)} \ln\left(\frac{G^t}{G^0}\right) \tag{9-8}$$

节水进步作用:

$$D_P = \exp\sum_i \frac{(V_i^t - V_i^0)/(\ln V_i^t - \ln V_i^0)}{(V^t - V^0)/(\ln V^t - \ln V^0)} \ln\left(\frac{P_i^t}{P_i^0}\right) \tag{9-9}$$

工业结构作用：

$$D_S = \exp \sum_i \frac{(V_i^t - V_i^0)/(\ln V_i^t - \ln V_i^0)}{(V^t - V^0)/(\ln V^t - \ln V^0)} \ln\left(\frac{S_i^t}{S_i^0}\right) \qquad (9\text{-}10)$$

用水效益作用：

$$D_I = \exp \sum_i \frac{(V_i^t - V_i^0)/(\ln V_i^t - \ln V_i^0)}{(V^t - V^0)/(\ln V^t - \ln V^0)} \ln\left(\frac{I_i^t}{I_i^0}\right) \qquad (9\text{-}11)$$

9.1.2 分析步骤与数据

分析的主要步骤：

（1）根据基于 kaya 恒等式的工业取水量扩展变换［式(9-1)］，计算分析期第 t 年工业取水量 V^t；第 t 年第 i 工业行业取水量 V_i^t；第 t 年工业增加值（GDP）G^t；第 t 年第 i 工业行业的工业增加值 G_i^t；第 t 年第 i 工业行业工业用水重复利用率 Pr_i^t；第 t 年第 i 个工业行业的总用水量 W_i^t；第 t 年第 i 工业行业工业非重复用水量占总用水量的比率 P_i^t；第 t 年第 i 行业部门的增加值占当年工业增加值的比重 S_i^t；第 t 年第 i 工业行业的万元增加值用水量 I_i^t。

（2）采用提出的基于行业尺度的工业取水量变化驱动模型［式(9-3)~式(9-7)］。计算万元工业增加值取水量变化的产业规模 G_{it}、工业结构 S_{it}、行业节水效率 P_{it} 和行业用水效益 I_{it} 三个驱动因子。

（3）根据上述四个驱动因子，首先分析区域（河南）工业取水量变化总体驱动效应。

（4）通过将区域工业用水数据下钻到区域全部工业行业，分析行业驱动效应对区域工业取水量变化的影响。

（5）进一步分析各个行业的取水量变化驱动效应，识别其驱动特征。

（6）最后将河南省传统支柱产业等主要工业集群下钻到所属的各个行业，分析相应行业驱动变化对主要工业集群工业取水量变化的影响。

9.2 河南省工业取水变化态势与驱动效应分析

9.2.1 河南省工业取水变化态势及其取水量总体驱动效应

工业的工业增加值（2010 年价）由 2010 年 9 901.5 亿元增加到 2016 年的 20 822.2 亿元，年均增长率 13.19%，取水量从 2010 年的 359 484.4 万 m^3 降低到 2016 年的 340 890.2 万 m^3，年均降低 0.86%。该行业重复利用水量从 2010 年的 1 241 605.0 万 m^3 增长到 2016 年的 2 251 557.2 万 m^3，年均增长率 13.56%，相应的用水量从 2010 年的 1 601 089.3 万 m^3 增长到 2016 年的 2 592 447.4 万 m^3，年均增长率 10.32%。随着增加值的快速增长，用水量同步快速增长，但取水量反而降低，这是工业用水发展进程中良好的一种情况，说明用水效率得到较快提高。根据统计分析，重复利用量快速增长直接导致用水量的同步增长,工业用水重复利用率得到较大提升,由 2010 年的 77.5% 提升到 2016 年的 86.9%,工业用水重复利用率增长接近 10%。

根据 LMDI 分解模型,将河南工业取水量变化的驱动因子全要素分解为用水效益、工业结构、产业规模和节水进步等四个组成部分。通过建立基于 LMDI 的行业取水量变化驱动模型,该行业 2010—2016 年取水量正向变化(取水量降低)-18 594.2 万 m³,正向驱动因子中用水效益、工业结构调整和节水进步相应的驱动效应分别为-113 941.1 万 m³、-92 864.5 万 m³ 和 -68 209.8 万 m³,占正向驱动效应总和的 41.43%、33.77% 和 24.80%。负向驱动因子为产业规模,驱动效应为 256 421.2 万 m³。研究结果表明用水效益、产业结构、节水进步均对河南省工业取水量变化发挥正向驱动作用,效应值顺序递减。说明河南工业用水效益的提高、产业结构的优化和节水技术进步,均对抑制工业取水量增长(降低取水量)发挥较为显著驱动作用。

在工业节水领域,通过考察国外发达国家工业节水发展经验,技术进步、工程及管理节水以及产业结构调整均对工业节水具有重要影响,这也在工业节水的科研和管理领域得到一致认可。但是由于难以量化,比如节水进步和结构调整到底对工业节水做出多大的贡献?结果难以明确。该项研究成果的提出,科学地解决了这个困扰工业节水领域多年的难题。分析结果表明,在分析期内:①结构调整对河南省工业节水的总贡献达到 9.29 亿 m³,但是年际不均,呈现衰减态势,其中 2011—2012 年的节水贡献最大,达到 3.1 亿 m³,2014—2015 年的减少到 1.05 亿 m³。然而 2015—2016 年的结构调整对工业节水贡献由正向逆转为负向,不仅不能促进工业节水,而且推动工业取水量增加 0.27 亿 m³。这预示着河南工业结构的调整到了一个新阶段。②节水进步对河南省工业节水的总贡献达到 6.82 亿 m³。其中 2011—2012 年节水进步对工业节水贡献由 2010—2011 年负向逆转为正向,并达到计算期节水贡献最大值 3.35 亿 m³,以后呈现正向波动变化,变化趋同于计算期年际取水量变化特征,年际不均,呈现衰减态势。③用水效益与工业行业产出效益(GDP)密切相关,涉及行业技术进步、转型升级、产品市场结构、营销管理等诸多方面。用水效益对河南省工业节水的总贡献达到 11.39 亿 m³,是三个正向驱动因子中最大的。计算期该驱动因子对工业节水贡献均为正向驱动,呈现正向波动变化,变化趋同于计算期年际取水量变化特征,年际不均,呈现衰减态势。其中 2010—2011 年达到计算期节水贡献最大值 3.60 亿 m³,2014—2015 年为最小值 0.51 亿 m³。④产业规模直接带动工业取水增长,对河南省工业节水呈现负向驱动,计算期总贡献达到 25.64 亿 m³。与其他三个驱动因子不同,产业规模对河南工业节水的贡献呈现负向衰减态势,由 2010—2011 年最大值 6.51 亿 m³,减少的 2015—2016 年的最小值 2.72 亿 m³。总之,从年际变动来看,用水效益和节水进步发挥稳定正向驱动作用,但是工业结构驱动作用在 2015—2016 年发生了逆转,由 2010—2015 年的持续正向驱动转变为 2015—2016 年负向驱动。河南工业取水量变化驱动效应见图 9-1。

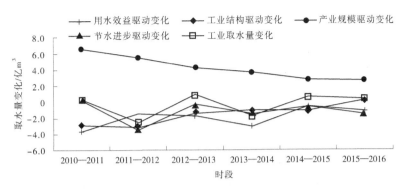

图 9-1 工业取水量变化驱动效应

9.2.2 区域工业取水变化的行业驱动效应分析

上述分析成果(河南工业用水变化态势及其取水量变化总体驱动效应分析)较为宏观,为提高研究成果对区域工业节水考核管理的应用价值,有必要区域工业行业用水变化与驱动效应进行分析。下面通过将区域工业用水的数据下钻到全部工业行业,分析河南省全部 37 个工业行业对全省工业取水量变化的驱动效应与驱动特征,从而探讨分析河南省工业取水量变化内在的行业驱动规律。

9.2.2.1 行业驱动的总变动分析

通过总变动分析可以得出不同行业的综合驱动特征,包括驱动性质及作用程度。采用 LMDI 的加法模型[公式(9-5)、公式(9-6)和公式(9-7)]的总变动值对不同行业综合驱动作用的逐年变动特征进行分析,其总变动值是各分项驱动因子效应值的代数和。计算结果见表 9-1。

设定从计算期末(2016 年)向前推,若某个行业对全省工业取水量变化具有一致(均为正向或负向)的驱动特征的年数连续超过 3 年(至少包括 2016 年、2015 年和 2014 年三年),则认为该行业具备持续稳定的驱动特征。根据分析结果,有 8 个工业行业对全省工业取水量变化发挥持续的正向驱动作用,抑制全省工业取水量的增长,主要行业包括电力、热力的生产和供应业、造纸及纸制品业、煤炭开采和洗选业、石油和天然气开采业、非金属矿采选业、农副食品加工业、有色金属冶炼及压延加工业和木材加工及木、竹、藤、棕、草制品业等。可以看出,以上这些行业基本都是典型的高耗水行业,其总变动的正向驱动表明,这些行业的工业节水管理和节水建设取得明显成效;5 个行业对全省工业取水量变化具有持续负向驱动,推动全省工业取水量的增长。这些行业包括化学原料及化学制品制造业、食品制造业、通信设备、计算机及其他电子设备制造业、通用设备制造业和家具制造业等。这些行业中通信设备、计算机及其他电子设备制造业是高科技产业,具有行业增加值与取水量均呈现高速增长,但是工业重复水利用量大幅下降的典型用水变化特征,这与其高附加值和技术升级换代快的产业特征密切相关。另外,通用设备制造业尽管取水增长相对缓慢,但总体的被简化趋势与通信设备、计算机及其他电子设备制造业基本相同。家具制造业的取水量及其增长幅度很小。所以,从行业用水量控制管理的视角,上述 5 个行业中,除家具制造业外,其他四个行业的工业节水工作需要进一步加强。作为典型高耗水行业,化学原料及化学制品制造业、食品制造业为重点,通信设备、计算机及其他电子设备制造业、通用设备制造业的工业用水具有特殊性,需要进行实践调研,提出解决办法。其他行业呈现为正向效应和负向效应相间的波动特征。

表 9-1　不同工业行业对工业取水量变化的逐年总变动值

序号	工业行业	2010—2011 年	2011—2012 年	2012—2013 年	2013—2014 年	2014—2015 年	2015—2016
1	煤炭开采和洗选业	10 484.1	2 093.9	-2 643.0	-2 699.7	-187.4	-1 509.1
2	石油和天然气开采业	-345.7	-1 023.4	-62.8	-916.3	-245.8	-387.6
3	黑色金属矿采选业	-69.6	-62.7	-44.3	-349.1	-150.1	7.9
4	有色金属矿采选业	-132.1	-1 304.9	-403.3	5.5	-67.8	-111.1
5	非金属矿采选业	-6.5	972.5	519.5	-790.3	-124.4	-203.9
6	农副食品加工业	545.4	-4.8	-839.5	-89.5	-557.2	-513.9
7	食品制造业	-304.8	297.9	297.8	427.6	866.5	67.8
8	饮料制造业	701.7	123.4	-314.2	450.3	-409.3	-169.2
9	烟草制品业	74.3	-19.5	14.0	6.3	-6.7	-15.2
10	纺织业	334.0	-194.6	-99.3	143.6	-144.9	442.1
11	纺织服装、鞋、帽制造业	345.2	-159.1	34.5	-19.3	29.8	129.9
12	皮革、毛皮、羽毛(绒)及其制品业	-33.6	80.1	-77.7	253.2	49.0	-16.2
13	木材加工及木、竹、藤、棕、草制品业	-79.7	6.2	16.6	-27.7	-9.8	-14.6
14	家具制造业	43.0	20.7	-21.1	36.1	22.0	61.3
15	造纸及纸制品业	-1 003.3	-2 671.5	-2 250.6	-1 361.8	-1 089.0	-676.5
16	印刷业和记录媒介的复制	-39.8	10.9	2.7	37.0	-0.9	13.7
17	文教体育用品制造业	2.5	3 149.0	166.7	247.3	-2 931.1	50.2
18	石油加工、炼焦业及核燃料加工业	221.3	-417.7	277.5	-401.9	72.4	107.7
19	化学原料及化学制品制造业	-6 105.6	752.0	216.0	1 661.5	252.6	631.8
20	医药制造业	846.2	-607.1	-73.9	-524.5	-643.8	11.1
21	化学纤维制造业	-196.2	-360.3	-6.7	-241.9	39.4	62.8
22	橡胶制品业塑料制品业	1 797.3	-1 973.6	32.1	-99.3	179.5	-123.6
23	非金属矿物制品业	6 587.9	-2 851.8	-1 799.7	351.8	1 334.7	-866.8
24	黑色金属冶炼及压延加工业	-3 484.6	730.6	862.2	491.4	64.7	-359.7
25	有色金属冶炼及压延加工业	-133.3	-1 539.9	1 505.7	-556.4	-470.1	-612.9

序号	工业行业	2010—2011 年	2011—2012 年	2012—2013 年	2013—2014 年	2014—2015 年	2015—2016
26	金属制品业	−15.3	2 876.4	−1 576.8	−1 194.9	−0.6	20.6
27	通用设备制造业	−62.3	−417.5	113.1	109.3	42.6	445.0
28	专用设备制造业	102.7	−169.9	3 286.7	−3 391.3	30.6	−70.3
29	交通运输设备制造业	−104.6	86.8	−61.7	−169.3	151.5	−0.5
30	电气机械及器材制造业	−52.0	223.9	289.5	−25.6	155.7	25.3
31	通信设备、计算机及其他电子设备制造业	92.4	16.2	1 199.7	469.4	379.4	87.2
32	仪器仪表及文化、办公用机械制造业	23.1	−43.5	14.4	−26.5	32.1	10.4
33	工艺品及其他制造业	−483.9	−2 744.0	−82.7	−239.0	9.7	202.2
34	废弃资源和废旧材料回收加工业	15.0	11.2	−35.9	0.4	−19.5	52.3
35	电力、热力的生产和供应业	5 744.0	−27 063.6	182.4	−2 062.1	−2 406.0	−62.2
36	煤气生产和供应业	−60.4	−391.9	−161.1	−485.8	36.8	−24.3
37	水生产和供应业	−12 742.4	8 075.1	10 570.8	−5 682.7	12 475.9	7 552.3
	合计	2 506.4	−24 493.6	9 047.4	−16 659.9	6 759.6	4 245.9

9.2.2.2 行业分项驱动特征分析

采用 LMDI 加法模型,对计算期不同行业的工业取水量变化的分项驱动特征进行分析。各分项的驱动值是其 6 个年度计算值的代数和,总驱动是四个驱动效应的代数和。具体计算结果见表 9-2。

表 9-2 2010—2016 年基于行业尺度的河南省年工业取水量变化分项驱动值

序号	工业行业	总变动 ΔV_{total}	用水效益 ΔV_I	工业结构 ΔV_S	产业规模 ΔV_G	节水进步 ΔV_P
1	煤炭开采和洗选业	5 539.8	−20 339.7	−12 467.3	17 364.5	20 982.2
2	石油和天然气开采业	−2 981.4	−1 259.2	−4 263.0	2 540.9	0
3	黑色金属矿采选业	−666.8	−1 104.8	−301.3	1 009.2	−269.9
4	有色金属矿采选业	−2 013.8	−3 323.6	−355.7	2 905.6	−1 240.1
5	非金属矿采选业	366.9	−420.9	−285.6	1 000.5	72.9
6	农副食品加工业	−1 457.5	−7 200.9	−741.8	6 312.8	172.5
7	食品制造业	1 652.8	−1 869.4	240.2	3 237.2	43.8
8	饮料制造业	383.7	−8 539.5	−110.9	5 292.2	3 740.8

序号	工业行业	总变动 ΔV_{total}	用水效益 ΔV_I	工业结构 ΔV_S	产业规模 ΔV_G	节水进步 ΔV_P
9	烟草制品业	54.2	−7.4	−86.3	153.5	−5.6
10	纺织业	480.8	−619.2	−454.4	2 739.3	−1 183.9
11	纺织服装、鞋、帽制造业	362.1	−157.7	167.9	379.1	−27.3
12	皮革、毛皮、羽毛(绒)及其制品业	253.8	−456.9	−235.3	907.7	39.3
13	木材加工及木、竹、藤、棕、草制品业	−107.1	−325.5	−144.3	363.2	−0.5
14	家具制造业	162.0	−459.1	19.1	120.9	481.1
15	造纸及纸制品业	−9 051.8	−8 620.6	−3 365.9	7 829.8	−4 894.0
16	印刷业和记录媒介的复制	23.6	−125.1	14.2	134.3	0.2
17	文教体育用品制造业	684.7	−822.0	410.0	1 084.3	12.3
18	石油加工、炼焦业及核燃料加工业	−140.7	3 837.0	−1 546.4	1 976.3	−4 407.7
19	化学原料及化学制品制造业	−2 591.7	−9 735.9	2 310.5	15 679.5	−10 844.7
20	医药制造业	−992.0	−5 389.1	1 000.9	4 263.6	−867.4
21	化学纤维制造业	−703.9	−2 107.7	−1 230.3	1 822.1	812.1
22	橡胶制品和塑料制品业	−186.6	−157.1	−21.7	1 384.7	−1 392.6
23	非金属矿物制品业	2 757.0	−7 789.1	−723.7	9 442.5	1 827.3
24	黑色金属冶炼及压延加工业	−1 695.4	−3 029.2	−2 169.4	6 189.8	−2 686.6
25	有色金属冶炼及压延加工业	−1 806.8	−4 553.3	−1 735.6	10 627.5	−6 145.4
26	金属制品业	109.5	−2 497.0	289.6	1 047.3	1 269.7
27	通用设备制造业	230.1	−1 999.7	345.0	984.6	899.2
28	专用设备制造业	−211.6	−3 146.3	33.4	1 390.3	1 510.9
29	交通运输设备制造业	−97.7	259.6	365.4	982.1	−1 703.8
30	电气机械及器材制造业	615.9	−643.6	305.6	809.9	144.0
31	通信设备、计算机及其他电子设备制造业	2 243.4	−2 561.0	2 557.5	1 033.7	1 213.2
32	仪器仪表及文化、办公用机械制造业	9.9	−569.2	60.6	203.7	313.7
33	工艺品及其他制造业	−3 337.8	−4 232.6	84.4	896.6	−86.1
34	废弃资源和废旧材料回收加工业	23.5	−62.2	2.1	71.3	12.3
35	电力、热力的生产和供应业	−25 667.6	34 524.7	−37 891.9	43 445.9	−65 746.3
36	煤气生产和供应业	−1 086.6	−1 615.5	249.7	471.2	−191.0
37	水生产和供应业	20 249.9	−46 827.3	−33 189.0	100 329.8	−64.6
	合计	−18 594.2	−113 941.1	−92 864.5	256 421.2	−68 209.8
	贡献率/%		41.4	33.8	100.0	24.8

1. 用水效益作用（ΔV_I）

在全部 37 个行业中,34 个行业用水效益为正向驱动作用,抑制了河南省的工业取水量的增长。其中水的生产和供应业以 -46 827.3 万 m^3 位列首位,其次是煤炭开采及洗选业、化学原料及化学制品制造业、造纸及纸制品业和饮料制造业,其后是农副食品加工业、通信设备、计算机及其他电子设备制造业、非金属矿物制品业、医药制造业。其作用值在 -46 827.3 万~-5 389.1 万 m^3。可以看出,以上这些行业都是典型的高耗水行业,其行业用水效益的正向驱动作用表明,这些行业或是通过产业升级使得规模效益增加,或者进行节水及工艺改造等措施使得取水量减低。

全省只有 3 个行业用水效益呈现负向驱动作用,推动全省的工业取水量的上升。其中,电力热力的生产和供应业以 34 524.7 万 m^3 位列首位,其负向作用接近全部负向作用 38 620.3 万 m^3 的 90%,其他负向作用较大的行业有石油加工、炼焦业及核燃料加工业 3 837.0 万 m^3 和交通运输设备制造业 259.6 万 m^3。这些行业需要做具体分析,提出针对措施。比如电力热力的生产和供应业是由于电力生产水冷的生产工艺导致其水耗偏大,除非改变工艺(比如采用空冷工艺),否则其行业用水效益的负向驱动作用难以改变。

2. 工业结构作用（ΔV_S）

在全部 37 个行业中有 20 个行业的工业结构调整为正向驱动作用,抑制了河南省的工业取水量的增长。其中,电力、热力的生产和供应业以 -37 891.9 万 m^3、水生产和供应业以 -33 189.0 万 m^3 位列前两位,这两个行业的驱动作用接近全部正向作用 101 319.7 万 m^3 的 70.2%,其他工业结构调整正作用明显的行业包括:煤炭开采及洗选业 -12 467.3 万 m^3、石油和天然气开采业 -4 263.0 万 m^3、造纸及纸制品业 -3 365.9 万 m^3、黑色金属冶炼及压延加工业 -2 169.4 万 m^3、有色金属冶炼及压延加工业 -1 735.6 万 m^3、石油加工、炼焦业及核燃料加工业 -1 546.4 万 m^3、化学纤维制造业 -1 230.3 万 m^3,其余的 11 个行业正向驱动作用低于 -800 万 m^3。说明这些行业在全省工业结构调整中积极主动并取得明显成效。

在工业结构调整呈现负向驱动作用的 17 个行业中,通信设备、计算机及其他电子设备制造业以 2 557.5 万 m^3 排在首位,占全部负向作用值 8 454.3.3 万 m^3 的 30.3%。其他主要行业包括是化学原料及化学制品制造业 2 310.5 万 m^3、医药制造业 1 000.9 万 m^3 等,其全部负向作用值的 27.3% 和 11.8%。其他的 14 个行业的负向驱动作用低于 500 万 m^3。这些行业的节水要特别注重通过工业结构调整降低行业的工业取水量。

3. 节水进行作用（ΔV_S）

37 个工业行业中 20 个行业节水效率为正向驱动作用,抑制了河南省的工业取水量的增长。其中,电力、热力的生产和供应业以 -65 746.3 万 m^3 的作用值位列首位,占全部正向作用值 -101 756.4 万 m^3 的 64.6%;其次是化学原料及化学制品制造业 -10 844.7 万 m^3,有色金属冶炼及压延加工业 -6 145.4 万 m^3,造纸及纸制品业 -4 894.0 万 m^3,石油加工、炼焦业及核燃料加工业 -4 407.7 万 m^3,黑色金属冶炼及压延加工业 -2 686.6 万 m^3,交通运输设备制造业 -1 733.0 万 m^3,橡胶制品业塑料制品业 -1 392.6 万 m^3,有色金属矿采选业 -1 240.1 万 m^3,纺织业 -1 183.9 万 m^3,其他 10 个行业正向驱动值低于 -1 000 万 m^3。说明这些行业的节水工程建设取得明显的成效或是行业工艺技术水平取得明显进步,或者兼而有之。

节水效率呈现负向驱动作用的行业中,煤炭开采和洗选业以 20 982.2 万 m³ 位列首位,占全部负向作用值 33 546.6 万 m³ 的 62.5%,其他负向作用较大的行业还包括饮料制造业 3 740.8 万 m³,非金属矿物制品业 1 827.3 万 m³,专用设备制造业 1 510.9 万 m³,金属制品业 1 269.7 万 m³,通信设备、计算机及其他电子设备制造业 1 213.2 万 m³,通用设备制造业 899.2 万 m³,化学纤维制造业 812.1 万 m³。其他 11 个行业负向驱动值低于 500 万 m³。这些行业需要进一步加强节水工程的建设及生产工艺更新改造,提高工业用水重复利用率。

4. 产业规模作用(ΔV_G)

通常情况下,产出的增加将伴随着取水量的增长,不过增长的幅度在行业间存在差异。河南 37 个工业行业的产业规模均为负向驱动作用,这属于正常情况。其中水生产和供应业 100 329.8 万 m³ 位列首位,占全部正向作用值 256 421.2 万 m³ 的 39.1%,电力、热力的生产和供应业以 43 445.9 万 m³ 占 16.9%,其次是煤炭开采和洗选业 17 364.5 万 m³,化学原料及化学制品制造业 15 679.5 万 m³,有色金属冶炼及压延加工业 10 627.5 万 m³,非金属矿物制品业 9 442.5 万 m³,造纸及纸制品业 7 829.8 万 m³,农副食品加工业 6 312.8 万 m³,黑色金属冶炼及压延加工业 6 189.8 万 m³,饮料制造业 5 292.2 万 m³,其他 27 个行业正向驱动值低于 5 000 万 m³。

9.2.2.3 区域工业取水量变化的行业驱动类型

通过对各行业驱动特征的分析,将不同行业分为强抑制、弱抑制、弱推动和强推动四种类型。第一类为强抑制类型,指行业总变动作用的正向驱动作用明显,或者三个分解驱动作用中存在较强的正向驱动作用,行业对抑制全省工业取水量增长起到重要作用;第二类为弱抑制,其总变动为弱正向驱动,各分项驱动中不存在较大的正向驱动作用;第三类为弱推动行业,其总变动的负向驱动作用不明显,分解驱动作用中也不存在明显的负向驱动;第四类为强推动行业,其总变动的负向驱动作用较强,或者在分解驱动作用中存在较大的负向驱动值。

根据特征分析,河南省强抑制行业包括电力、热力的生产和供应业、造纸机纸制品业、工艺品及其他制造业、石油和天然气开采业、化学原料及化学制品制造业、有色金属矿采选业、有色金属冶炼及压延加工业、黑色金属冶炼及压延加工业、农副食品加工业、煤气生产和供应业等 10 个行业,其总驱动作用值合计为 -51 690.3 万 m³,达到全省正向驱动作用值总和 -54 796.7 万 m³ 的 94.3%。全省强推动行业包括水生产和供应业、煤炭开采和洗选业、非金属矿物制品业、通信设备、计算机及其他电子设备制造业、食品制造业、文教体育用品制造业、电气机械及器材制造业、纺织业、饮料制造业等 9 个行业,其总驱动作用值合计为 34 607.1 万 m³,达到全省负向驱动作用值总和 36 202.5 万 m³ 的 95.6%。因此,强抑制行业和强推动行业是决定区域工业取水量变化的重点,也是区域水资源考核管理和节水建设的重点行业。对这些行业的节水效率、工业结构和用水效益驱动作用特征的分析,可以在明确不同行业的驱动性质前提下,识别主要的驱动因素和作用变化,进而采取有效对策措施,保障区域总体目标的实现。河南省工业取水量变化强抑制行业及主要驱动作用见表 9-3,强推动行业及主要驱动作用见表 9-4。

表 9-3　河南省工业取水量变化强抑制行业及主要驱动作用

序号	强抑制行业	用水效益 ΔV_I	工业结构 ΔV_S	产业规模 ΔV_G	节水进步 ΔV_P
1	电力、热力的生产和供应业		√		√
2	造纸及纸制品业	√	√		
3	工艺品及其他制造业	√			√
4	石油和天然气开采业	√	√		
5	化学原料及化学制品制造业	√			√
6	有色金属矿采选业	√	√		√
7	有色金属冶炼及压延加工业	√	√		√
8	黑色金属冶炼及压延加工业	√	√		√
9	农副食品加工业	√	√		
10	煤气生产和供应业	√			√

注:"√"表示该行业主要的正向(起到抑制作用)的驱动作用。

表 9-4　河南省工业取水量变化强推动行业及主要驱动作用

序号	强推动行业	用水效益 ΔV_I	工业结构 ΔV_S	产业规模 ΔV_G	节水进步 ΔV_P
1	水生产和供应业			×	
2	煤炭开采和洗选业			×	×
3	非金属矿物制品业			×	
4	通信设备、计算机及其他电子设备制造业		×	×	×
5	食品制造业		×	×	×
6	文教体育用品制造业		×	×	
7	电气机械及器材制造业	×		×	×
8	纺织业			×	
9	饮料制造业			×	×

注:"×"表示该行业主要的负向(起到推动作用)的驱动作用。

根据以上分析成果,基于影响河南省工业取水量变化的重点行业——强抑制行业和强推动行业,提出对策建议如下:

(1)河南省强抑制行业基本都是高耗水行业,它们是全省工业取水量实现持续下降的基础。所以对于强抑制行业而言,要以主要的正向驱动作用为重点,通过增加投入,推广节水技术和设施,以及强化节水管理等措施维持行业主要正向作用的稳定。比如对于造纸及纸制品业,要通过政策、管理、技术等各种措施,保持并努力提高工业结构和用水效益的正向驱动作用,其次是提升节水效率的驱动作用。

(2)对水生产和供应业、煤炭开采和洗选业、非金属矿物制品业等强推动行业而言,是要找出关键问题或是最薄弱环节,即要针对这些行业的主要的负向(起到推动作用)的驱动作用制定对策措施,比如煤炭开采和洗选业、非金属矿物制品业要注重提高节水效率,食品制造业要提高节水效率和推进结构调整并重。除此之外,强推动行业还要注重通过提质增效,产业合并重组等措施优化产业规模,来进一步抑制行业取水量的增长。

(3)由于区域经济社会发展和不同行业发展水平的差异,需要结合实际对三个驱动因子的驱动效应成因进行科学分析。按照我们对河南省工业节水工作的认识:工业结构涵盖对行业产品结构、原材料结构、行业规模和行业布局等四个方面,这四个方面既是影响工业节水的主要因素,也是工业结构调整的主要方向和重点内容;节水效率涵盖提高工业用水效率的各种工程技术措施,包括促进节水减污、中水回用等通过增加降低一次取水量和增加重复利用水量来提高重复利用率的各类节水工程建设和生产工艺的升级换代(包括节水工艺的应用)等的相关内容;用水效益(有的文献称之为用水强度或用水定额)则涵盖涉及行业技术进步、产品市场分布等产出效益相关的各类措施。另外,某些成因的影响可能是多方面的,比如行业规模的升级一般还伴随着行业技术的进步,它可能影响工业结构作用和用水效益作用两个方面,这些需要在具体工作中做进一步研究。

9.3 区域工业行业的用水变化态势及其驱动效应分析

工业水资源精细化管理的最终目标是落实到具体的工业企业,尤其是规模以上重点企业。考虑到经济发展水平和管理能力,当前我国大多数区域工业水资源管理还难以达到精细化的管理目标。当前条件下,工业行业与工业园区已成为区域工业用水与节水管理的重要抓手,对区域工业行业的用水变化态势与驱动特征进行分析是实施好区域工业水资源管理的重要技术基础。

区域工业行业用水指标主要包括取水量、用水量、重复用水率、工业取水量等。按照高耗水高排污、高耗水低排污、低耗水高排污、低耗水低排污(第3章行业分类成果)分组对区域工业行业用水变化态势进行分类分析,同时结合河南工业经济发展特点,对全省传统支柱产业、六大高载能行业、高成长性制造业和能源及原材料工业用水变化态势进行讨论。

9.3.1 高耗水高排污行业用水变化态势

高耗水高排污行业包括化学纤维制造业,电力、热力生产和供应业,造纸和纸制品业,石油和天然气开采业,文教、工美、体育和娱乐用品制造业,煤炭开采和洗选业,化学原料和化学制品制造业,酒、饮料和精制茶制造业,黑色金属冶炼和压延加工业、黑色金属矿采选业。

9.3.1.1 化学纤维制造

化学纤维制造业的工业增加值(2010年价)由2010年的31.6亿元增加到2016年的39.7亿元,年均增长率3.89%,取水量从2010年的2 924.6万 m³ 降低到2016年的2 220.7万 m³,年均降低4.0%。该行业重复利用水量从2010年的7 887.3万 m³ 降低到2016年的3 740.1万 m³,相应的用水量从2010年的10 811.8万 m³ 降低到2016年的5 960.8万 m³。随着增加值的增长,取水量稳步降低、用水量快速降低,这是行业用水发展进程中最为理想的一种情况。随着用水量的降低，取水量和重复利用量同步降低，以取水量降低为主，重复水利用率同时降低。虽然看似用水效率有所降低，但是行业整体用水效益得到提升，取水与用水量的同步减低，使得工业水资源消耗与污水排水量减少，该行业水资源需求和水环境保护压力得到较大改善。

根据 LMDI 分解模型，将行业取水量变化的驱动因子全要素分解为用水效益、工业结构、产业规模和节水进步等四个组成部分。通过建立基于 LMDI 的行业取水量变化驱动模型，该行业 2010—2016 年取水量正向变化（取水量降低）−703.9 万 m³，主要正向驱动因子为用水效率和工业结构调整，相应的驱动效应为−2 107.7 万 m³ 和−1 230.3 万 m³。负向驱动为产业规模和节水进步，驱动效应分别为 1 822.1 万 m³ 和 812.1 万 m³。该行业取水量降低的主要驱动作用为用水效益的提高和产业结构的优化。化学纤维制造业取水量变化驱动效应见图 9-2。

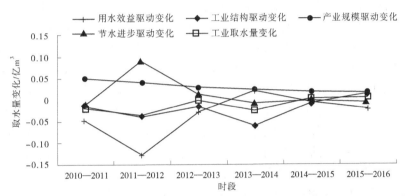

图 9-2　化学纤维制造业取水量变化驱动效应

9.3.1.2　电力、热力生产和供应业

电力、热力生产和供应业的工业增加值（2010 年价）由 2010 年的 302.6 亿元增加到 2016 年的 322.1 亿元，年均增长率 1.05%，取水量从 2010 年的 72 121.5 万 m³ 降低到 2016 年的 46 453.9 万 m³，年均降低 5.93%。该行业重复利用水量从 2010 年的 548 182.4 万 m³ 提高到 2016 年的 1 338 503.4 万 m³，相应的用水量从 2010 年的 620 303.9 万 m³ 提高到 2016 年的 1 384 957.3 万 m³。随着增加值的增长，取水量降低、用水量相应增长，这是行业用水发展进程中良好的一种情况，行业用水效益和用水效率快速增长。虽然取水量降低，但是重复水利用量得到快速增长，该行业用水量的增长以重复水利用量的增加为主，致使该行业重复水利用率得到较大幅度的提升。

根据 LMDI 分解模型，将行业取水量变化的驱动因子全要素分解为用水效益、工业结构、产业规模和节水进步等四个组成部分。通过建立基于 LMDI 的行业取水量变化驱动模型，该行业 2010—2016 年取水量正向变化（取水量降低）−25 667.6 万 m³，主要正向驱动因子为节水进步和工业结构调整，相应的驱动效应为−65 746.3 万 m³ 和−37 891.9 万 m³。负向驱动为产业规模和用水效益，驱动效应分别为 43 445.9 万 m³ 和 34 524.7 万 m³。该行业取水量降低的主要驱动作用为节水技术进步和产业结构的优化。电力、热力生产和供应业取水量变化驱动效应见图 9-3。

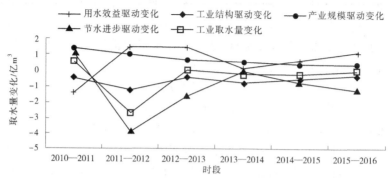

图 9-3　电力、热力生产和供应业取水量变化驱动效应

9.3.1.3　造纸和纸制品业

造纸和纸制品业的工业增加值(2010 年价)由 2010 年的 220.8 亿元增加到 2016 年的 324.4 亿元,年均增长率 6.62%,取水量从 2010 年的 14 825.6 万 m^3 降低到 2016 年的 5 773.8 万 m^3,年均降低 10.18%。该行业重复利用水量从 2010 年的 0 增长到 2016 年的 2 565.0 万 m^3,相应的用水量从 2010 年的 14 825.6 万 m^3 降低到 2016 年的 8 339.7 万 m^3。随着增加值的增长,取水量大幅降低、用水量也较快降低,这是行业用水发展进程中最为理想的一种情况。随着用水量的降低,取水量和重复利用量同步降低(以 2011 年为计算其起始年),以取水量降低为主,重复水利用率仍保持小幅增长。行业整体用水效益和用水效率得到较大提升,取水与用水量的同步减低,使得工业水资源消耗与污水排水量减少,该行业水资源需求和水环境保护压力得到较大改善。

根据 LMDI 分解模型,将行业取水量变化的驱动因子全要素分解为用水效益、工业结构、产业规模和节水进步等四个组成部分。通过建立基于 LMDI 的行业取水量变化驱动模型,该行业 2010—2016 年取水量正向变化(取水量降低)-9 051.8 万 m^3,主要正向驱动因子为用水效益、节水进步和工业结构调整,相应的驱动效应为 -8 620.6 万 m^3、-4 894.0 万 m^3 和 -3 365.9 万 m^3。负向驱动为产业规模,驱动效应为 7 829.8 万 m^3。该行业取水量降低的主要驱动作用为用水效益的提高、节水技术进步和产业结构的优化。造纸和纸制品业取水量变化驱动效应见图 9-4。

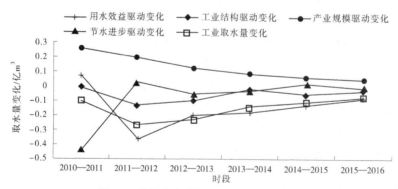

图 9-4　造纸和纸制品业取水量变化驱动效应

9.3.1.4 石油和天然气开采业

石油和天然气开采业的工业增加值(2010年价)由2010年的99.9亿元降低到2016年的49.3亿元,年均增长率-11.27%,取水量从2010年的4 760.8万m³降低到2016年的1 779.4万m³,年均降低10.44%。该行业重复利用水量从2010年到2016年均为0,相应的用水量从2010年的4 760.8万m³降低到2016年的1 779.4万m³。该行业属于资源枯竭型行业,也是河南省为数不多的效益衰减行业。随着增加值的减少,取水与用水量同步降低。同时,该行业计算期重复水利用量与利用率均为0,与其他行业相比用水特征较为特殊,需结合行业用水工艺具体分析。

根据LMDI分解模型,将行业取水量变化的驱动因子全要素分解为用水效益、工业结构、产业规模和节水进步等四个组成部分。通过建立基于LMDI的行业取水量变化驱动模型,该行业2010—2016年取水量正向变化(取水量降低)-2 981.4万m³,主要正向驱动因子为工业结构调整和用水效益,相应的驱动效应为-4 263.0万m³和-1 259.2万m³。负向驱动为产业规模,驱动效应为2 540.9万m³。节水进步的驱动效应为0。该行业取水量降低的主要驱动作用为产业结构的优化和用水效益的提高。石油和天然气开采业取水量变化驱动效应见图9-5。

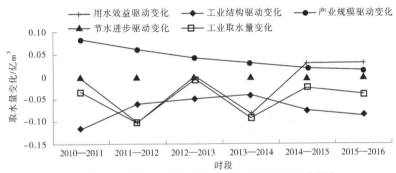

图9-5 石油和天然气开采业取水量变化驱动效应

9.3.1.5 文教、工美、体育和娱乐用品制造业

文教、工美、体育和娱乐用品制造业的工业增加值(2010年价)由2010年的12.6亿元增加到2016年的32.0亿元,年均增长率16.87%,取水量从2010年的12.0万m³增长到2016年的696.7万m³,年均增长950.92%。该行业重复利用水量从2010年的0增长到2016年的5.6万m³,相应的用水量从2010年的12.0万m³增长到2016年的702.3万m³。随着增加值的增长,用水量快速增长,这是行业用水发展进程中较一般和常见的一种情况。

根据LMDI分解模型,将行业取水量变化的驱动因子全要素分解为用水效益、工业结构、产业规模和节水进步等四个组成部分。通过建立基于LMDI的行业取水量变化驱动模型,该行业2010—2016年取水量负向变化(取水量增加)684.7万m³,主要正向驱动因子为用水效益,相应的驱动效应为-822.0万m³。负向驱动为产业规模、工业结构调整和节水进步,驱动效应分别为1 084.3万m³、410.0万m³和12.3万m³。该行业取水量降低的主要驱动作用为用水效益的提高。文教、工美、体育和娱乐用品制造业取水量变化驱动效应见图9-6。

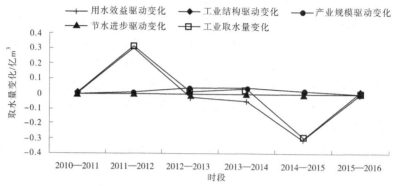

图 9-6 文教、工美、体育和娱乐用品制造业取水量变化驱动效应

9.3.1.6 煤炭开采和洗选业

煤炭开采和洗选业的工业增加值（2010年价）由2010年的946.5亿元增加到2016年的1 172.9亿元，年均增长率3.64%，取水量从2010年的15 047.0万 m³增长到2016年的20 586.8万 m³，年均增长6.14%。该行业重复利用水量从2010年的76 020.6万 m³降低到2016年的27 161.8万 m³，相应的用水量从2010年的91 067.6万 m³降低到2016年的47 749.6万 m³。随着增加值的增长，取水量相应增长，用水量快速降低，这是行业用水发展进程中较中等的一种情况。尽管取水量缓慢增长和重复利用量大幅下降导致重复水利用率降低，但是用水量快速降低使得工业污水排水量减少，行业水环境保护压力得到较大改善。

根据LMDI分解模型，将行业取水量变化的驱动因子全要素分解为用水效益、工业结构、产业规模和节水进步等四个组成部分。通过建立基于LMDI的行业取水量变化驱动模型，该行业2010—2016年取水量负向变化（取水量增加）5 539.8万 m³，主要正向驱动因子为用水效益和工业结构调整，相应的驱动效应为−20 339.7万 m³和−12 467.3万 m³。负向驱动为节水进步和产业规模，驱动效应分别为20 982.2万 m³和17 364.5万 m³。该行业取水量降低的主要驱动作用为用水效益的提高和产业结构的优化。煤炭开采和洗选业取水量变化驱动效应见图9-7。

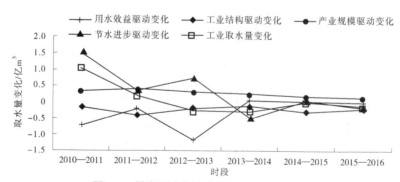

图 9-7 煤炭开采和洗选业取水量变化驱动效应

9.3.1.7 化学原料和化学制品制造业

化学原料和化学制品制造业的工业增加值(2010年价)由2010年的510.7亿元增加到2016年的1 192.3亿元,年均增长率15.18%,取水量从2010年的25 330.4万 m^3 降低到2016年的22 739.7万 m^3,年均降低1.71%。该行业重复利用水量从2010年的299 675.0万 m^3 增长到2016年的466 709.4万 m^3,相应的用水量从2010年的325 005.4万 m^3 增长到2016年的489 447.1万 m^3。随着增加值的增长,取水量逐步降低,用水量增长,这是行业用水发展进程中良好的一种情况,说明用水效益和用水效率持续优化,此时,用水量的增长依靠重复利用量的增长,并一定程度提升重复利用率的水平。同时,取水量的减少,缓解了行业水资源需求压力。

根据LMDI分解模型,将行业取水量变化的驱动因子全要素分解为用水效率、工业结构、产业规模和节水进步等四个组成部分。通过建立基于LMDI的行业取水量变化驱动模型,该行业2010—2016年取水量正向变化(取水量降低)−2 591.7万 m^3,主要正向驱动因子为节水进步和用水效益,相应的驱动效应为−10 844.7万 m^3 和−9 735.9万 m^3。负向驱动为产业规模和工业结构调整,驱动效应分别为15 679.5万 m^3 和2 310.5万 m^3。该行业取水量降低的主要驱动作用为节水进步和用水效益的提高。化学原料和化学制品制造业取水量变化驱动效应见图9-8。

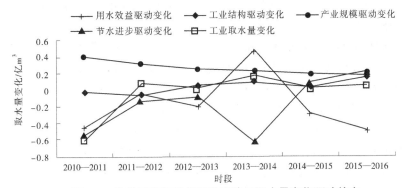

图9-8 化学原料和化学制品制造业取水量变化驱动效应

9.3.1.8 酒、饮料和精制茶制造业

酒、饮料和精制茶制造业的工业增加值(2010年价)由2010年的209.3亿元增加到2016年的433.5亿元,年均增长率12.90%,取水量从2010年的6 511.8万 m^3 增加到2016年的6 895.5万 m^3,年均增长0.98%。该行业重复利用水量从2010年的6 017.7万 m^3 降低到2016年的789.3万 m^3,相应的用水量从2010年的12 529.5万 m^3 降低到2016年的7 684.8万 m^3。随着增加值的增长,取水量适度增长,用水量快速降低,这是行业用水发展进程中较好的一种情况。随着取水量缓慢增长和重复利用量快速降低,使得用水量大幅降低,并导致重复利用率降低。但是该行业在取水量略微增长的情况,依靠大幅降低重复水利用量,使得用水量快速降低,有效缓解了该行业污水排放导致的环境压力。

根据LMDI分解模型,将行业取水量变化的驱动因子全要素分解为用水效益、工业结构、产业规模和节水进步等四个组成部分。通过建立基于LMDI的行业取水量变化驱动模型,该行业2010—2016年取水量负向变化(取水量增加)383.7万 m^3,主要正向驱动因子为用水效益和工业结构调整,相应的驱动效应为-8 539.5万 m³和-110.9万 m³。负向驱动为产业规模和节水进步,驱动效应分别为5 292.2万 m³和3 740.8万 m³。该行业取水量降低的主要驱动作用为用水效益的提高和产业结构的优化。酒、饮料和精制茶制造业取水量变化驱动效应见图9-9。

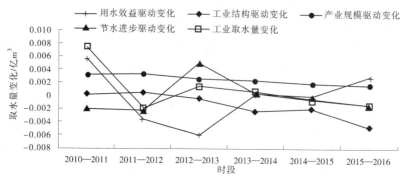

图9-9　酒、饮料和精制茶制造业取水量变化驱动效应

9.3.1.9　黑色金属冶炼和压延加工业

黑色金属冶炼和压延加工业的工业增加值(2010年价)由2010年的495.5亿元增加到2016年的806.8亿元,年均增长率9.47%,取水量从2010年的10 411.0万 m³降低到2016年的8 715.6万 m³,年均降低2.71%。该行业重复利用水量从2010年的176 454.5万 m³增加到2016年的204 426.9万 m³,相应的用水量从2010年的186 865.5万 m³增加到2016年的213 142.5万 m³。随着增加值的增长,取水量逐步降低,用水量增长,这是行业用水发展进程中良好的一种情况,说明用水效益和用水效率持续优化。此时,用水量的增长依靠重复利用量的增长,并一定程度提升重复利用率的水平。

根据LMDI分解模型,将行业取水量变化的驱动因子全要素分解为用水效益、工业结构、产业规模和节水进步等四个组成部分。通过建立基于LMDI的行业取水量变化驱动模型,该行业2010—2016年取水量正向变化(取水量降低)-1 695.4万 m³,主要正向驱动因子为用水效益、节水进步和工业结构调整,相应的驱动效应为-3 029.2万 m³、-2 686.6万 m³和-2 169.4万 m³。负向驱动为产业规模,驱动效应为6 189.8万 m³。该行业取水量降低的主要驱动作用为用水效益的提高、节水技术进步和产业结构的优化。黑色金属冶炼和压延加工业取水量变化驱动效应见图9-10。

9.3.1.10　黑色金属矿采选业

黑色金属矿采选业的工业增加值(2010年价)由2010年的57.1亿元增加到2016年的97.0亿元,年均增长率9.23%,取水量从2010年的1 609.2万 m³降低到2016年的941.4万 m³,年均降低6.91%。该行业重复利用水量从2010年的1 002.9万 m³降低到2016年的923.2万 m³,相应的用水量从2010年的2 611.1万 m³降低到2016年的1 864.6万 m³。随着增加值的增长,取水量快速降低,并直接导致用水量较快降低,这是行业用水发展进程中最理想的一种情况,行业用水效率和用水效益均得到一定提升。由于用水量的降低主要取决于取水量快速降低,同时重复利用水量稳定下降,使得用水量降低的同时,重复利用率仍得以提升。同时,该行业发展的资源与环境压力得到一定的改善与缓解。

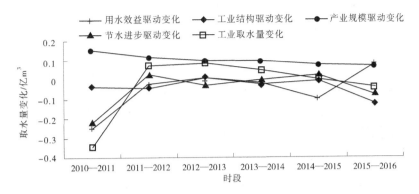

图 9-10　黑色金属冶炼和压延加工业取水量变化驱动效应

　　根据 LMDI 分解模型,将行业取水量变化的驱动因子全要素分解为用水效益、工业结构、产业规模和节水进步等四个组成部分。通过建立基于 LMDI 的行业取水量变化驱动模型,该行业 2010—2016 年取水量正向变化(取水量降低)-666.8 万 m^3,主要正向驱动因子为用水效益、工业结构调整和节水进步,相应的驱动效应为 -1 104.8 万 m^3、-301.3 万 m^3 和 -269.9 万 m^3。负向驱动为产业规模,驱动效应分别为 1 009.2 万 m^3。该行业取水量降低的主要驱动作用为用水效益的提高,其次为产业结构的优化和节水技术的进步。黑色金属矿采选业取水量变化驱动效应见图 9-11。

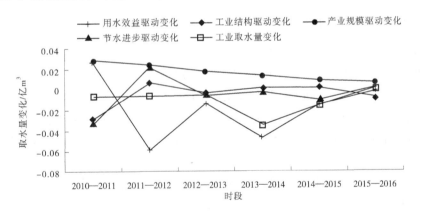

图 9-11　黑色金属矿采选业取水量变化驱动效应

9.3.2　高耗水低排污行业用水变化态势

　　有色金属冶炼和压延加工业的工业增加值(2010 年价)由 2010 年的 523.1 亿元增加到 2016 年的 973.0 亿元,年均增长率 10.90%,取水量从 2010 年的 15 009.9 万 m^3 降低到 2016 年的 13 202.1 万 m^3,年均降低 2.01%。该行业重复利用水量从 2010 年的 66 386.4 万 m^3 增长到 2016 年的 96 165.3 万 m^3,相应的用水量从 2010 年的 81 395.3 万 m^3 降低到 2016 年的 109 367.4 万 m^3。随着增加值的增长,取水量逐步降低,用水量增长,这是行业用水发展进程中良好的一种情况,说明用水效益和用水效率持续优化,此时,用水量的增长依靠重复利用量的增长,并一定程度上提升重复利用率的水平。

　　根据 LMDI 分解模型,将行业取水量变化的驱动因子全要素分解为用水效益、工业结构、产业规模和节水进步等四个组成部分。通过建立基于 LMDI 的行业取水量变化驱动模型,该行业 2010—2016 年取水量正向变化(取水量降低) -1 806.8 万 m³,主要正向驱动因子为节水进步、用水效益和工业结构调整,相应的驱动效应为 -6 145.4 万 m³、-4 553.3 万 m³ 和 -1 735.6 万 m³。负向驱动为产业规模,驱动效应为 10 627.5 万 m³。该行业取水量降低的主要驱动作用为节水技术进步、用水效益的提高和产业结构的优化。有色金属冶炼和压延加工业取水量变化驱动效应见图 9-12。

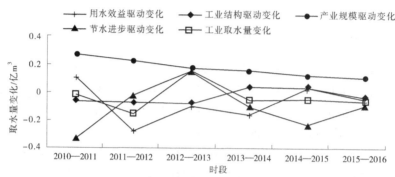

图 9-12　有色金属冶炼和压延加工业取水量变化驱动效应

9.3.3　低耗水高排污行业用水变化态势

9.3.3.1　医药制造业

　　医药制造业的工业增加值(2010 年价)由 2010 年的 224.6 亿元增加到 2016 年的 575.2 亿元,年均增长率 16.96%,取水量从 2010 年的 5 689.1 万 m³ 降低到 2016 年的 4 697.1 万 m³,年均降低 2.91%。该行业重复利用水量从 2010 年的 4 703.1 万 m³ 增长到 2016 年的 5 076.2 万 m³,相应的用水量却从 2010 年的 10 392.2 万 m³ 降低到 2016 年的 9 773.3 万 m³。

　　随着增加值的增长,取水量稳定降低,并直接导致用水量降低,这是行业用水发展进程中最理想的一种情况,行业用水效率和用水效益均得到一定提升。由于用水量的降低主要取决于取水量快速降低,同时重复利用水量稳定下降,使得用水量降低的同时,重复利用率仍得以提升。同时,该行业发展的资源与环境压力得到一定的改善与缓解。

　　根据 LMDI 分解模型,将行业取水量变化的驱动因子全要素分解为用水效益、工业结构、产业规模和节水进步等四个组成部分。通过建立基于 LMDI 的行业取水量变化驱动模型,该行业 2010—2016 年取水量正向变化(取水量降低) -992.0 万 m³,主要正向驱动因子为用水效益和节水进步,相应的驱动效应为 -5 389.1 万 m³ 和 -867.4 万 m³。负向驱动为产业规模和工业结构调整,驱动效应分别为 4 263.6 万 m³ 和 1 000.9 万 m³。该行业取水量降低的主要驱动作用为用水效益的提高,其次为产业结构的优化。医药制造业取水量变化驱动效应见图 9-13。

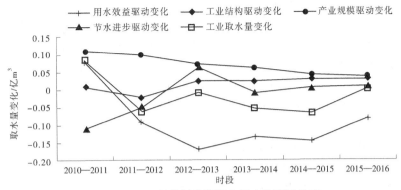

图 9-13　医药制造业取水量变化驱动效应

9.3.3.2　皮革、毛皮、羽毛及其制品和制鞋业

皮革、毛皮、羽毛及其制品和制鞋业的工业增加值（2010 年价）由 2010 年的 144.0 亿元增加到 2016 年的 256.1 亿元,年均增长率 10.08%,取水量从 2010 年的 1 152.1 万 m³ 增长到 2016 年的 1 405.8 万 m³,年均增长 3.67%。该行业重复利用水量从 2010 年的 83.5 万 m³ 降低到 2016 年的 55.9 万 m³,相应的用水量却从 2010 年的 1 235.5 万 m³ 增长到 2016 年的 1 461.8 万 m³。随着增加值的增长,取水量和用水量同步增长,这是行业用水发展进程中较一般和常见的一种情况。

根据 LMDI 分解模型,将行业取水量变化的驱动因子全要素分解为用水效益、工业结构、产业规模和节水进步等四个组成部分。通过建立基于 LMDI 的行业取水量变化驱动模型,该行业 2010—2016 年取水量负向变化（取水量增加）253.8 万 m³,主要正向驱动因子为用水效益和工业结构调整,相应的驱动效应为 -456.9 万 m³ 和 -235.3 万 m³。负向驱动为产业规模和节水进步,驱动效应分别为 907.7 万 m³ 和 39.3 万 m³。该行业取水量降低的主要驱动作用为用水效益的提高,其次产业结构的优化皮革、毛皮、羽毛及其制品和制鞋业取水量变化驱动效应见图 9-14。

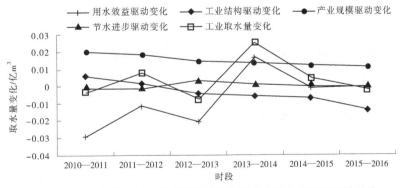

图 9-14　皮革、毛皮、羽毛及其制品和制鞋业取水量变化驱动效应

9.3.3.3　农副食品加工业

农副食品加工业的工业增加值（2010 年价）由 2010 年的 681.6 亿元增加到 2016 年的 1 316.6 亿元,年均增长率 11.60%,取水量从 2010 年的 8 549.8 万 m³ 降低到 2016 年

的 7 092.4 万 m³,年均降低 2.84%。该行业重复利用水量从 2010 年的 389.2 万 m³ 降低到 2016 年的 172.7 万 m³,相应的用水量从 2010 年的 9 320.8 万 m³ 降低到 2016 年的 7 265.0 万 m³。随着增加值的增长,取水量、用水量均稳步降低,这是行业用水发展进程中最为理想的一种情况。随着用水量的降低,取水量和重复利用量同步降低,以取量降低为主,重复水利用率同时降低。虽然看似用水效率有所降低,但是行业整体用水效益得到提升,取水与用水量的同步减低,使得外排水量减少,该行业水资源需求和水环境保护压力得到较大改善。

根据 LMDI 分解模型,将行业取水量变化的驱动因子全要素分解为用水效益、工业结构、产业规模和节水进步等四个组成部分。通过建立基于 LMDI 的行业取水量变化驱动模型,该行业 2010—2016 年取水量正向变化(取水量降低)-1 457.5 万 m³,主要正向驱动因子为用水效益和工业结构调整,相应的驱动效应为-7 200.9 万 m³ 和-741.8 万 m³。负向驱动为产业规模和节水进步,驱动效应分别为 6 312.8 万 m³ 和 172.5 万 m³。该行业取水量降低的主要驱动作用为用水效益的提高,其次产业结构的优化农副食品加工业取水量变化驱动效应见图 9-15。

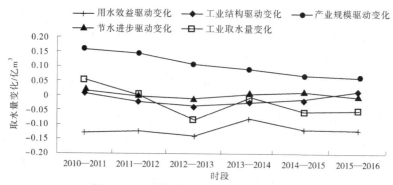

图 9-15　农副食品加工业取水量变化驱动效应

9.3.4　低耗水低排污行业用水变化态势

9.3.4.1　食品制造业

食品制造业的工业增加值(2010 年价)由 2010 年的 309.9 亿元增加到 2016 年的 3 663.4 亿元,年均增长率 13.59%,取水量从 2010 年的 4 020.1 万 m³ 增长到 2016 年的 5 672.9 万 m³,年均增长 6.85%。该行业重复利用水量较低且增长较慢,从 2010 年的 159.5 万 m³ 降低到 2016 年的 183.7 万 m³,相应的用水量从 2010 年的 4 179.7 万 m³ 增长到 2016 年的 5 856.6 万 m³。食品行业作为河南省传统支柱产业,具有原材料资源优势,计算期该行业增加值快速增长,并带动取水量和用水量同步增长,这是行业用水发展进程中较常见的一种情况。该行业重复利用量较低,用水量的增长主要取决于以取水量的增长,导致重复水利用率降低。

根据 LMDI 分解模型,将行业取水量变化的驱动因子全要素分解为用水效益、工业结构、产业规模和节水进步等四个组成部分。通过建立基于 LMDI 的行业取水量变化驱动模型,该行业 2010—2016 年取水量负向变化(取水量增加)1 652.8 万 m³,主要正向驱动因子为用水效益,相应的驱动效应为-1 869.4 万 m³。负向驱动为产业规模和工业结构调整和节水进步,驱动效应分别为 3 237.2 万 m³、240.2 万 m³ 和 43.8 万 m³。该行业取水量降低的主要驱动作用为用水效益的提高。食品制造业取水量变化驱动效应见图 9-16。

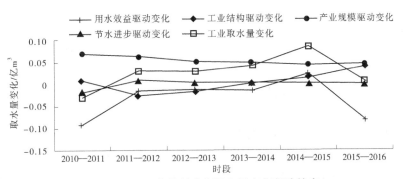

图 9-16　食品制造业取水量变化驱动效应

9.3.4.2　石油加工、炼焦和核燃料加工业

石油加工、炼焦和核燃料加工业的工业增加值(2010 年价)由 2010 年的 274.2 亿元增加到 2016 年的 319.1 亿元,年均增长率 2.51%,取水量从 2010 年的 2 713.8 万 m³ 降低到 2016 年的 2 573.0 万 m³,年均降低 0.86%。该行业重复利用水量从 2010 年的 11 405.2 万 m³ 大幅增长到 2016 年的 61 433.2 万 m³,相应的用水量从 2010 年的 14 119.0 万 m³ 增长到 2016 年的 64 006.2 万 m³。作为河南省传统支柱产业,该行业计算期经济增长缓慢,取水量逐步降低,但重复利用水量得到大幅增长,用水量快速增长,重复水利用率也得到较大提升。这是行业用水发展进程中较好一种情况,表明行业用水效益得到较快提升。

根据 LMDI 分解模型,将行业取水量变化的驱动因子全要素分解为用水效益、工业结构、产业规模和节水进步等四个组成部分。通过建立基于 LMDI 的行业取水量变化驱动模型,该行业 2010—2016 年取水量正向变化(取水量降低)-140.7 万 m³,主要正向驱动因子为节水进步和工业结构调整,相应的驱动效应为-4 407.7 万 m³ 和-1 546.4 万 m³。负向驱动为用水效益和产业规模,驱动效应分别为 3 837.0 万 m³ 和 1 976.3 万 m³。该行业取水量降低的主要驱动作用为节水技术进步,其次为产业结构的优化。石油加工、炼焦和核燃料加工业取水量变化驱动效应见图 9-17。

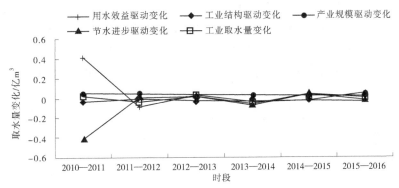

图 9-17　石油加工、炼焦和核燃料加工业取水量变化驱动效应

9.3.4.3 纺织业

纺织业的工业增加值(2010年价)由2010年的394.3亿元增加到2016年的731.2亿元,年均增长率10.84%,取水量从2010年的3 521.0万 m³ 增长到2016年的4 001.8万 m³,年均增长2.28%。该行业重复利用水量从2010年的1 963.1万 m³ 大幅增长到2016年的4 567.5万 m³,相应的用水量从2010年的5 484.0万 m³ 增长到2016年的8 569.3万 m³。纺织业为河南省传统产业。随着增加值的增长,带动了取水量与用水量同步增长,这是行业用水发展进程中较常见的一种情况。该行业在保持取水适度增长前提下,主要通过大幅提高重复利用量,着力提升重复水利用率,保障行业用水需求。

根据LMDI分解模型,将行业取水量变化的驱动因子全要素分解为用水效益、工业结构、产业规模和节水进步等四个组成部分。通过建立基于LMDI的行业取水量变化驱动模型,该行业2010—2016年取水量负向变化(取水量增长)480.8万 m³,主要正向驱动因子为节水进步、用水效益和工业结构调整,相应的驱动效应为-1 183.9万 m³、-619.2万 m³ 和-454.4万 m³。负向驱动为产业规模,驱动效应为2 739.3万 m³。该行业取水量降低的主要驱动作用为给水技术进步,其次为用水效益的提高和产业结构的优化。纺织业取水量变化驱动效应见图9-18。

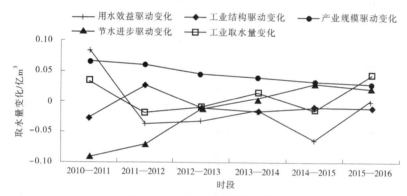

图9-18　纺织业取水量变化驱动效应

9.3.4.4 有色金属矿采选业

有色金属矿采选业的工业增加值(2010年价)由2010年的345.8亿元增加到2016年的664.8亿元,年均增长率11.51%,取水量从2010年的5 079.8万 m³ 降低到2016年的3 066.0万 m³,年均降低6.61%。该行业重复利用水量从2010年的8 313.3万 m³ 降低到2016年的8 033.5万 m³,相应的用水量从2010年的13 393.1万 m³ 降低到2016年的11 099.5万 m³。随着增加值的增长,取水量大幅降低,用水量也较快降低,这是行业用水发展进程中最为理想的一种情况。随着用水量的降低,取水量和重复利用量同步降低,以取水量降低为主,重复水利用率仍保持小幅增长低。行业整体用水效益和用水效率得到较大提升,取水与用水量的同步减低,使得外排水量减少,该行业资源添加和环境压力得到大大改善。

根据LMDI分解模型,将行业取水量变化的驱动因子全要素分解为用水效益、工业结构、产业规模和节水进步等四个组成部分。通过建立基于LMDI的行业取水量变化驱动模型,该行业2010—2016年取水量正向变化(取水量降低)-2 013.8万m³,主要正向驱动因子为用水效益、节水进步和工业结构调整,相应的驱动效应为-3 323.6万m³、-1 240.1万m³和-355.7万m³。负向驱动为产业规模,驱动效应为2 905.6万m³。该行业取水量降低的主要驱动作用为用水效益的提高、节水技术进步和产业结构的优化。有色金属矿采选业取水量变化驱动效应见图9-19。

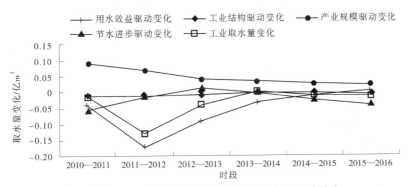

图9-19 有色金属矿采选业取水量变化驱动效应

9.3.4.5 废弃资源和废旧材料回收加工修理业

废弃资源和废旧材料回收加工修理业的工业增加值(2010年价)由2010年的9.3亿元增加到2016年的16.7亿元,年均增长率12.42%,取水量从2010年的92.8万m³增长到2016年的116.2万m³,年均增长4.22%。该行业重复利用水量从2010年的49.0万m³降低到2016年的35.6万m³,相应的用水量从2010年的141.7万m³增长到2016年的151.8万m³。随着增加值的增长,带动了取水量与用水量同步增长,这是行业用水发展进程中较常见的一种情况。行业用水增长的同时,重复水利用量降低,该行业主要通过提高取水量保障行业用水需求。

根据LMDI分解模型,将行业取水量变化的驱动因子全要素分解为用水效益、工业结构、产业规模和节水进步等四个组成部分。通过建立基于LMDI的行业取水量变化驱动模型,该行业2010—2016年取水量负向变化(取水量增加)23.5万m³,正向驱动因子为用水效益,相应的驱动效应为-62.2万m³。负向驱动为产业规模、节水进步和工业结构调整,驱动效应分别为71.3万m³、12.3万m³和2.1万m³。该行业取水量降低的主要驱动作用为用水效益的提高。废弃资源和废旧材料回收加工修理业取水量变化驱动效应见图9-20。

9.3.4.6 非金属矿采选业

非金属矿采选业的工业增加值(2010年价)由2010年的94.7亿元增加到2016年的190.0亿元,年均增长率12.30%,取水量从2010年的772.0万m³增长到2016年的1 139.9万m³,年均增长7.92%。该行业重复利用水量从2010年的1.7万m³增长到2016年的9.2万m³,相应的用水量从2010年的773.7万m³增长到2016年的1 149.1万m³。随着行业增加值快速增长,带动取水量和用水量同步增长,这是行业用水发展进程中较常见的一种情况。该行业重复利用量很低,但增速较快,用水量的增长主要取决于以取水量的增长,重复水利用率略微增长。

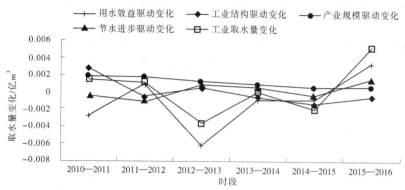

图 9-20　废弃资源和废旧材料回收加工修理业取水量变化驱动效应

根据 LMDI 分解模型,将行业取水量变化的驱动因子全要素分解为用水效益、工业结构、产业规模和节水进步等四个组成部分。通过建立基于 LMDI 的行业取水量变化驱动模型,该行业 2010—2016 年取水量负向变化(取水量增加)366.9 万 m³,主要正向驱动因子为用水效益和工业结构调整,相应的驱动效应为 -420.9 万 m³ 和 -285.6 万 m³。负向驱动为产业规模和节水进步,驱动效应分别为 1 000.5 万 m³ 和 72.9 万 m³。该行业取水量降低的主要驱动作用为用水效益的提高和产业结构的优化。非金属矿采选业取水量变化驱动效应见图 9-21。

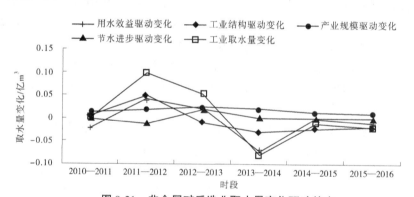

图 9-21　非金属矿采选业取水量变化驱动效应

9.3.4.7　非金属矿物制品业

非金属矿物制品业的工业增加值(2010 年价)由 2010 年的 1 281.0 亿元增加到 2016 年的 2 553.9 亿元,年均增长率 12.19%,取水量从 2010 年的 9 395.8 万 m³ 增长到 2016 年的 12 152.8 万 m³,年均增长 4.89%。该行业重复利用水量从 2010 年的 8 293.3 万 m³ 增长到 2016 年的 9 507.9 万 m³,相应的用水量从 2010 年的 17 689.1 万 m³ 增长到 2016 年的 21 660.7 万 m³。随着该行业增加值快速增长,并带动取水量和用水量同步增长,这是行业用水发展进程中较常见的一种情况。该行业重复利用量较低,用水量的增长主要取决于以取水量的增长,导致重复水利用率降低。

根据 LMDI 分解模型,将行业取水量变化的驱动因子全要素分解为用水效益、工业结构、产业规模和节水进步等四个组成部分。通过建立基于 LMDI 的行业取水量变化驱动模型,该行业 2010—2016 年取水量负向变化(取水量增加)2 757.0 万 m³,主要正向驱动因子为用水效益和工业结构调整,相应的驱动效应为-7 789.1 万 m³ 和-723.7 万 m³。负向驱动为产业规模和节水进步,驱动效应分别为 9 442.5 万 m³ 和 1 827.3 万 m³。该行业取水量降低的主要驱动作用为用水效益的提高,其次为产业结构的优化。非金属矿物制品业取水量变化驱动效应见图 9-22。

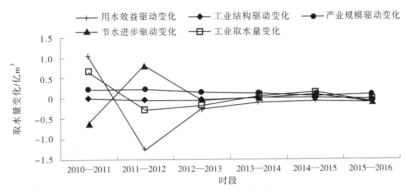

图 9-22　非金属矿物制品业取水量变化驱动效应

9.3.4.8　橡胶和塑料制品业

橡胶和塑料制品业的工业增加值(2010 年价)由 2010 年的 236.6 亿元增加到 2016 年的 503.9 亿元,年均增长率 13.43%,取水量从 2010 年的 1 614.2 万 m³ 降低到 2016 年的 1 427.6 万 m³,年均降低 1.93%。该行业重复利用水量从 2010 年的 4 302.0 万 m³ 增长到 2016 年的 8 612.9 万 m³,相应的用水量从 2010 年的 5 916.2 万 m³ 增长到 2016 年的 10 040.5 万 m³。随着增加值的增长,取水量降低、用水量快速增长,这是行业用水发展进程中良好的一种情况,行业用水效益和用水效率快速增长。虽然取水量降低,但是重复水利用量得到快速增长,该行业用水量的增长以重复水利用量的增加为主,致使该行业重复水利用率得到较大幅度提升。

根据 LMDI 分解模型,将行业取水量变化的驱动因子全要素分解为用水效益、工业结构、产业规模和节水进步等四个组成部分。通过建立基于 LMDI 的行业取水量变化驱动模型,该行业 2010—2016 年取水量正向变化(取水量降低)-186.6 万 m³,主要正向驱动因子为节水进步、用水效益和工业结构调整,相应的驱动效应为-1 392.6 万 m³、-157.1 万 m³ 和-21.7 万 m³。负向驱动为产业规模,驱动效应为 1 384.7 万 m³。该行业取水量降低的主要驱动作用为节水技术进步,其次为用水效益的提高和产业结构的优化。橡胶和塑料制品业取水量变化驱动效应见图 9-23。

9.3.4.9　燃气生产和供应业

燃气生产和供应业的工业增加值(2010 年价)由 2010 年的 33.0 亿元增加到 2016 年的 89.2 亿元,年均增长率 19.01%,取水量从 2010 年的 1 170.9 万 m³ 降低到 2016 年的 84.2 万 m³,年均降低 15.47%。该行业重复利用水量从 2010 年的 357.8 万 m³ 增长到 2016 年的 2 382.9 万 m³,相应的用水量从 2010 年的 1 529.7 万 m³ 增长到 2016 年的 2 467.2 万 m³。随着增加值的增长,取水量大幅降低、用水量迅速增长,这是行业用水发展进程中良好的一种情况,行业用水效益和用水效率快速增长。虽然取水量降低,但是重

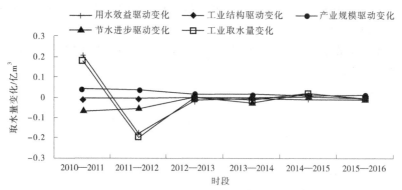

图 9-23　橡胶和塑料制品业取水量变化驱动效应

复水利用量得到快速增长,该行业用水量的增长以重复水利用量的增加为主,致使该行业重复水利用率得到较大幅度提升。

　　根据 LMDI 分解模型,将行业取水量变化的驱动因子全要素分解为用水效益、工业结构、产业规模和节水进步等四个组成部分。通过建立基于 LMDI 的行业取水量变化驱动模型,该行业 2010—2016 年取水量正向变化(取水量降低)−1 086.6 万 m³,主要正向驱动因子为用水效益和节水进步,相应的驱动效应为−1 615.5 万 m³ 和−191.0 万 m³。负向驱动为产业规模和工业结构调整,驱动效应分别为 471.2 万 m³ 和 249.7 万 m³。该行业取水量降低的主要驱动作用为用水效益的提高,其次为节水技术进步。燃气生产和供应业取水量变化驱动效应见图 9-24。

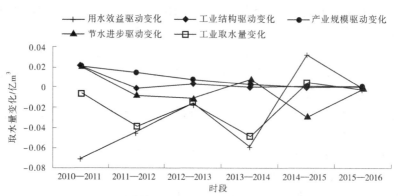

图 9-24　燃气生产和供应业取水量变化驱动效应

9.3.4.10　交通运输设备制造业

　　交通运输设备制造业的工业增加值(2010 年价)由 2010 年的 320.8 亿元增加到 2016 年的 890.8 亿元,年均增长率 19.56%,取水量从 2010 年的 1 411.1 万 m³ 降低到 2016 年的 1 313.4 万 m³,年均降低 1.15%。该行业重复利用水量从 2010 年的 861.1 万 m³ 增长到 2016 年的 6 237.8 万 m³,相应的用水量从 2010 年的 2 272.3 万 m³ 增长到 2016 年的 7 551.2 万 m³。随着增加值的增长,取水量降低、用水量相应增长,这是行业用水发展进程中良好的一种情况,行业用水效益和用水效率快速增长。虽然取水量降低,但是重复水利用量得到快速增长,该行业用水量的增长以重复水利用量的增加为主,致使该行业重复水利用率得到较大幅度提升。

根据 LMDI 分解模型,将行业取水量变化的驱动因子全要素分解为用水效益、工业结构、产业规模和节水进步等四个组成部分。通过建立基于 LMDI 的行业取水量变化驱动模型,该行业 2010—2016 年取水量正向变化(取水量降低)-97.7 万 m³,正向驱动因子为节水进步,相应的驱动效应为-1 703.8 万 m³。负向驱动为产业规模、工业结构调整和用水效益,驱动效应分别为 982.1 万 m³、365.4 万 m³ 和 259.6 万 m³。该行业取水量降低的主要驱动作用为用节水技术进步。交通运输设备制造业取水量变化驱动效应见图 9-25。

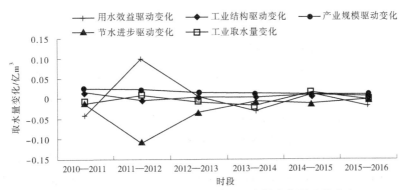

图 9-25　交通运输设备制造业取水量变化驱动效应

9.3.4.11　金属制品业

金属制品业的工业增加值(2010 年价)由 2010 年的 164.6 亿元增加到 2016 年的 429.7 亿元,年均增长率 17.34%,取水量从 2010 年的 739.5 万 m³ 增长到 2016 年的 849.0 万 m³,年均增长 2.47%。该行业重复利用水量从 2010 年的 154.0 万 m³ 降低到 2016 年的 59.4 万 m³,相应的用水量从 2010 年的 907.4 万 m³ 增长到 2016 年的 907.4 万 m³。随着行业增加值快速增长,并带动取水量和用水量同步增长,这是行业用水发展进程中较常见的一种情况。该行业重复水利用量持续降低,用水量的增长主要取决于以取水量的增长,导致重复水利用率降低。

根据 LMDI 分解模型,将行业取水量变化的驱动因子全要素分解为用水效益、工业结构、产业规模和节水进步等四个组成部分。通过建立基于 LMDI 的行业取水量变化驱动模型,该行业 2010—2016 年取水量负向变化(取水量增加)109.5 万 m³,主要正向驱动因子为用水效益,相应的驱动效应为-2 497.0 万 m³。负向驱动为节水进步、产业规模和工业结构调整,驱动效应分别为 1 269.7 万 m³、1 047.3 万 m³ 和 289.6 万 m³。该行业取水量降低的主要驱动作用为用水效益的提高。金属制品业取水量变化驱动效应见图 9-26。

9.3.4.12　木材加工和木、竹、藤、棕、草制品业

木材加工和木、竹、藤、棕、草制品业的工业增加值(2010 年价)由 2010 年的 159.6 亿元增加到 2016 年的 247.6 亿元,年均增长率 7.71%,取水量从 2010 年的 557.0 万 m³ 降低到 2016 年的 449.9 万 m³,年均降低 3.20%。该行业重复利用水量从 2010 年的 9.0 万 m³ 降低到 2016 年的 6.9 万 m³,相应的用水量从 2010 年的 565.0 万 m³ 降低到 2016 年的 456.8 万 m³。随着增加值的增长,取水量与用水量均稳步降低,这是行业用水发展进程

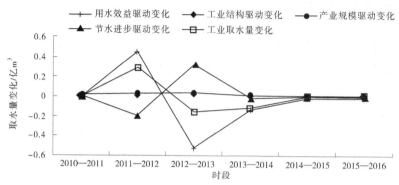

图 9-26 金属制品业取水量变化驱动效应

中最为理想的一种情况。随着用水量的降低,取水量和重复利用量同步降低,以取量降低为主,重复水利用率基本稳定。行业整体用水效益得到提升,取水与用水量的同步减低,使得外排水量减少,该行业水资源需求和水环境保护压力得到较大改善。

根据 LMDI 分解模型,将行业取水量变化的驱动因子全要素分解为用水效益、工业结构、产业规模和节水进步等四个组成部分。通过建立基于 LMDI 的行业取水量变化驱动模型,该行业 2010—2016 年取水量正向变化(取水量降低)-107.1 万 m³,主要正向驱动因子为用水效益、工业结构调整和节水进步,相应的驱动效应为-325.5 万 m³、-144.3 万 m³ 和-0.5 万 m³。负向驱动为产业规模,驱动效应为 363.2 万 m³。该行业取水量降低的主要驱动作用为用水效益的提高和产业结构的优化。木材加工和木、竹、藤、棕、草制品业取水量变化驱动效应见图 9-27。

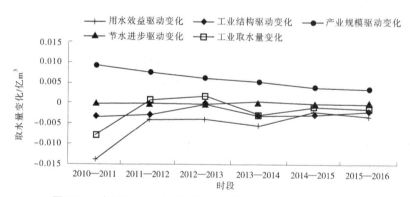

图 9-27 木材加工和木、竹、藤、棕、草制品业取水量变化驱动效应

9.3.4.13 纺织服装、服饰业

纺织服装、服饰业的工业增加值(2010 年价)由 2010 年的 92.8 亿元增加到 2016 年的 274.7 亿元,年均增长率 19.82%,取水量从 2010 年的 294.2 万 m³ 增长到 2016 年的656.3 万 m³,年均增长 20.51%。该行业重复利用水量从 2010 年的 2.7 万 m³ 增长到2016 年的 42.1 万 m³,相应的用水量从 2010 年的 296.9 万 m³ 增长到 2016 年的 699.3 万m³。随着行业增加值快速增长,并带动取水量和用水量同步增长,这是行业用水发展进程中较常见的一种情况。该行业重复水利用量持续降低,用水量的增长主要取决于以取

水量的增长,导致重复水利用率降低。

根据LMDI分解模型,将行业取水量变化的驱动因子全要素分解为用水效益、工业结构、产业规模和节水进步等四个组成部分。通过建立基于LMDI的行业取水量变化驱动模型,该行业2010—2016年取水量负向变化(取水量增加)362.1万 m^3,主要正向驱动因子为用水效益和节水进步,相应的驱动效应为−157.7万 m^3 和−27.3万 m^3。负向驱动为产业规模和工业结构调整,驱动效应分别为379.1万 m^3 和167.9万 m^3。该行业取水量降低的主要驱动作用为用水效益的提高和节水技术进步。纺织服装、服饰业取水量变化驱动效应见图9-28。

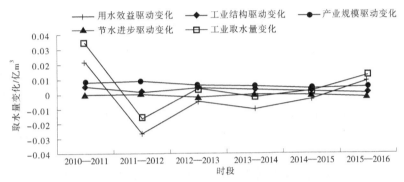

图9-28 纺织服装、服饰业取水量变化驱动效应

9.3.4.14 通用设备制造业

通用设备制造业的工业增加值(2010年价)由2010年的525.4亿元增加到2016年的1 414.7亿元,年均增长率17.95%,取水量从2010年的1 539.6万 m^3 增长到2016年的1 769.8万 m^3,年均增长2.49%。该行业重复利用水量大幅降低从2010年的2 066.3万 m^3 降低到2016年的183.6万 m^3,相应的用水量从2010年的3 604.9万 m^3 降低到2016年的1 952.4万 m^3。随着增加值的增长,取水量适度增长,用水量快降低,这是行业用水发展进程中较好的一种情况。随着取水量缓慢增长和重复利用量快速降低,使得用水量大幅降低,并导致重复利用率快速降低。但是该行业在取水量略微增长的情况,依靠大幅降低重复水利用量,使得用水量快速降低,有效缓解了该行业污水排放导致的环境压力。

根据LMDI分解模型,将行业取水量变化的驱动因子全要素分解为用水效益、工业结构、产业规模和节水进步等四个组成部分。通过建立基于LMDI的行业取水量变化驱动模型,该行业2010—2016年取水量负向变化(取水量增加)230.1万 m^3,主要正向驱动因子为用水效益,相应的驱动效应为−1 999.7万 m^3。负向驱动为产业规模、节水进步和工业结构调整,驱动效应分别为984.6万 m^3、899.2万 m^3 和345.0万 m^3。该行业取水量降低的主要驱动作用为行业技术进步导致的用水效益的提高。通用设备制造业取水量变化驱动效应见图9-29。

9.3.4.15 仪器仪表制造业

仪器仪表制造业的工业增加值(2010年价)由2010年的63.6亿元增加到2016年的167.3亿元,年均增长率17.49%,取水量从2010年的277.7万 m^3 增长到2016年的

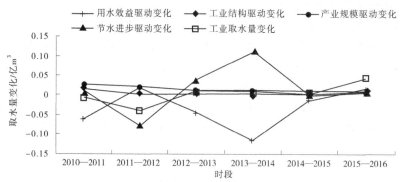

图 9-29　通用设备制造业取水量变化驱动效应

287.7 万 m³,年均增长 0.60%。该行业重复利用水量从 2010 年的 1 535.4 万 m³ 降低到 2016 年的 341.8 万 m³,相应的用水量从 2010 年的 1 813.1 万 m³ 降低到 2016 年的 629.5 万 m³。随着增加值的增长,取水量适度增长,用水量快降低,这是行业用水发展进程中较好的一种情况。随着取水量缓慢增长和重复利用量快速降低,使得用水量大幅降低,并导致重复利用率降低。但是该行业在取水量略微增长的情况,依靠大幅降低重复水利用量,使得用水量快速降低,有效缓解了该行业污水排放导致的环境压力。

根据 LMDI 分解模型,将行业取水量变化的驱动因子全要素分解为用水效益、工业结构、产业规模和节水进步等四个组成部分。通过建立基于 LMDI 的行业取水量变化驱动模型,该行业 2010—2016 年取水量负向变化(取水量增加)9.9 万 m³,主要正向驱动因子为用水效益,相应的驱动效应为 −569.2 万 m³。负向驱动为节水进步、产业规模和工业结构调整,驱动效应分别为 313.7 万 m³、203.7 万 m³ 和 60.6 万 m³。该行业取水量降低的主要驱动作用为行业技术进步导致的用水效益的提高。仪器仪表制造业取水量变化驱动效应见图 9-30。

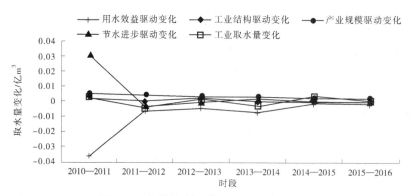

图 9-30　仪器仪表制造业取水量变化驱动效应

9.3.4.16　计算机、通信和其他电子设备制造业

计算机、通信和其他电子设备制造业的工业增加值(2010 年价)由 2010 年的 44.7 亿元增加到 2016 年的 1 627.8 亿元,年均增长率 82.07%,取水量从 2010 年的 561.4 万 m³ 增长到 2016 年的 2 804.8 万 m³,年均增长 66.61%。该行业重复利用水量从 2010 年的

3 151.4万 m³ 降低到 2016 年的 283.0万 m³, 相应的用水量从 2010 年的 3 712.8万 m³ 降低到 2016 年的 3 087.8万 m³。随着增加值的快速增长, 带动取水量大幅增长, 但是用水量快速降低, 这是行业用水发展进程中较好的一种情况。随着取水量快速增长和重复利用量大幅降低, 使得用水量大幅降低, 并导致重复利用率降低。但是该行业在快速增长取水量保障行业发展需求的同时, 大幅降低重复水利用量, 降低了用水量, 一定程度上缓解了该行业污水排放导致的环境压力。

根据 LMDI 分解模型, 将行业取水量变化的驱动因子全要素分解为用水效益、工业结构、产业规模和节水进步等四个组成部分。通过建立基于 LMDI 的行业取水量变化驱动模型, 该行业 2010—2016 年取水量负向变化(取水量增加) 2 243.4万 m³, 主要正向驱动因子为用水效益, 相应的驱动效应为-2 561.0万 m³。负向驱动为工业结构调整、节水进步和产业规模, 驱动效应分别为 2 557.5万 m³、1 213.2万 m³ 和 1 033.7万 m³。该行业取水量降低的主要驱动作用为行业技术进步导致的用水效益的提高。计算机、通信和其他电子设备制造业取水量变化驱动效应见图 9-31。

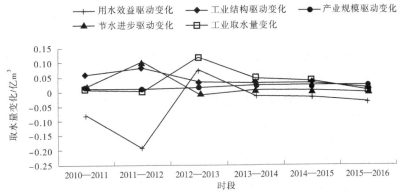

图 9-31　计算机、通信和其他电子设备制造业取水量变化驱动效应

9.3.4.17　专用设备制造业

专用设备制造业的工业增加值(2010 年价) 由 2010 年的 399.9 亿元增加到 2016 年的 865.2 亿元, 年均增长率 13.73%, 取水量从 2010 年的 1 506.9万 m³ 降低到 2016 年的 1 295.3万 m³, 年均降低 2.34%。该行业重复利用水量从 2010 年的 6 394.2万 m³ 降低到 2016 年的 3 012.6万 m³, 相应的用水量从 2010 年的 7 901.1万 m³ 降低到 2016 年的 4 307.8万 m³。随着增加值的增长, 取水量稳步降低、用水量快速降低, 这是行业用水发展进程中最为理想的一种情况。随着用水量的降低, 取水量和重复利用量同步降低, 以重复水利用量降低为主。虽然看似用水效率有所降低, 但是行业整体用水效益得到提升, 取水与用水量的同步减低, 使得外排水量减少, 该行业水资源需求和水环境保护压力得到较大改善。

根据 LMDI 分解模型, 将行业取水量变化的驱动因子全要素分解为用水效益、工业结构、产业规模和节水进步等四个组成部分。通过建立基于 LMDI 的行业取水量变化驱动模型, 该行业 2010—2016 年取水量正向变化(取水量降低)-211.6万 m³, 主要正向驱动因子为用水效益和工业结构调整, 相应的驱动效应为-2 107.7万 m³ 和-1 230.3万 m³。负向驱动为产业规模和节水进步, 驱动效应分别为 1 822.1万 m³ 和 812.1万 m³。该行业取水量降低的主要驱动作用为行业技术进步导致的用水效益的提高,其次为产业结构的优化。专用设备制造业取水量变化驱动效应见图9-32。

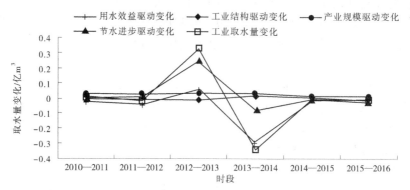

图 9-32　专用设备制造业取水量变化驱动效应

9.3.4.18　电气机械和器材制造业

电气机械和器材制造业的工业增加值(2010年价)由2010年的259.5亿元增加到2016年的697.0亿元,年均增长率17.98%,取水量从2010年的840.5万 m^3 增长到2016年的1 456.4万 m^3,年均增加12.21%。该行业重复利用水量从2010年的149.0万 m^3 增长到2016年的221.3万 m^3,相应的用水量从2010年的989.5万 m^3 增长到2016年的1 677.7万 m^3。随着行业增加值快速增长,并带动取水量和用水量同步增长,这是行业用水发展进程中较常见的一种情况。该行业重复水利用量持续降低,用水量的增长主要取决于以取水量的增长,导致重复水利用率降低。

根据LMDI分解模型,将行业取水量变化的驱动因子全要素分解为用水效益、工业结构、产业规模和节水进步等四个组成部分。通过建立基于LMDI的行业取水量变化驱动模型,该行业2010—2016年取水量负向变化(取水量增加)615.9万 m^3,主要正向驱动因子为用水效益,相应的驱动效应为-643.6万 m^3。负向驱动为产业规模、工业结构调整和节水进步,驱动效应分别为809.9万 m^3、305.6万 m^3 和144.0万 m^3。该行业取水量降低的主要驱动作用为行业技术进步导致的用水效益的提高。电气机械和器材制造业取水量变化驱动效应见图9-33。

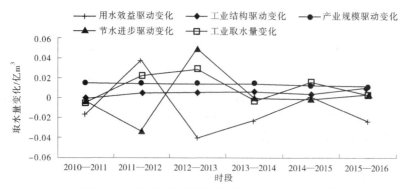

图 9-33　电气机械和器材制造业取水量变化驱动效应

9.3.4.19 烟草制品业

烟草制品业的工业增加值(2010年价)由2010年的190.1亿元增加到2016年的267.8亿元,年均增长率5.88%,取水量从2010年的147.5万m³增长到2016年的201.7万m³,年均增长6.12%。该行业重复利用水量从2010年的16.6万m³增长到2016年的31.6万m³,相应的用水量从2010年的164.1万m³降低到2016年的233.3万m³。随着行业增加值快速增长,并带动取水量和用水量同步增长,这是行业用水发展进程中较常见的一种情况。该行业重复水利用量较低,呈现小幅增长,用水量的增长主要取决于取水量的增长,重复水利用率稳中有升。

根据LMDI分解模型,将行业取水量变化的驱动因子全要素分解为用水效益、工业结构、产业规模和节水进步等四个组成部分。通过建立基于LMDI的行业取水量变化驱动模型,该行业2010—2016年取水量负向变化(取水量增加)54.2万m³,主要正向驱动因子为工业结构调整、用水效益和节水进步,相应的驱动效应为-86.3万m³、-7.4万m³和-5.6万m³。负向驱动为产业规模,驱动效应为153.5万m³。该行业取水量降低的主要驱动作用为产业结构的优化,其次是用水效益的提高和节水技术进步。烟草制品业取水量变化驱动效应见图9-34。

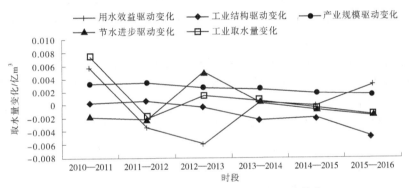

图 9-34　烟草制品业取水量变化驱动效应

9.3.4.20 印刷和记录媒介复制业

印刷和记录媒介复制业的工业增加值(2010年价)由2010年的51.8亿元增加到2016年的117.2亿元,年均增长率14.56%,取水量从2010年的196.0万m³增长到2016年的219.5万m³,年均增长2.00%。该行业重复利用水量从2010年的0.6万m³降低到2016年的0.8万m³,相应的用水量从2010年的196.5万m³增长到2016年的220.3万m³。随着行业增加值的快速增长,并带动取水量和用水量同步增长,这是行业用水发展进程中较常见的一种情况。该行业重复水利用量很小,保持基本稳定,用水量的增长主要取决于取水量的增长,重复水利用率基本稳定。

根据LMDI分解模型,将行业取水量变化的驱动因子全要素分解为用水效益、工业结构、产业规模和节水进步等四个组成部分。通过建立基于LMDI的行业取水量变化驱动模型,该行业2010—2016年取水量负向变化(取水量增加)23.6万m³,主要正向驱动因子为用水效益,相应的驱动效应为-125.1万m³。负向驱动为产业规模、工业结构调整和节水进步,驱动效应分别为134.3万 m³、14.2万 m³和0.2万 m³。该行业取水量降低的主要驱动作用为用水效益的提高,其次为产业结构的优化。印刷和记录媒介复制业取水量变化驱动效应见图9-35。

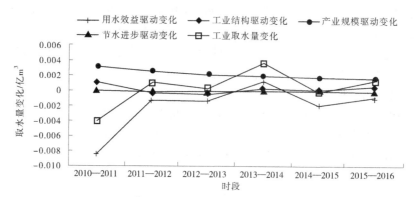

图 9-35 印刷和记录媒介复制业取水量变化驱动效应

9.3.4.21 工艺品及其他制造业

工艺品及其他制造业的工业增加值(2010年价)由2010年的109.9亿元增加到2016年的313.8亿元,年均增长率19.29%,取水量从2010年的3 613.2万 m³降低到2016年的275.4万 m³,年均降低15.40%。该行业重复利用水量从2010年的727.2万 m³降低到2016年的0,相应的用水量从2010年的4 340.3万 m³降低到2016年的275.4万 m³。随着增加值的增长,取水量与用水量快速降低,这是行业用水发展进程中最为理想的一种情况。随着用水量的降低,取水量和重复利用量同步降低,以取量降低为主,重复水利用率降低为0。虽然看似用水效率有所降低,但是行业整体用水效益得到提升,取水与用水量的同步减低,使得外排水量减少,该行业水资源需求和水环境保护压力得到较大改善。

根据LMDI分解模型,将行业取水量变化的驱动因子全要素分解为用水效益、工业结构、产业规模和节水进步等四个组成部分。通过建立基于LMDI的行业取水量变化驱动模型,该行业2010—2016年取水量正向变化(取水量降低)-3 337.8万 m³,主要正向驱动因子为用水效益和节水进步,相应的驱动效应为-4 232.6万 m³和-86.1万 m³。负向驱动为产业规模和工业结构调整,驱动效应分别为896.6万 m³和84.4万 m³。该行业取水量降低的主要驱动作用为用水效益的提高,其次为节水技术进步。工艺品及其他制造业取水量变化驱动效应见图9-36。

9.3.4.22 家具制造业

家具制造业的工业增加值(2010年价)由2010年的72.1亿元增加到2016年的164.4亿元,年均增长率14.72%,取水量从2010年的104.0万 m³增长到2016年的266.0万 m³,年均增长25.97%。该行业重复利用水量从2010年的4 891.1万 m³降低到2016年的0,相应的用水量从2010年的4 995.1万 m³降低到2016年的266.1万 m³。随着增加值的增长,取水量较快增长,用水量大幅降低,这是行业用水发展进程中较好的一种情况。随着取水量较快增长和重复利用量大幅降低,使得用水量大幅降低,并导致重复利用率降低。但是该行业在取水量较快增长的情况下,依靠大幅降低重复水利用量,使得用水量快

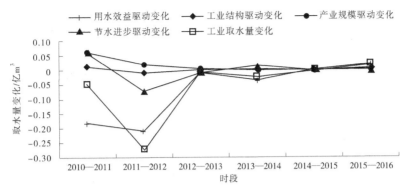

图 9-36 工艺品及其他制造业取水量变化驱动效应

速降低,有效缓解了该行业污水排放导致的环境压力。

根据 LMDI 分解模型,将行业取水量变化的驱动因子全要素分解为用水效益、工业结构、产业规模和节水进步等四个组成部分。通过建立基于 LMDI 的行业取水量变化驱动模型,该行业 2010—2016 年取水量负向变化(取水量增加)162.0 万 m^3,主要正向驱动因子为用水效益,相应的驱动效应为 -459.1 万 m^3。负向驱动为节水进步、产业规模和和工业结构调整,驱动效应分别为 481.1 万 m^3、120.9 万 m^3 和 19.1 万 m^3。该行业取水量降低的主要驱动作用为用水效益的提高和产业结构的优化。家具制造业取水量变化驱动效应见图 9-37。

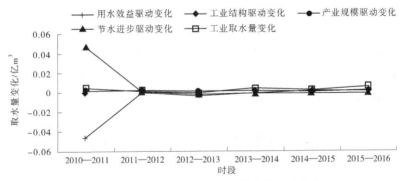

图 9-37 家具制造业取水量变化驱动效应

9.3.4.23 水的生产和供应业

水的生产和供应业的工业增加值(2010 年价)由 2010 年的 14.4 亿元增加到 2016 年的 23.3 亿元,年均增长率 9.32%,取水量从 2010 年的 135 364.9 万 m^3 增长到 2016 年的 155 613.8 万 m^3,年均增长 2.49%。该行业重复利用水量从 2010 年的 0 增长到 2016 年的 76.2 万 m^3,相应的用水量从 2010 年的 135 364.9 万 m^3 降低到 2016 年的 155 690.0 万 m^3。随着行业增加值快速增长,并带动取水量和用水量同步增长,这是行业用水发展进程中较常见的一种情况。该行业重复水利用量很低,增长水量低,用水量的增长主要取决于以取水量的增长,重复水利用率基本为 0。

根据 LMDI 分解模型,将行业取水量变化的驱动因子全要素分解为用水效益、工业结构、产业规模和节水进步等四个组成部分。通过建立基于 LMDI 的行业取水量变化驱动模型,该行业 2010—2016 年取水量负向变化(取水量增加)20 249.9 万 m³,主要正向驱动因子为用水效益和工业结构调整和节水进步,相应的驱动效应为 -46 827.3 万 m³、-33 189.0 万 m³ 和 -64.6 万 m³。负向驱动为产业规模,驱动效应为 100 329.8 万 m³。该行业取水量降低的主要驱动作用为用水效益的提高和产业结构的优化。水的生产和供应业取水量变化驱动效应见图 9-38。

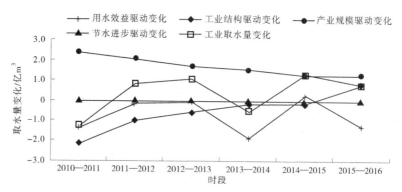

图 9-38　水的生产和供应业取水量变化驱动效应

9.4　河南省经济发展主要工业集群用水变化态势及其驱动效应分析

凭借交通与区位优势、能源矿产资源禀赋,依托自身条件和国家承接国内产业转移的政策导向,河南省在工业经济发展中逐步形成具有河南特色的主要产业集群,包括传统支柱产业、六大高载能行业、高成长性制造业和能源及原材料工业等。这些产业集群各具特点,体现了河南工业经济发展的不同属性和特征,集群的发展壮大也是河南工业由全国工业大省到工业强省嬗变和产业的优化升级。河南省主要产业集群及其对应的行业同第8章。

9.4.1　传统支柱产业用水变化态势及其驱动效应

河南省传统支柱产业包括冶金行业、建材行业、化学行业、轻纺行业和能源行业。传统支柱工业增加值(2010 年价)由 2010 年的 5 262.5 亿元增加到 2016 年的 8 969.5 亿元,年均增长率 9.29%,取水量从 2010 年的 166 169.9 万 m³ 降低到 2016 年的 136 295.8 万 m³,年均降低 3.00%。该产业重复利用水量从 2010 年的 1 198 054.5 万 m³ 增加到 2016 年的 2 219 813.9 万 m³,用水量从 2010 年的 1 364 223.4 万 m³ 增加到 2016 年的 2 356 109.7 万 m³,相应的用水重复利用率从 2010 年的 87.8% 增加到 2016 年的 94.2%,增长 6.4%。随着增加值的增长,取水量降低、用水量相应增长,这是行业用水发展进程中良好的一种情况,行业用水效益和用水效率快速增长。虽然取水量降低,但是重复水利用量得到快速增长,该行业用水量的增长以重复水利用量的增加为主,致使该行业重复水利用率得到一定程度提升。

根据 LMDI 分解模型,将产业取水量变化的驱动因子全要素分解为用水效率、工业结构、产业规模和节水进步等四个组成部分。通过建立基于 LMDI 的产业取水量变化驱动模型,该产业 2010—2016 年取水量正向变化(取水量降低)-29 873.2 万 m³,主要正向驱动因子为节水进步、工业结构调整和用水效益,相应的驱动效应为 -109 617.7 万 m³、-32 185.8 万 m³ 和 -2 762.9 万 m³。负向驱动为产业规模,驱动效应为 114 693.3 万 m³。该产业取水量降低的主要驱动作用为节水技术进步,其次为产业结构优化及用水效益的提高。传统支柱产业取水量变化驱动效应见图 9-39。

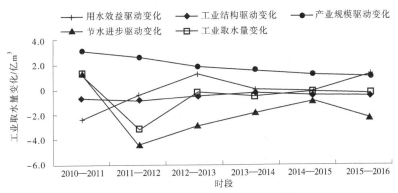

图 9-39　传统支柱产业取水量变化驱动效应

9.4.2　六大高载能行业用水变化态势

河南省六大高载能行业包括冶金行业、建材行业、化学行业、轻纺行业和能源行业。六大高载能行业增加值(2010 年价)由 2010 年的 4 059.3 亿元增加到 2016 年的 7 021.0 亿元,年均增长率 9.56%,取水量从 2010 年的 147 314.5 万 m³ 降低到 2016 年的 123 849.9 万 m³,年均降低 2.65%。该产业重复利用水量从 2010 年的 1 175 012.2 万 m³ 增加到 2016 年的 2 142 473.6 万 m³,用水量从 2010 年的 1 322 326.7 万 m³ 增加到 2016 年的 2 266 323.6 万 m³,相应的用水重复利用率从 2010 年的 89.9% 增加到 2016 年的 94.5%,增长 5.7%。随着增加值的增长,取水量降低、用水量相应增长,这是行业用水发展进程中良好的一种情况,行业用水效益和用水效率快速增长。虽然取水量降低,但是重复水利用量得到快速增长,该行业用水量的增长以重复水利用量的增加为主,致使该行业重复水利用率得到一定程度提升。

根据 LMDI 分解模型,将产业取水量变化的驱动因子全要素分解为用水效益、工业结构、产业规模和节水进步等四个组成部分。通过建立基于 LMDI 的产业取水量变化驱动模型,该产业 2010—2016 年取水量正向变化(取水量降低)-23 464.6 万 m³,主要正向驱动因子为节水进步、工业结构调整和用水效益,相应的驱动效应为 -93 619.2 万 m³、-27 111.1 万 m³ 和 -5 766.1 万 m³。负向驱动为产业规模,驱动效应为 103 031.8 万 m³。该产业取水量降低的主要驱动作用为节水技术进步,其次为产业结构优化及用水效益的提高。六大高载能行业取水量变化驱动效应见图 9-40。

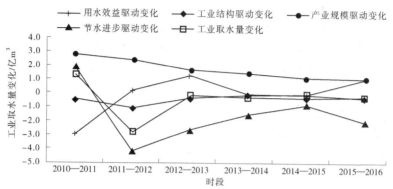

图 9-40 六大高载能行业取水量变化驱动效应

9.4.3 高成长性制造业用水变化态势

河南省高成长性制造业包括冶金行业、建材行业、化学行业、轻纺行业和能源行业。高成长性制造业增加值(2010 年价)由 2010 年的 3 104.0 亿元增加到 2016 年的 8 615.9 亿元,年均增长率 19.55%,取水量从 2010 年的 25 486.0 万 m^3 增长到 2016 年的 29 423.4 万 m^3,年均降低 2.57%。该产业重复利用水量从 2010 年的 24 099.8 万 m^3 降低到 2016 年的 11 157.7 万 m^3,用水量从 2010 年的 49 584.8 万 m^3 降低到 2016 年的 40 581.1 万 m^3,相应的用水重复利用率从 2010 年的 49.6% 降低到 2016 年的 27.5%,降低 21%。随着增加值的增长,取水量增长,用水量降低,这是行业用水发展进程中较好的一种情况。随着取水量适度增长和重复利用量快速降低,使得用水量降低,并导致重复利用率降低。但是该行业在取水量适度增长的情况,依靠大幅降低重复水利用量,使得用水量降低,有效缓解了该行业污水排放导致的环境压力。

根据 LMDI 分解模型,将产业取水量变化的驱动因子全要素分解为用水效益、工业结构、产业规模和节水进步等四个组成部分。通过建立基于 LMDI 的产业取水量变化驱动模型,该产业 2010—2016 年取水量负向变化(取水量增加)3 937.4 万 m^3,主要正向驱动因子为用水效益,相应的驱动效应为 -33 985.7 万 m^3。负向驱动为产业规模、节水进步和工业结构调整,驱动效应为 20 797.3 万 m^3、9 384.6 万 m^3 和 7 741.2 万 m^3。该产业取水量降低的主要驱动作用为用水效益的提高。高成长性制造业取水量变化驱动效应见图 9-41。

9.4.4 能源及原材料工业用水变化态势

河南省能源及原材料工业包括冶金行业、建材行业、化学行业、轻纺行业和能源行业。能源及原材料工业增加值(2010 年价)由 2010 年的 5 189.2 亿元增加到 2016 年的 8 883.0 亿元,年均增长率 9.37%,取水量从 2010 年的 299 321.0 万 m^3 降低到 2016 年的 290 506.3 万 m^3,年均降低 0.49%。该产业重复利用水量从 2010 年的 1 200 086.310 万 m^3 增加到 2016 年的 2 221 597.4 万 m^3,用水量从 2010 年的 1 499 407.2 万 m^3 增加到 2016 年的 2 512 103.6 万 m^3,相应的用水重复利用率从 2010 年的 0.800% 增加到 2016 年的 0.884%,增长了 0.08%。随着增加值的增长,取水量降低、用水量相应增长,这是行业用

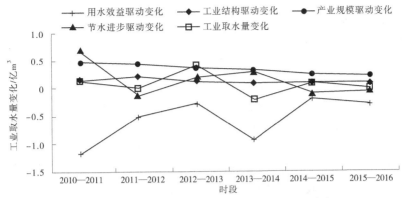

图9-41 高成长性制造业取水量变化驱动效应

水发展进程中良好的一种情况,行业用水效益和用水效率快速增长。虽然取水量降低,但是重复水利用量得到快速增长,该行业用水量的增长以重复水利用量的增加为主,致使该行业重复水利用率得到一定程度提升。

根据LMDI分解模型,将产业取水量变化的驱动因子全要素分解为用水效益、工业结构、产业规模和节水进步等四个组成部分。通过建立基于LMDI的产业取水量变化驱动模型,该产业2010—2016年取水量正向变化(取水量降低)-8 814.7万 m^3,主要正向驱动因子为节水进步、工业结构调整和用水效益,相应的驱动效应为-155 663.2万 m^3、-59 234.9万 m^3 和-8 339.5万 m^3。负向驱动为产业规模,驱动效应为214 422.9万 m^3。该产业取水量降低的主要驱动作用为节水技术进步,其次为产业规模优化及用水效益的提高。能源及原材料工业取水量变化驱动效应见图9-42。

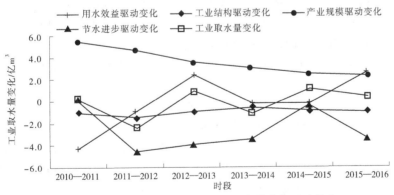

图9-42 能源及原材料工业取水量变化驱动效应

小 结

通过kaya恒等式扩展,将工业取水量变化的驱动作用分解为产业规模、工业结构、节水进步和用水效益四个方面;采用对数均值迪氏指标分解方法(LMDI),提出基于行业尺度的区域工业取水量变化的驱动模型,采用河南省2010—2016年的面板数据实现了各工业行业和主要工业集群的工业取水量变化驱动的量化分析。

（1）对河南省整体的研究表明，分析其经济规模对取水量变化的负向驱动作用持续稳定，负向驱动效应占比100.0%，是河南工业取水量增加的主要驱动因素。用水效益的正向驱动效应占比41.4%，是河南省工业取水量下降的主要驱动因素，其次是结构调整，驱动效应占比为33.8%，节水进步驱动效应占比24.8%，驱动作用有待增强。将全部工业行业分为强抑制、弱抑制、弱推动和强推动四种驱动类型，其中电力、热力的生产和供应业、造纸及纸制品业、石油和天然气开采业、化学原料及化学制品制造业、有色金属矿采选业、有色金属冶炼及压延加工业、黑色金属冶炼及压延加工业、农副食品加工业为强抑制行业，水生产和供应业、煤炭开采和洗选业、非金属矿物制品业、通信设备、计算机及其他电子设备制造业、食品制造业等为强推动行业。强抑制和强推动行业是决定区域工业用水效率变化的重点，并提出基于行业驱动特征的河南省降低工业用水效率的对策建议。

（2）工业行业的取水量变化驱动效应特征差异明显。取水量降幅最大的行业依次是电力、热力的生产和供应业（降低25 667.6 m³），造纸及纸制品业（降低9 051.8 m³），工艺品及其他制造业（降低3 337.8 m³），石油及天然气开采业（降低2 981.4 m³），化学原料及化学制品制造业（降低2 591.7 m³）。

由于用水工艺及产出增长，部分行业取水量不降反增，其中水的生产和供应业的取水量增幅最大（增加20 249.9 m³），其次是煤炭开采和洗选业（增加5 539.8 m³），非金属矿物制品业（增加2 757 m³），通信设备、计算机及其他电子设备制造业（增加2 757 m³）。

由于直接带动取水量增加，产业规模在所有行业均呈负向驱动效应，致使取水量增加。各行业驱动效应中，水的生产和供应业负向驱动效应最大（增长100 329.8 m³），其次是电力、热力的生产与供应业（增长43 445.9 m³）。

其他三个驱动因子中，用水效益在绝大多数行业中呈现正向驱动效应，驱动效应最大的行业依次为水的生产和供应业（降低46 827.3 m³），煤炭开采和洗选业（降低20 339.7 m³），化学原料及化学制品业（降低9 735.9 m³），而电力、热力的生产与供应业（增长34 524.7 m³），石油加工，交通运输设备制造业等3个行业为负向驱动，认为与这些行业的产出效益衰减有关。

工业结构效应在高科技行业和高耗水行业呈现不同特征，高科技行业为负向驱动，高耗水行业一般为正向驱动。说明河南省高耗水行业结构调整总体上提升了水资源节约利用水平。其中，电力、热力的生产与供应业的工业结构效应占总正向驱动效应的36.6%，水的生产和供应业占47.3%，造纸及纸制品业占19.9%，这些行业的结构调整效果明显。

节水进步的行业驱动特征总体上与结构调整相似，但是个别高耗水行业比如煤炭开采与洗选业、饮料制造业等的节水进步效应为负向驱动，可能与这些行业的用水工艺或管理有关，造成水的重复利用率降低。河南省一些高耗水行业中节水驱动效应显著，石油加工业占总正向驱动效应的74.0%，电力、热力的生产和供应业占63.4%，有色金属冶炼及压延加工业占57.4%，化学原料及化学制品业占52.7%，造纸及纸制品业占29.0%。这些行业的节水技术进步，有力地推动了行业的节水降耗与效率提升。

（3）对河南省四个工业集群的研究表明：取水量降低最大的是传统支柱产业（降低29 873.2 m³），其次是六大高载能行业（降低23 464.6 m³），能源及原材料工业（降低

8 814.7 m³）,高成长性制造业取水量增加 3 937.4 m³;除高成长性制造业,在节水进步、工业结构和用水效益三个驱动因子中,节水进步为主要驱动因子,驱动占比达 69.7%～75.8%,最大为传统支柱产业。其次是工业结构,驱动占比 21.4%～26.5%,最大为能源及原材料工业。用水效益驱动占比 2.0%～4.6%,最大为六大高载能行业。高成长性制造业的产业规模、工业结构与节水进步为负向驱动,只有用水效益呈正向驱动态势;结果表明四个集群中,河南省传统支柱产业节水成效更加明显。高成长性制造业由于发展带动,取水量呈缓慢增长态势,未来具有一定的节水开发潜力。

通过对工业行业取水量与用水效率驱动效应的分析,表明两者的驱动效应高度相关,符合取水量与用水效率变化存在密切关联的实际情况,也反过来验证了驱动效应分析的合理性。

第 10 章　工业节水可视化分析应用

信息技术的进步,尤其是地理信息应用的快速发展,推动了可视化分析技术的研究与应用。而可视化集成分析将进一步提升分析效率,提高成果的综合应用性。目前,我国水利中基于 BIM 的工程设计、施工与管理的可视化应用较为广泛,成果较多,但是基于集成可视化分析的水利科研成果尚不多见。本书采用 Tableau 软件对河南省全部 37 个工业行业的经济发展指标进行集成分析基础上,基于 LMDI 对河南省工业及不同行业用水效率(万元工业增加值取水量)变化驱动效应和行业取水量变化驱动类型进行集成可视化分析,实现了河南省 37 个不同工业行业经济发展与用水效率驱动效应和用水水量变化驱动分析成果"一张图",同时,采用热力图、双轴地图和 Circos 基因图等对有关成果进行了可视化分析与展示。

10.1　基于 Tableau 软件工业节水可视化分析

商业智能(business intelligence ,BI)软件 Tableau 是敏捷商业智能产品的突出代表,具有高效便捷的数据可视化能力。本节采用 Tableau 软件对上述分析成果进行区域与行业用水变化态势与驱动效应特征的可视化分类分析。

Tableau 是目前全球领先的商务智能可视化分析软件,具有最易于上手的报表分析工具,并且具备强大的统计分析扩展功能。它能够根据用户的业务需求对报表进行迁移和开发,实现业务分析人员独立自助、简单快速、以界面拖曳式地操作方式对业务数据进行联机分析处理、即时查询等功能。Tableau 包括个人电脑所安装的桌面端软件 Desktop 和企业内部数据共享的服务器端 Server 两种形式,通过 Desktop 与 Server 配合实现报表从制作到发布共享、再到自动维护报表的过程。

Tableau Desktop 是一款桌面端分析工具。此工具支持现有主流的各种数据源类型,包括 Microsoft Office 文件、逗号分隔文本文件、Web 数据源、关系数据库和多维数据库。Tableau 可以连接到一个或多个数据源,支持单数据源的多表连接和多数据源的数据融合,可以轻松的对多源数据进行整合分析而无须任何编码基础。连接数据源后只需用拖放或点击的方式就可快速地创建出交互、精美、智能的视图和仪表板。任何 Excel 用户甚至是零基础的用户都能快速、轻松地使用 Tableau Desktop 直接面对数据进行分析,从而摆脱对开发人员的依赖。

Tableau Server 是一款基于 Web 平台的商业智能应用程序,可以通过用户权限和数据权限管理 Tableau Desktop 制作的仪表板,同时也可以发布和管理数据源。当业务人员用 Tableau Desktop 制作好仪表板后,可以把交互式仪表板发布到 Tableau Server。Tableau Server 是基于浏览器的分析技术,其他查看报告人员可以通过浏览器或者使用 iPad 或 Andriod 平板中免费的 APP 浏览、筛选、排序分析报告。Tableau Server 支持数据的定时、自动更新,无须业务人员定期重复地制作报告。Tableau Server 是 B/S 结构的商业智能平台,适用于任何规模的企业和部门。用户可以借助 Tableau Server 分享信息,实现在线互动,实时获取企业经营动态。

10.1.1 构建驱动效应可视化应用平台

基于 Tableau 的河南省工业行业用水效益驱动可视化分析平台包括工业行业经济发展和行业用水效益驱动两部分。工业行业的用水效益与区域水资源禀赋、行业发展规模、产品结构、原材料结构的密切相关。通过平台进行不同工业行业经济发展分析,可以探讨不同行业在河南省的布局、规模的发展演变状况,提高对河南省不同工业行业发展的认识,为工业行业用水效益变化驱动效应分析奠定基础。根据第 8 章、第 9 章构建的基于 Kaya 恒等式扩展的对数均值指数模型(LMDI)进行工业行业用水效益驱动效应分析。河南省工业行业经济发展分析的数据来源采用中国工业企业数据库(2008—2013 年)。河南省电力、热力的生产和供应业经济发展集成分析平台见图 10-1。工业行业用水效益驱动效应分析的数据来源为《河南统计年鉴》和《中国工业经济统计年鉴》,河南省工业行业用水效益驱动效应集成可视化分析平台见图 10-2。

图 10-1 河南省工业行业经济发展集成可视化分析平台

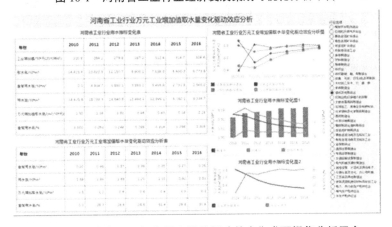

图 10-2 河南省工业行业用水效益驱动效应集成可视化分析平台

经济发展分析选择行业投入产出的核心指标,包括主营收入、总产值、固定资产投入和从业人员等,其中主营收入与总产值等产出指标代表行业经济发展水平,固定资产投入和从业人员等投入指标代表行业的发展趋势与社会就业能力。首先进行数据库清洗,对相同企业和行业进行重组与合并,剔除不合理的数据。然后通过该平台对河南省各个工业行业,尤其化学、火电、造纸等主要高耗水行业的主要经济指标在空间分布(地市与县区)和时间上的演进(时段与固定年份)状况进行分析。

2013 年河南省经济规模排名前十大行业中,前五个行业均为高耗水行业,分别为非金属矿物制品业,农副食品加工业,黑色金属冶炼及压延加工业,化学原料及化学制品制造业,电力、热力的生产和供应业。这些行业总产值合计 2.116 万亿元,占 2013 年河南省全部工业 5.712 万亿元的 37%,主要分布区域郑州市、安阳市、许昌市、濮阳市等均为河南缺水地区。其中,非金属矿物制品业的工业总产值为 0.698 万亿元,电力、热力的生产和供应业为 0.284 万亿元,其他三个行业位于 0.698 万亿元和 0.284 万亿元之间。2013 年主要高耗水行业中,农副食品加工业主要分布于周口市、信阳市、驻马店市、濮阳市和商丘市,工业总产值分别占全省总产值的 11.6%、9.2%、8.1%、7.6% 和 7.1%;黑色金属冶炼及压延加工业主要分布于安阳市、许昌市、洛阳市、郑州市,分别占全省总产值的 30.9%、17.4%、10.3% 和 8.8%;化学原料及化学制品制造业主要分布于郑州市、新乡市、焦作市和濮阳市,分别占全省总产值的 12.1%、12.0%、10.6% 和 10.0%;电力、热力的生产和供应业主要分布于郑州市、平顶山市、南阳市和商丘市,分别占全省总产值的 53.4%、5.6%、4.6% 和 4.5%。2013 年河南省不同工业行业总产值地区分布见图 10-3,1998—2013 年河南省典型高耗水行业总产值变化地区分布见图 10-4。

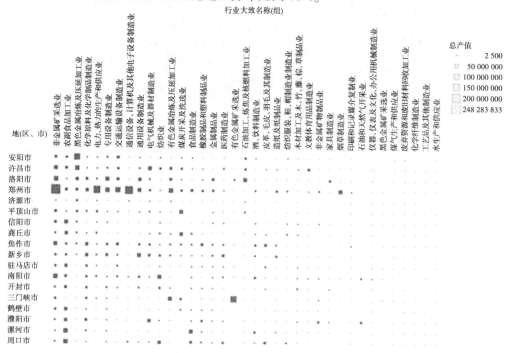

图 10-3　2013 年河南省不同工业行业总产值地区分布

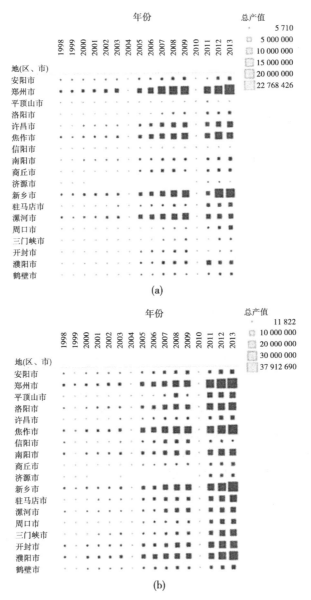

图 10-4 1998—2013 年河南省典型高耗水行业总产值变化地区分布

10.1.2 基于 Tableau 的节水专题图制作

Tableau 的地图分析功能十分强大,可编辑经纬度信息,实现世界、地区、国家、省/市/自治区、城市等不同等级的地图展示,实现对地理位置的定制化。Tableau 内置地理信息数据库,可通过地理位置识别功能自动识别国家、省/自治区/直辖市、地市级别的地理信息,并能识别名称、拼音或缩写。通过前述的河南省火电行业用水达标分析中河南火电企业分布图制作,介绍利用 Tableau 软件制作专题图的过程。

制作过程主要分三步:一是原始数据资料整理,二是在 tableau desktop 工作表窗口中作图,三是将工作表做出的图连接到仪表板中,进行图表调整和图例的设定。具体如下。

10.1.2.1 原始数据资料整理

(1)准备地图文件,至少包含省、地市两级的.shp文件。(市级以上分析也可直接采用Tableau内置地图,但县级及以下分析需要相应的.shp文件)

(2)准备专题图所需数据。这里我们做火电企业分布的专题图,至少要有企业名称、位于地市名称、企业装机容量、装机类型及企业经纬度信息。

10.1.2.2 tableau desktop 工作表窗口中作图

(1)启动tableau desktop,进行数据连接,将上述两个文件调入并采用两文件中表示地市的字段进行连接。具体见图10-5。

图 10-5 数据连接编辑

(2)首先将字段"类型"拖入颜色标记、"装机"字段拖入大小和和详细信息标记中、"地市"拖入标签标记、"发电企业"拖入详细信息标记。然后将"lon2"字段拖入列,"lat2"拖入行。接着将行上的"lat2"字段复制(得到"lat2(2)"字段),制作出双图,具体见图10-6。

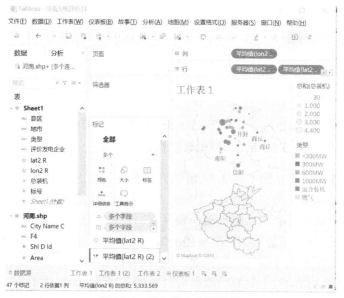

图 10-6 工作表中作图编辑

(3)选中在刚设置的新图,打开标记栏下拉列表,并选中地图。将"几何"字段拖入详细信息标记。选中"行"复制的"lat2(2)"字段,右键,弹开的菜单中选择"双轴"。带到双轴图,具体见图 10-7。

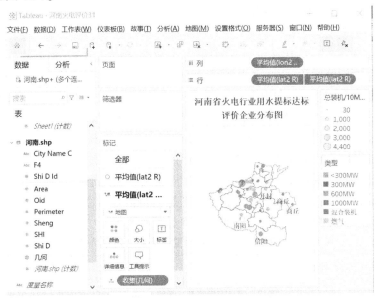

图 10-7　工作表表中完成双轴图

(4)将工作表与仪表板进行链接,可以在仪表板中进一步调整大小、图例大小与颜色、背景明暗(冲蚀)等内容。满意后可以拷贝输出。具体见图 10-8。

图 10-8　仪表板中最后完成

10.1.3 行业用水变化态势分类的可视化分析

在用水变化分析的四个指标中,除石油和天然气开采业外,计算期(2010—2016 年)全部 37 个其他行业工业增加值全部出现增长态势。石油和天然气开采业较为特殊,该行业四个指标均呈现衰减变化。总体上,可以将河南省区域与行业工业用水变化特征分为 A 类和 B 两个大类(见表 10-1):A 类为随着工业增加值的增长,取水量下降的行业;B 类为随着工业增加值增长,取水量也增长的行业。A 类中又可分为重复利用水量和用水量都降低(A-1 子类);重复利用水量增长、用水量降低(A-2 子类);重复利用水量和用水量都增长(A-3 子类)。B 类中又可分为重复利用水量和用水量都降低(B-1 子类);重复利用水量增长、用水量降低(B-2 子类);重复利用水量和用水量都增长(B-3 子类)。从资源利用角度可以将行业用水变化态势归纳为理想型、良好型、较好型和一般型三种。按照上述行业用水态势变化特征分类,河南工业行业用水变化态势从理想到一般的分类顺序为:A-1、A-2、A-3、B-1、B-2、B-3。其中理想型包括 A-1 类和 A-2 类、良好型为 A-3 类、较好型为 B-1 类和 B-2 类,一般型为 B-3 类。

表 10-1 河南省工业行业用水变化态势与用水特征分类表

变化态势类型	用水特征分类	行业
理想型	A-1 类	黑色金属矿采选业,有色金属矿采选业,农副食品加工业,木材加工及木、竹、藤、棕、草制品业,造纸及纸制品业,化学纤维制造业,专用设备制造业,工艺品及其他制造业
	A-2 类	医药制造业
良好型	A-3 类	石油加工、炼焦业、及核燃料加工业,化学原料及化学制品制造业,橡胶制品和塑料制品业,黑色金属冶炼及压延加工业,有色金属冶炼及压延加工业,交通运输设备制造业,电力、热力的生产和供应业,煤气生产和供应业
较好型	B-1 类	煤炭开采和洗选业,饮料制造业,家具制造业,通用设备制造业,通信设备、计算机及其他电子设备制造业,仪器仪表及办公用机械制造业
一般型	B-2 类	皮革、毛皮、羽毛(绒)及其制品业,金属制品业,废弃资源和废旧材料回收加工业
	B-3 类	非金属矿采选业,食品制造业,烟草制品业,纺织业,纺织服装、鞋、帽制造业,印刷和记录媒介复制业,文教体育用品制造业,非金属矿物制品业,电气机械及器材制造业,水生产和供应业

Tableau 软件的热力图可以用颜色来区分数据大小,同时可添加数据,适宜进行简洁直观的分类分析。采用热力图对河南省工业行业用水变化态势进行分类,具体的河南省工业行业用水变化态势分类可视化分析见图 10-9。

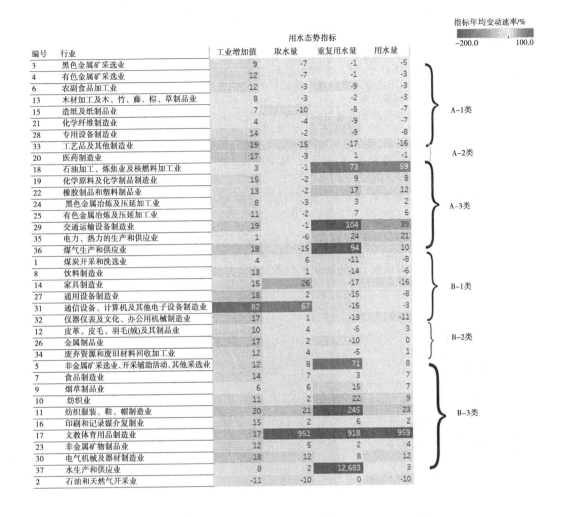

图 10-9　河南省工业行业用水变化态势可视化分析分类

10.1.4　行业用水驱动效应特征分类可视化分析

由于驱动因子在河南省全部 37 个工业行业中均呈现负向(推动增长)驱动效应,所以分类只需考虑用水效益、结构调整和节水进步等其他三项驱动因子。通过可视化分析,按照用水效益等三项驱动因子的正向驱动个数可以将驱动效应分为三类:A 类(三项驱动因子均为正向驱动)、B 类(三项有两项为正向驱动)和 C 类(三项只有一项正向驱动)。其中 B 类又可分为 B-1 型(效益和结构驱动)、B-2(效益和节水驱动)和 B-3 型(结构与节水驱动)。C 类可分为 C-1 型(仅由节水驱动),C-2 型(仅由效益驱动)。河南省工业行业万元增加值取水量水驱动特征分类具体见表 10-2。2010—2016 年河南省工业行业万元工业增加值取水量变化驱动效应分类可视化分析见图 10-10。

表 10-2　河南省工业行业万元增加值取水量水驱动特征分类

驱动类型	子类	行业	备注
A 型		黑色金属矿采选业,有色金属矿采选业,烟草制品业,纺织业,木材加工及木、竹、藤、棕、草制品业,造纸及纸制品业,橡胶制品业塑料制品业,黑色金属冶炼及压延加工业,有色金属冶炼及压延加工业和水生产和供应业	三项驱动
B 型	B-1 类	煤炭开采和洗选业,石油和天然气开采业,非金属矿采选业,农副食品加工业,饮料制造业,皮革、毛皮、羽毛(绒)及其制品业,化学纤维制造业,非金属矿物制品业,专用设备制造业	效益、结构驱动
	B-2 类	纺织服装、鞋、帽制造业,化学原料及化学制品制造业,医药制造业,工艺品及其他制造业和煤气生产和供应业	效益、节水驱动
	B-3 类	石油加工、炼焦业及核燃料加工业和电力、热力的生产和供应业	结构、节水驱动
C 型	C-1 型	交通运输设备制造业	节水驱动
	C-2 型	家具制造业,印刷业和记录媒介复制业,文教体育用品制造业,金属制品业,通用设备制造业,电气机械及器材制造业,通信设备、计算机及其他电子设备制造业,仪器仪表及文化办公用机械制造业,废弃资源和废旧材料回收加工业,食品制造业	效益驱动

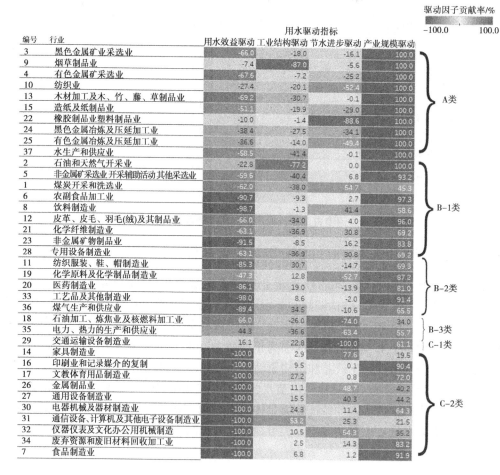

图 10-10　2010—2016 年河南省工业行业万元工业增加值取水量变化驱动效应分类

综合来看,A型由于用水效益等三项驱动因子均为正向驱动,三项因子同时发挥对行业万元增加值取水量增长的抑制作用,该类行业万元工业增加值取水量的驱动结构良好。B型由于用水效益等三项驱动因子中只有两项为正向驱动,相对而言,驱动结构中等。C型只有一项驱动因子为正向驱动,该类行业万元工业增加值取水量的驱动结构较差。

另外,前述河南省省工业行业用水效率变化驱动效应成果也可以采用tableau制作可视化成果图。河南省部分高耗水行业用水效益变化驱动效应见图10-11。

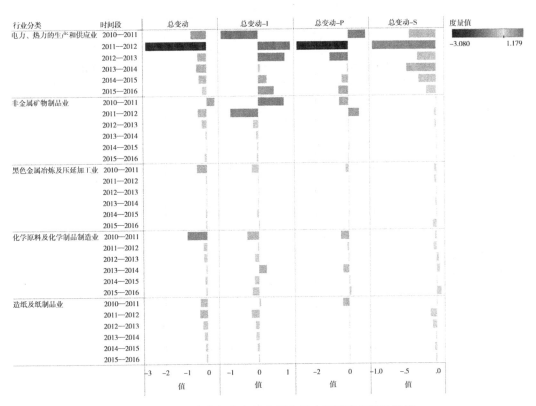

图10-11　河南省部分高耗水行业用水效率变化驱动效应

10.2　Circos图在用水关联分析中的应用

Circos图最早用于基因组学领域。Circos是由加拿大的smith基因组中心的Martin写的一个perl程序包,主要用于对基因组数据或其他关系型的数据进行圆圈风格的可视化。基因测序行业通过使用Circos图来展示整个基因组上的各个层次的特征数据及其关系来展示基因组特征。事实上Circos适合一切关系型数据的可视化,Circos图具有强大的信息展示能力,绘制的内容可以涉及各种组分、各种现象等,使得Circos图在基因测序行业以外的医药行业、经济行业等也得到广泛应用。正是由于Circos具备同时展示出不同类型的数据特征,Circos图出现在国内外各大科技期刊上的概率大大提高。Circos的官网为http://circos.ca,它是Perl语言开发,GPL开源协议,配置文件驱动,输出PNG/

SVG 格式的图片。

由于 Circos 图具有强大的可视化展现能力。根据前述关联分析,尝试将河南省国民经济八部门的用水关联分析成果用 Circos 图进行直观表达,以提高成果的可视化应用水平。采用的河南省国民经济八部门的用水关联分析成果见表10-3。制作的河南省国民经济八部门用水关联分析成果 Circos 图见图 10-12。绘制采用联川生物云平台工具 Circos 圈图,网址为 https://www.omicstudio.cn/tool.。

表 10-3 河南省国民经济八部门的用水关联分析成果

产业部门 用水关联	农业 /ARG	基础 工业 /BASIND	轻工业 /DOMIND	高科技 工业 /HIGHTEC	其他 制造业 /OTHIND	建筑业 /ARCHE	交通商业 餐饮业 /COMMER	非物质 生产部门 /OTHDEP
直接消耗 /DE	125.590	33.612	7.613	10.510	2.612	1.223	1.493	6.993
纵向集成 消耗/VIC	46.267	19.926	59.188	31.378	1.843	14.375	5.326	11.344
内部效应/IE	42.059	11.038	4.540	9.169	0.622	1.122	0.361	4.983
复合效应/ME	2.912	0.890	0.451	0.291	0.007	0.010	0.025	0.110
净后项 关联/NBL	1.295	7.998	54.197	21.917	1.213	13.244	4.941	6.250
净前项 关联/NFL	80.619	21.685	2.622	1.050	1.983	0.091	1.108	1.899

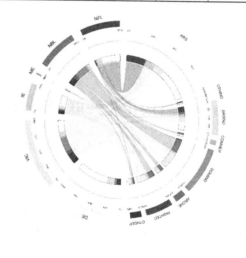

图 10-12 河南省国民经济八部门用水关联分析成果 Circos 图

小　结

当前我国水利科研中可视化应用还不多见。结合工业节水科研内容，对可视化应用进行了一些探索，在实际应用取得良好效果：

（1）基于商业智能软件 Tableau，开发了工业用水效率被变化驱动效应可视化分析应用平台。同时对分析成果进行可视化开发。

（2）进行基于 Circos 图成果可视化开发应用，将河南省国民经济八部门用水关联分析成果应用于 Circos 图。

（3）详细介绍了采用 Tableau 制作基于地理信息的节水分析专题图的专题图。

附录一　部分程序源代码

1. 三参数模型拟合 matlab 程序源代码

%河南省万元工业增加值取水量随时间变化的函数(三参数模型)拟合-

```
clc;clear;
t1=[2001 2002 2003 2004 2005 2006 2007 2008 2009 2010 2011];
y=[130.6 115.4 97.8 84.1 80.6 71.8 63.7 55.4 51.7 46.5 41.7];
t=t1-2000;
myfunc=inline('beta(1)*exp(beta(2)./(t-beta(3)))','beta','t');%重点,除要变
为点除
beta=nlinfit(t,y,myfunc,[0.5 0.5 0.5]);%
a=beta(1),b=beta(2),c=beta(3)
%test the model
xx=min(t):max(t);
yy=a*exp(b./(t-c));%重点,除要变为点除
plot(t1,y,'o',xx+2000,yy,'r')
tt1=2015;
tt=2015-2000;
yt=a*exp(b./(tt-c))%重点,除要变为点除
xx=[xx 15];  %重点,x轴变换
xx+2000
yy=[yy yt]   %重点,y轴变换
plot(t1,y,'o',xx+2000,yy,'r')
```

运行结果:

a = 0.7100

b = 190.8246

c = -35.5966

yt = 30.8465

ans=2001　2002　2003　2004　2005　2006　2007　2008　2009　2010　2011　2015

yy=130.5565　113.6491　99.6448　87.9485　78.1040　69.7584　62.6361
56.5195　51.2358　46.6464　42.6395　30.8465

2. 线性组合预测 matlab 程序源代码(部分)

%河南省万元工业增加值取水量线性组合预测

```
clc;clear;
t1=[2005 2006 2007 2008 2009 2010 2011];
y=[80.6 71.8 63.7 55.4 51.7 46.5 41.7];
y2=[81.6 72.6 64.5 57.4 51.0 45.4 40.3];%二参数指数模型
```

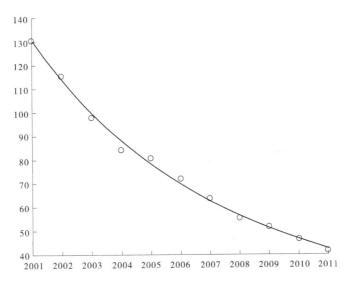

计算期拟合结果图

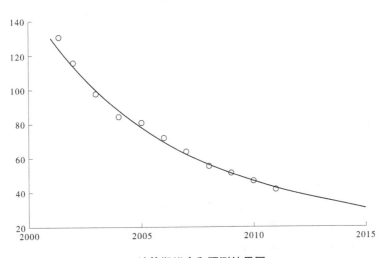

计算期拟合和预测结果图

y1 = [80. 0 66. 5 59. 7 55. 3 52. 1 46. 6 44. 7];%阶段乘幂模型

y3 = [80. 6 71. 8 63. 7 55. 4 51. 7 46. 5 41. 7];%三参数模型

t = t1-2000;

%---------1-构造预测精度系列

%二参数指数模型预测精度系列:yj1

yj1 = 1-abs(y-y1)./y

% 阶段乘幂模型预测精度系列:yj2

yj2 = 1-abs(y-y2)./y

% 三参数指数模型预测精度系列:yj3

yj3 = 1-abs(y-y3)./y

%--------- 2-计算精度系列均值与方差

%二参数指数模型预测精度系列:yj1

ej1 = mean(yj1)   %系列均值

fj1 = var(yj1)   %系列方差

%乘幂模型预测精度系列:yj1

ej2 = mean(yj2)   %系列均值

fj2 = var(yj2)   %系列方差

%三参数指数模型预测精度系列:yj1

ej3 = mean(yj3)   %系列均值

fj3 = var(yj3)   %系列方差

%%

% * %---------3-求解 k0 和最小方差 *

%求解 k0:-----二参数模型和乘幂组合

xf12 = cov(yj1,yj2)

xfc12 = xf12(1,2)

k0 = (fj1-xfc12)./(fj1+fj2-2. * xfc12)

if k0 >= 1

    k0 = 1

else if k0>0

    k0 = k0

else if k0<=0

    k0 = 0

end

%求解最小方差:-----二参数模型和乘幂组合

f01 = (k0^2 * fj1+(1-k0)^2 * fj2+2 * k0 * (1-k0) * xfc12)^(1/2)

%求解 k:-----二参数模型和乘幂组合

k = 0.5 * (((1-f01)-(1-fj1) * k0)./(fj1-f01)-ej2./(ej1-ej2))

if k >= 1

    k = 1

else if k>k0

    k = k

else if k<=k0

    k = k0

end

% * %---------4-构造最优预测组合,计算组合 yy 及其有效度 s

yy12 = k * y1+(1-k) * y2

yj12 = 1-abs(y-yy12)./y   %构造最优精度序列

eyy12 = mean(yj12)   %精度序列最优预测组合系列均值

fyy12 = var（yj12）   %精度序列最优预测组合系列方差

s = eyy12 * （1−fyy12）%精度序列有效度

yj1 =

| 0.9926 | 0.9262 | 0.9372 | 0.9982 | 0.9923 | 0.9978 | 0.9281 |

yj2 =

| 0.9876 | 0.9889 | 0.9874 | 0.9639 | 0.9865 | 0.9763 | 0.9664 |

yj3 =

| 1 | 1 | 1 | 1 | 1 | 1 | 1 |

ej1 =

0.9675

fj1 =

0.0012

ej2 =

0.9796

fj2 =

1.1480e−04

ej3 =

1

fj3 =

0

xf12 =

| 0.0012 | −0.0001 |
| −0.0001 | 0.0001 |

xfc12 =

−5.1845e−05

k0 =

0.8837

k0 =

0.8837

f01 =

0.0306

k =

38.9986

k =

1

yy12 =

| 80.0000 | 66.5000 | 59.7000 | 55.3000 | 52.1000 | 46.6000 | 44.7000 |

yj12 =

$$0.9926 \quad 0.9262 \quad 0.9372 \quad 0.9982 \quad 0.9923 \quad 0.9978 \quad 0.9281$$

eyy12 =

0.9675

fyy12 =

0.0012

s =

0.9663

附录二 全国省(市、自治区)部分用水指标

2018 年行政分区用水指标

省级行政区	人均用水量/m³	万元国内生产总值用水量/m³	万元工业增加值用水量/m³
全国	432	66.8	41.3
北京	182	13	7.5
天津	182	15.1	7.8
河北	242	50.7	13.9
山西	200	44.2	23.6
内蒙古	759	111.1	29
辽宁	299	51.5	23.2
吉林	441	79.2	30.7
黑龙江	910	210.2	60.8
上海	427	31.6	70.9
江苏	736	63.9	70.7
浙江	305	30.9	21.5
安徽	454	95.2	78.1
福建	476	52.2	43.8
江西	541	114.1	72.4
山东	212	27.8	11.3
河南	245	48.8	26.5
湖北	502	75.4	60.7
湖南	490	92.5	78.2
广东	374	43.3	26.4
广西	587	141.4	75.7
海南	484	93.2	51.2
重庆	250	37.9	48.5
四川	311	63.7	34.8

行政分区万元工业增加值用水量/m³

省级行政区	2015年	2016年	2017年	2018年	2019年
全国	58.3	52.8	45.6	41.3	38.4
北京	10.5	9.9	8.2	7.5	7.8
天津	7.7	7.6	8	7.8	12.5
河北	17.8	16.6	13.3	13.9	16.3
山西	31.3	32	26.1	23.6	20.5
内蒙古	23.6	22.4	30.8	29	26.4
辽宁	18.4	29.2	24.8	23.2	22.4
吉林	35.9	33.6	29.7	30.7	42
黑龙江	58.8	56	56.1	60.8	59.2
上海	90.9	90.2	75.5	70.9	60.9
江苏	85.4	83.7	73.5	70.7	65.6
浙江	30	26.9	23.4	21.5	17.9
安徽	96.8	94	80.1	78.1	74.3
福建	66	59.5	49.2	43.8	34.6
江西	88.2	81.6	74.5	72.4	66.2
山东	11.4	11.5	10	11.3	13.9
河南	32.6	29.9	27.1	26.5	24.5
湖北	80.9	74.6	63.3	60.7	56.7
湖南	81.3	79.6	72.4	78.2	78.1
广东	37.3	34.2	29.8	26.4	24
广西	87.5	73.7	60	75.7	92.9
海南	66.7	65.5	56.7	51.2	47.7
重庆	58.5	50.9	46.2	48.5	42.3
四川	45.8	48.3	44.6	34.8	28.4

2018 年行政分区用水指标				行政分区万元工业增加值用水量/m³					
省级行政区	人均用水量/m³	万元国内生产总值用水量/m³	万元工业增加值用水量/m³	省级行政区	2015年	2016年	2017年	2018年	2019年
贵州	297	72.1	57.5	贵州	76.9	69.7	58.2	57.5	55.8
云南	323	87.1	46.9	云南	58.5	52.7	54.9	46.9	39.2
西藏	930	214.3	129.3	西藏	206.6	164.3	149.4	129.3	113.9
陕西	243	38.3	15	陕西	18.6	18.3	16.4	15	15.4
甘肃	427	136.2	47.5	甘肃	65.1	64.5	58.5	47.5	37.5
青海	435	91.1	30.7	青海	32	28.4	32.2	30.7	33.7
宁夏	966	178.6	38.6	宁夏	44.4	42.1	41.2	38.6	34.9
新疆	2 229	449.8	33.6	新疆	43.9	44.4	40.6	33.6	29.9

注:1. 万元国内生产总值用水量和万元工业增加值用水量指标按当年价格计算。

2. 本表计算中所使用的人口数字为年平均人口数。

3. 数据来源《中国水资源公报》。

参 考 文 献

[1] 耿雷华,卞锦宇,等.用水效率驱动因子分析及动态调控关键技术[M].北京:中国环境出版社,
2016.

[2] 孙爱军.工业用水效率分析[M].北京:中国社会科学出版社,2009.

[3] 雷社平,解建仑,卞锦宇,等.区域产业用水系统研究[M].西安:西北工业大学出版社,2007.

[4] 陈庆秋.珠江三角洲城市节水减污研究[M].北京:中国水利水电出版社,2006.

[5] 汪党献,王浩,倪红珍,等.国民经济行业用水特性分析与评价[J].水利学报,2005(2):167-172.

[6] 谢丛丛,等.我国高用水工业行业的界定与划分[J].水利水电科技,2015(3):7-11.

[7] 路敏,孙根年,等.山东省工业发展的绿色距离与产业的重新分类[J].鲁东大学学报(自然科学
版),2008(2):179-185.

[8] 潘国强,冯朝山,梁志宸,等.工业行业节水减污分类与资源环境压力评价[J].河南水利与南水北
调,2019,48(5):94-96.

[9] 王冰,王信增,梁利利.基于八大经济区的绿色贡献系数分析[J].环境污染与防治,2018(1):118-
122.

[10] 刘世扬,王玉萍,付文静,等.中国化纤行业绿色贡献度评价指标体系设计[J].高科技纤维与应用,
2018(5):24-30.

[11] 张晓娜,廖吉林.基于绿色贡献的生活纸品"供-产-销"三级供应链收益调节研究[J].物流科技,
2018(12):129-132.

[12] 何慧爽.我国水污染物总量分配公平性与贡献因子研究——以绿色贡献和环境容量负荷为视角
[J].资源开发与市场,2015(2):188-190.

[13] 秦福兴,耿雷华,陈晓燕.确定万元GDP取水量定额方法的探索[J].水利学报,2004(8):119-122,
128.

[14] 王明涛.确定组合预测权系数最优近似解的方法研究[J].系统工程理论与实践,2000(3):104-
109.

[15] 潘国强,焦建林,刘世统,等.万元工业GDP取水量定额的组合优化预测[J].人民黄河,2013
(12):54-56,60.

[16] 黄正荣,张振林,贾剑峰,等.工业用水定额分析与研究[J].水资源与水工程学报,2009(4):101-
103.

[17] 宋轩,耿雷华,杜霞,等.我国火电工业取用水量及其定额分析[J].水资源与水工程学报,2008(6):
64-66,70.

[18] 张象明,卢琼,袁鹰,等.松辽流域工业用水定额研究[J].中国水利,2006(3):23-26.

[19] 李琳,左其亭.城市用水量预测方法及应用比较研究[J].水资源与水工程学报,2005(3):6-10.

[20] 赵永刚,曹红霞,魏新光.基于组合模型的石羊河流域农业用水量预测[J].人民黄河,2012(1):99-
101.

[21] 李黎武,施周.基于小波支持向量机的城市用水量非线性组合预测[J].中国给水排水,2010(1):
54-56,59.

[22] 张展羽,陈子平,王斌,等.基于自由搜索的 LS-SVM 在墒情预测中的应用[J].系统工程理论与实践,2010(2):201-206.

[23] J. A. K. SuykensJ,Vandewalle. Least Squares Support Vector Machine Classifiers[J]. Neural Processing Letters,1999,9(3):293-300.

[24] 潘国强.基于最小二乘支持向量机的万元工业 GDP 取水量非线性组合预测[J].水资源与水工程学报,2013,24(5):161-164.

[25] 朱启荣.中国工业用水效率与节水潜力实证研究[J].工业技术经济,2007(9):48-51.

[26] 赵晶,倪红珍,陈根发.我国高耗水工业用水效率评价[J].水利水电技术,2015(4):11-15,21.

[27] 许拯民,刘中培,宋全香.河南省工业用水效率及节水潜力研究[J].南水北调与水利科技,2014(6):154-158.

[28] 雷贵荣,胡震云,韩刚.基于 SFA 的工业用水节水潜力分析[J].水资源保护,2010(1):66-69.

[29] 涂正革,肖耿.我国工业企业技术进步的随机前沿模型分析[J].华中师范大学学报(人文社会科学版),2007(4):49-57.

[30] 孙爱军,董增川,王德智.基于时序的工业用水效率测算与耗水量预测[J].中国矿业大学学报,2007(4):547-553.

[31] 沈大军,王浩,杨小柳,等.工业用水的数量经济分析[J].水利学报,2000(8):27-31.

[32] 雷玉桃,黄丽萍.基于 SFA 的中国主要工业省区工业用水效率及节水潜力分析:1999—2013 年[J].工业技术经济,2015(3):49-57.

[33] Battese G. E.,Coelli T. J.. A Model for Technical Inefficiency Effects in a Stochastic Frontier Production Function for Panel Data[J]. Empirical Economics,1995,20(2).

[34] 潘国强,雷存伟,徐跃峰,等.基于随机前沿的工业行业节水潜力分析与探讨[J].人民黄河,2018,40(5):63-68.

[35] 徐志仓.基于超越对数生产函数的制造业技术效率分析[J].统计与决策,2015(5):139-143.

[36] 陈关聚,白永秀.基于随机前沿的区域工业全要素水资源效率研究[J].资源科学,2013(8):1593-1600.

[37] 龙志和,林佳显,林光平.中小工业企业技术效率与全要素生产率增长实证研究基于 2003—2007 年广东省微观面板数据和随机前沿模型的分析[J].科技管理研究,2012(1):43-49.

[38] 涂正革,肖耿.中国工业生产力革命的制度及市场基础——中国大中型工业企业间技术效率差距因素的随机前沿生产模型分析[J].经济评论,2005(4):50-62.

[39] 何枫,陈荣.经济开放度对中国经济效率的影响:基于跨省数据的实证分析[J].数量经济技术经济研究,2004(3):18-24.

[40] 郭相春,刘红岩,韩宇平.浙江省经济部门用水关联分析[J].南水北调与水利科技,2015(4):626-629.

[41] 和夏冰,王媛,张宏伟,等.我国行业水资源消耗的关联度分析[J].中国环境科学,2012(4):762-768.

[42] 王建华,李海红.用水效率控制红线管理的定位认知及制度内容解析[J].中国水利,2012(7):15-18.

[43] 宋敏,田贵良.产业用水关联与结构优化[J].河海大学学报(自然科学版),2008(4):566-570.

[44] 马忠,徐中民.改进的假设抽取法在产业部门用水关联分析中的应用[J].水利学报,2008(2):176-182.

[45] 王浩,王建华,秦大庸,等.基于二元水循环模式的水资源评价理论方法[J].水利学报,2006(12):1496-1502.

［46］裴源生,赵勇,陆垂裕.水资源配置的水循环响应定量研究——以宁夏为例［J］.资源科学,2006
(4):189-194.

［47］刘起运.正确认识和使用投入产出乘数［J］.中国人民大学学报,2003(6):89-95.

［48］马忠,石培基,胡科.张掖市产业部门用水关联分析［J］.地球科学进展,2010(6):666-672.

［49］潘国强,雷存伟,李中刚.产业与部门用水关联及尺度效应分析［J］.人民长江,2017,48(17):46-
52,90.

［50］许长新,田贵良.社会水资源利用的投入产出研究［J］.财经研究,2006(12):16-24.

［51］许长新.产业关联规律与投资倾斜政策［J］.财贸研究,1990(4):6-9.

［52］龙爱华,王浩,于福亮,等.社会水循环定义内涵与动力机制分析［C］.2008:91-99.

［53］Jorge Bielsa,Julio Sanchez-Choliz,Rosa Duarte. Water use in the Spanish economy:an input-output ap-
proach［J］. Ecological economics,2002,43(1).

［54］Guido Cella. The Input-Output Measurement of Interindustry Linkages * ［J］. Oxford Bulletin of Econom-
ics & Statistics,1984,46(1):73-84.

［55］Siegfried Schultz. Approaches to identifying key sectors empirically by means of input-output analysis［J］.
Journal of Development Studies,1977,14(1):77-96.

［56］ALLAN J A. Overa11 perspective on countries and regions［C］//ROGERSP,LYDON P. Water in the Arab
Word:Perspective and Prognoses. Cambridge:Harvard University Press, 1994:65-100.

［57］Allan J A. Virtual water:A longterm solution for watershort Middle Eastern economies? 1997 British As-
sociation Festival of Science,University of Leeds,September 1997.

［58］Hoekstra A Y. Virtual water trade:all introduction. In:Hoekstra A Y edited. Virtual Water Trade:Proceed-
ings of the International Expert Meetingon Virtual Water trade. Value of Water Research Report Series
N012. IHE DELFT,2003,13-23.

［59］程国栋.虚拟水——中国水资源安全战略的新思路［J］.中国科学院院刊,2003,18(4):260-265.

［60］徐中民,龙爱华,张志强,等.虚拟水的理论方法及在甘肃省的应用［J］.地理学报,2003,58(6):
861-869.

［61］项学敏,周笑白,周集体.工业产品虚拟水含量计算方法研究［J］.大连理工大学学报,2006,3(46):
179-184.

［62］黄晓荣,裴源生,梁川,等.宁夏虚拟水贸易计算的投入产出方法［J］.水科学进展,2005,16(4):
564-568.

［63］马静,汪党献,A. Y. Hoekstra,等.虚拟水贸易在我国粮食安全问题中的应用［J］.水科学进展,
2006(1):102-107.

［64］王新华,徐中民,龙爱华.中国 2000 年水足迹的初步计算分析［J］.冰川冻土,2005(5):774-780.

［65］王来力,吴雄英,丁雪梅,等.棉针织布的工业碳足迹和水足迹实例分析初探［J］.印染,2012(7):
43-46.

［66］李彦彦,赵明,等.河南省典型工业产品虚拟水计算分析［J］.河南水利与南水北调,2018,47(9):
31-33.

［67］卞锦宇,刘恒,耿雷华,等.基于随机前沿生产函数的我国工业用水效率影响因素研究［J］.水利经
济,2014(5).6-9.

［68］宋岩,刘群昌,江培福.区域用水效率评价体系研究［J］.节水灌溉,2013(10):56-58,62.

［69］陈雯,王湘萍.我国工业行业的技术进步、结构变迁与水资源消耗——基于 LMDI 方法的实证分析
［J］.湖南大学学报(社会科学版),2011(2):68-72.

［70］孙才志,王妍,李红新.辽宁省用水效率影响因素分析［J］.水利经济,2009(2):1-5.

[71] 孙爱军,董增川,王德智.基于时序的工业用水效率测算与耗水量预测[J].中国矿业大学学报, 2007(4):547-553.

[72] 姜蓓蕾,耿雷华,卞锦宇,等.中国工业用水效率水平驱动因素分析及区划研究[J].资源科学,2014 (11):2231-2239.

[73] 刘虹利,左萍,王红瑞,等.北京市工业用水效率和工业增长空间差异性分析[J].北京师范大学学 报(自然科学版),2013(2):199-204.

[74] 余维,汪奎,赵远翔.我国工业用水效率研究进展[J].人民长江,2012(S2):70-74.

[75] 马海良,黄德春,张继国.考虑非合意产出的水资源利用效率及影响因素研究[J].中国人口·资源 与环境,2012(10):35-42.

[76] 廖虎昌,董毅明.基于 DEA 和 Malmquist 指数的西部 12 省水资源利用效率研究[J].资源科学, 2011(2):273-279.

[77] 佟金萍,马剑锋,刘高峰.基于完全分解模型的中国万元 GDP 用水量变动及因素分析[J].资源科 学,2011(10):1870-1876.

[78] 孙才志,谢巍,邹玮.中国水资源利用效率驱动效应测度及空间驱动类型分析[J].地理科学,2011 (10):1213-1220.

[79] 钱文婧,贺灿飞.中国水资源利用效率区域差异及影响因素研究[J].中国人口·资源与环境,2011 (2):54-60.

[80] 郭朝先.中国碳排放因素分解:基于 LMDI 分解技术[J].中国人口·资源与环境,2010(12):4-9.

[81] 姜楠.我国水资源利用相对效率的时空分异与影响因素研究[D].沈阳:辽宁师范大学,2009.

[82] 潘国强,焦建林,李中刚, 等.万元工业增加值取水量变化的行业驱动作用与类型分析[J].武汉大 学学报(工学版),2017,50(3):359-367.

[83] Na Liu,B. W. Ang. Handling zero values in the logarithmic mean Divisia index decomposition approach [J]. Energy policy,2007,35(26).

[84] Yi-Ming Wei,Gang Wu,Ying Fan,et al. Using LMDI method to analyze the change of China's industrial CO_2 emissions from final fuel use:An empirical analysis[J]. Energy policy,2007,35(11).

[85] B. W. Ang. The LMDI approach to decomposition analysis:a practical guide[J]. Energy policy,2005,33 (7).

[86] B. W. Ang. Decomposition analysis for policymaking in energy:which is the preferred method? [J]. Energy policy,2004,32(9).